大学基础物理推荐教材

大学基础物理实验

（电磁学分册）

第二版

刘少杰
于　健　编著
谭成章　主审

南 开 大 学 出 版 社
天 津

图书在版编目(CIP)数据

大学基础物理实验. 电磁学分册 / 刘少杰,于健编著.
2 版. —天津:南开大学出版社,2008. 7(2018. 7 重印)
ISBN 978-7-310-02941-9

Ⅰ. 大… Ⅱ. ①刘…②于… Ⅲ. ①物理学—实验—高等学校—教材②电磁学—实验—高等学校—教材 Ⅳ. 04-33

中国版本图书馆 CIP 数据核字(2008)第 081091 号

南开大学出版社出版发行
出版人:刘运峰
地址:天津市南开区卫津路 94 号 邮政编码:300071
营销部电话:(022)23508339 23500755
营销部传真:(022)23508542 邮购部电话:(022)23502200

*

三河市同力彩印有限公司印刷
全国各地新华书店经销

*

2008 年 7 月第 2 版 2018 年 7 月第 10 次印刷
260 × 185 毫米 16 开本 13.375 印张 331 千字
定价:30.00 元

如遇图书印装质量问题,请与本社营销部联系调换,电话:(022)23507125

内容提要

本书为《大学基础物理实验》的第二分册（电磁学部分），内容包括电磁学实验预备知识和实验两部分。预备知识部分介绍了实验中某些常用的电磁测量仪器的原理、技术指标及使用注意事项，并对实验报告的格式、写法作了相应的介绍；实验部分除有电磁学基本实验外，还保留了具有参考价值的传统实验，同时增设了反映科学技术发展的新实验。全书共30个实验，每个实验均介绍有与其相关的实验目的、引言、实验原理、仪器设备、实验内容及注意事项，并附有考查题和思考题，为教学工作和学生学习提供了方便。

本书可作为各高等院校理、工科及师范院校各专业电磁学实验课程的教材，也可供其他相关人员参考之用。

序

基础物理实验教学之目的，即在于学习实验物理知识、技能的同时，培养学生发现并进而分析和解决实际问题的能力。它有别于理论课教学中的作业题(或思考题)的训练之处，在于实验中出现的问题必然是有关的多种影响量同时综合出现，必须综合考虑才能解决实际问题。可见实验物理教学是培养解决实际问题之综合能力的最好环节。但综合能力的培养决非短时能奏效的，而必须经过多种实践锻炼，方能“精义入神”、“穷神知化”①。我们的实验物理教学安排，正是为了让学子尽力缩短此过程，尽早成为德才兼备之英才。

我校实验室经解放初期的院系调整，继而全面学苏，实验教学虽有很大发展，但有过分仿造和全国单一模式之虞。1957、1958 年学生进实验室“教改”，我们试行了“组合式实验”(不用专门仪器，只用通用仪表和零部件组成实验装置)教学，并于 1959 年首先在电磁学实验中试行(未曾做过的新实验)抓签考试，教学效果较好。60 年代初，实验室同仁自己动手制作了数百件仪器设备，并组织了近百个实验考试题材。1964 年始，我们着手更大面积的组合式实验建设。

1978 年以后恢复重建实验室，经过十年艰苦奋斗，全面建成了“自组式”(由学生自己组合)实验教学体系(包括仪器设备、文字教材及教学法、教师及技术队伍、管理制度等)，因而于 1989 年获国家教委“国家级优秀教学成果奖”。随着近十余年来新技术引入实验教学和研制新型综合实验教学仪器，初步形成了实验物理的(基础)教学体系。

为反映我们这一教学思想，现拟将基础物理实验分作四部分陆续出版。

第一分册包括绪论(预备知识)、力学实验、热学与分子物理实验。绪论重点讲(我国已明令于 1992 年 10 月 1 日起作为技术规范执行的)“测量不确定度表达指南(GUM)”的概念及其表达要点。虽然在学术上 GUM 尚欠成熟——诸如其中尚未完善的“覆盖因子”、“自由度”的计算，A 类、B 类不确定度划分，以及统计学成果应用不足等，在国际上包括我国学者在内都提出了不少改进意见，但这毕竟是学术讨论，而“计量”在很大程度上是一种约定。目前国际上在科研和生产计量中皆已采用 GUM，进入 21 世纪，我们的技术规范应当更快与国际接轨，故我们视其为国际约定而努力贯彻。力学实验除“气垫转盘”是我们自行研制者外，其他概同兄弟院校。热学与分子物理实验广泛用于物性和能量测量，故我们安排较多。

第二分册为电磁学实验。我们的电磁学实验侧重于方法原理。在实验技术上，模拟测量与数字测量并重，因而在采集记录实验中，X－Y 记录仪和计算机屏幕显示皆有安排。在非电量电测和物质电磁性质测量方面也给于适当的覆盖面。

第三分册为光学实验。在光学实验中我们更强化了“自组”培训，有些实验只给题目、简明光路和要求，放手让学生发挥主观能动性。在计算机采集和数据域测量技术方面近年有所新增；物质的光学性质测量亦有所加强。一些必要的应用光学实验，因学时不够只得留待“光学专业实验”中去做。

第四分册为近代物理实验。近代物理实验是介于普通物理实验和专业实验之间的一门重

① “精义入神”、“穷神知化”引自《易传》，原文为：“精义入神，以致用也；利用安身，以崇德也。过此以往，未之或知也。穷神知化，德之盛也。”

要基础课程，它基本覆盖了整个物理学科，涉及原子物理、核探测、激光、光电子学与信息处理、光谱、x射线和电子衍射、磁共振、物质磁性、微波和低温等物理实验技术。近代物理实验将分为“基础近代物理实验”和“高等物理实验”进行教学。由于近代物理实验具有较强的综合性，因此我们将对其中的一些实验实行开放性教学，让学生们有更多的主动性、灵活性，以充分发挥学生们的创造才能。

以上四册订名为《大学基础物理实验》，其中未能编入的某些综合实验，将以散页发给学生，以适应灵活安排。

本教程虽为南开半个世纪以来实验教材之集成，然编者甚众，体例不一；又因编者水平所限和新增实验实践尚短，疏漏欠妥之处在所难免，衷心欢迎各方指正，以利再版修订。

谭成章

2001年11月于南开

前　　言

本书是在南开大学物理科学学院多年使用的《电磁学实验讲义》的基础上，经全面修改、补充，同时增加了近几年开设的新实验编撰而成。内容包括预备知识和选用的28个实验两部分。这些实验是我校理科各专业本科生教学实践中采用过的，是比较成熟的实验。

这些实验中，有相当数量的仪器装置是我们自己设计制造的。例如，“铁磁材料特性测量装置”、“多功能微伏表”等。这些仪器装置具有一定的针对性、实用性和先进性，并分别获得过各级奖项，且目前已应用于教学。

本书在编写过程中，遵循删繁就简、由浅入深、循序渐进的原则，对于那些较深的内容，也力求深入浅出地阐明其物理意义，以便学生掌握和运用。每个实验除介绍实验原理、实验内容等外，还有引言及注意事项，便于学生了解该实验的全貌和避免实验中的错误。篇末的考查题、思考题可帮助学生预习、总结和提高。在某些实验中强化了实践环节，如自制变压器、热电偶等，无疑对发挥学生的主观能动性、理论联系实际、增强学生的动手能力可起到促进作用。为了反映现代科学技术的发展，我们开设了新的实验和增加了新的实验内容，使学生可以了解一些新的实验仪器及测量手段，开阔他们的眼界。此外，还增加了力—电、光—电等方面具有综合性的实验内容，这对培养学生的综合实验能力是大有好处的。

电磁学实验教材的编写、实验的开设都凝集着本室教师和工程技术人员的心血和智慧。《电磁学实验讲义》就是由在本室先后工作过的同志们编写的。本次在改编过程中也参考了兄弟院校的有关教材，对此，特向他们致以谢意。

本书在编写过程中，得到了门振宇教授的热情支持和耐心指导。谭成章教授仔细审阅了初稿。二位先生提出了许多有益的、中肯的意见，在此，向二位先生表示诚挚的谢意。

本书在编写过程中，也得到了高立模教授、刘子臣教授以及陈平工程师的帮助；南开大学出版社也给予了热情支持与合作，在此，一并向他们表示由衷的感谢。

本书由谭成章教授主审。

由于编者水平有限，书中难免存在缺点和错误，恳请使用者批评指正。

编　者

2001年11月于南开大学

再版前言

本书自2002年出版以来，作为南开大学理科各院、系的物理基础课教材，在教学实践过程中，历经五年得到了广大师生和校外读者的认可与欢迎。有的读者还提出了一些很好的建议，在此，作者深表谢意。

随着科学技术的发展，国家对教育教学投资的增加，现代测量技术及先进的测量仪器进入了基础物理实验教学，一些旧的仪器设备也得到了及时的更新，这无疑给基础物理实验的教学改革带来了新的生机。几年来，我们自行研发了新的实验，世界银行贷款引进了新的实验设备，对某些原有实验的实验方法进行了改进等。为了适应教学改革的需要，这些内容需纳入教材中去，故本书需要再版。与第一版相比，本次再版有如下变动：

(1)增加了三个新实验。①实验26《铁磁材料交流磁特性的实验研究》。该实验利用数字存储示波器和计算机等组成的测量系统来测量铁磁材料的交流磁特性。其特点是交流磁特性曲线可同时显示在示波器屏幕上(或计算机屏幕上)，并利用计算机测出铁损等磁性参数及某些参数之间的关系曲线，能较完整地了解铁磁材料的交流磁特性，结果可由打印机直接打印出来。该实验反映了现代测试水平，是一个很好的综合性实验。同时我们删除了用通用的电子示波器无法完成上述测量结果的实验，即《用示波器观测铁磁材料的动态磁化特性曲线》。②实验29《锁相放大器的使用》。该实验可以使同学们从低年级即可初步了解微弱交流信号的测量方法以及锁相放大器的工作原理和使用方法。③实验30《音频信号光纤传输技术实验》。这是由世行贷款引进的新设备而增设的实验。

(2)重写、修改或增补某些实验内容。由于仪器的更新及读者的要求，我们对实验13《示波器的使用(一)》实验进行了重写，并将该实验题目改为《示波器的使用》，同时实验后增加了附录部分——“SS－7802A型示波器的使用说明”；实验14《示波器的使用(二)》由于所用电子示波器改用数字存储示波器，故对该实验进行了修改，增加了数字存储示波器的工作原理部分，并将该实验题目改为《数字存储示波器的使用》。同时实验后面增加了附录部分——“54622A型数字存储示波器的使用说明”；实验6《直流电位差计》后增加了附录部分——“几种典型的直流电位差计原理图”(该部分内容由谭成章教授提供)；实验20《交流电桥》及实验25《用计算机测量铁磁材料的静态磁化特性曲线》分别进行了修改和增补。此外，个别实验如实验8《补偿法测光电流》等也有一些文字改动。

本书再版新增加的实验和重写、修改的实验均由于健老师执笔，刘少杰教授审阅了全文并做了修改，最后由谭成章教授主审。

希望本书的修订能给读者带来更多的帮助，也希望广大读者继续提出宝贵的意见和建议。

编　者

2008年4月

目　　录

目 录

预备知识

§1　电气测量指示仪表

测量电气参数(如电压、电流、电阻、功率、频率及相位角等等)的指示仪表称为"电气测量指示仪表"。这里将简单地介绍几种实验中常用仪表(磁电式、电磁式及电动式仪表)的工作原理和技术指标。

一、工作原理

1. 磁电式仪表

磁电式仪表是利用永久磁铁的磁场和载流线圈的相互作用原理制成的,其结构如图 1 所示。在永久磁铁和圆柱形铁心的缝隙间装有一个可转动的线圈(称做动圈),线圈的轴尖被套在轴承里。当有电流通过动圈时,在磁场中产生的电磁力矩可使动圈转动,同时,与动圈固定在一起的游丝产生反作用力矩。当反作用力矩与电磁力矩相等时,动圈则停在某一位置上,固定在动圈轴上的指针便在刻度盘上指出被测电流的大小。

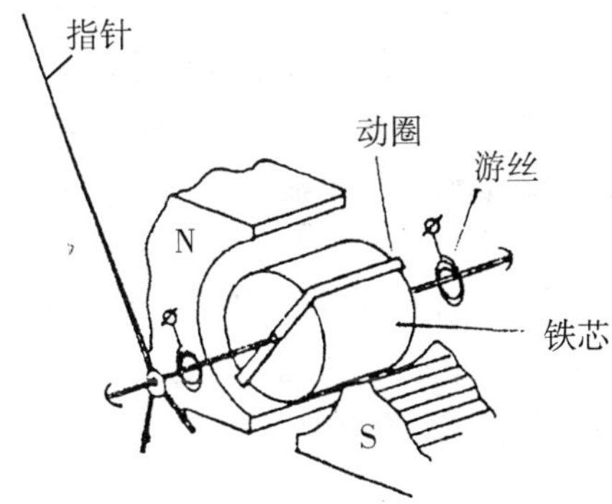

图 1

磁电式仪表与其他机电式指示仪表相比,具有准确度高、灵敏度高、消耗待测电路功率小及防御外磁场能力强(但怕过载)等一些优点,适合于实验中使用。它主要用于直流电压、直流电流的测量。

2. 电磁式仪表

电磁式仪表的测量机构有吸引型、排斥型和排斥—吸引型等三种类型。图 2 所示为排斥型,是根据动、定两个铁片在通有电流的固定线圈所产生的磁场中磁化后的相互作用原理制成的。当有电流通过固定线圈 1 时,其产生的磁场使得固定铁片 2 与可动铁片 3 同时磁化,并且这两个铁片的同一侧是同性的磁极,如图 2(b)所示。同性磁极相互排斥,从而使可动铁片 3 带动转轴及指针转动。当固定在转轴上的游丝 4 所产生的反作用力矩和转动力矩相等时,指针终将停在某一确定位置上,指示出被测量的数值来。易看出,当固定线圈所通的电流方向改变时,固定铁片 2 与可动铁片 3 被磁化了的极性也同时改变,仍为相斥状态,因此,所生转动力矩的方向不变,指针还是向原来的方向偏转。可见,电磁式仪表既可用于直流电流,也可用于交流电流的测量。

电磁式仪表具有结构简单、价格便宜、抗过载能力强并可交直流两用等优点,但由于靠待测电流产生的磁场较弱,易受外磁场影响。

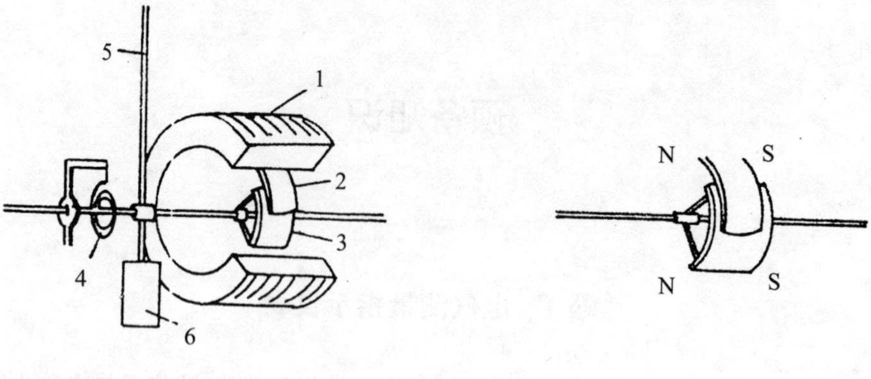

(a) (b)

图 2

3. 电动式仪表

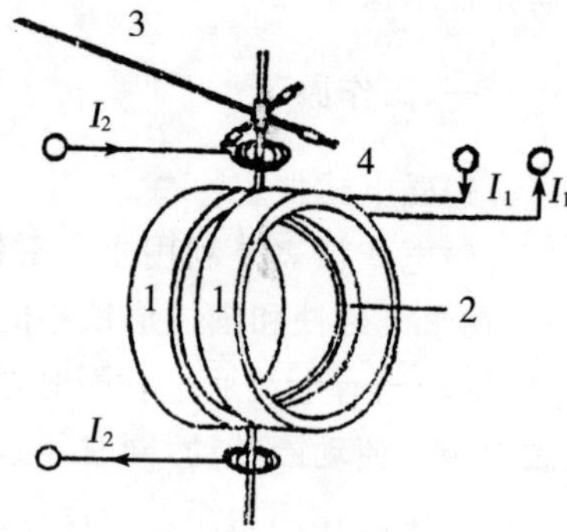

图 3

由前所述，磁电式仪表的磁场是由永久磁铁建立的。若利用通有电流的固定线圈去代替永久磁铁，便可构成"电动式仪表"。可见，电动式仪表是利用通有电流的固定线圈的磁场与通有电流的可动线圈间相互作用原理制成的，其结构如图 3 所示。给并行放置的定圈 1 通入电流 I_1，所产生的磁场将使通有电流 I_2 的动圈 2 发生转动，直到转动力矩与游丝 4 所产生的反作用力矩相平衡时为止。此时指针停在某一位置上，指示出被测量的数值。当电流 I_1 和 I_2 的方向同时改变时，动圈所受电磁力矩的方向不变。可见，电动式仪表也可做成交直流两用的仪表；不仅可以做成电流表、电压表，而且还可做成功率表。

电动式仪表准确度等级高，交、直流两用，常作为交直流标准表。但也存在着抗过载能力弱、易受外磁场影响等缺点。

二、仪表误差

1. 仪表正常工作条件

(1)仪表指针在测量前要调整到零点。

(2)按规定方向放置。表盘上的"⌒ "或"→"号，要求水平放置，"⊥"号要求垂直放置，∠60°要求标度盘与水平面成 60°角放置。

(3)仪表周围的环境温度为20℃，或其他特定温度。仪表对环境温度的适应能力分为 A、B、C 三组。在表盘上分别用△、△、△表示。例如 A 组仪表，当环境温度每改变±10℃时，将使仪表产生 K%的附加误差(K 为仪表的准确度等级，下面将要讲到)。

(4)除地磁场外，没有外来磁场。仪表抗外磁场影响的能力分 Ⅰ、Ⅱ、Ⅲ、Ⅳ级。例如对直流仪表加上 400[安匝/米]的直流均匀外磁场且在最不利方向的情况下，给各级仪表造成的附加误差分别为 0.5%、1.0%、2.5%、5.0%。表盘上常用Ⅰ、Ⅱ、Ⅲ、Ⅳ表示这些等级。

(5)对于交流仪表来说，所测电流或电压应该是规定频率范围内的正弦波形电流或电压。此外，如果仪表是在高压电路中使用，还要注意表壳的绝缘强度。例如表盘上所标☆表示绝缘强度试验电压为 2kV。

在测量读数时，要使视线垂直于表盘，以免出现“视差”。

2. 仪表的准确度等级

仪表在正常工作条件下进行测量时所具有的误差，成为仪表的基本误差。它是由于结构上和制作上的不完善而产生的，例如仪表轴尖与轴承的摩擦以及刻度线划分不精密等等原因所引起的误差都属于基本误差。

仪表按照其基本误差可分为 0.1、0.2、0.5、1.0、1.5、2.5、5.0 七个准确度等级。仪表的准确度等级是这样划分的：若该仪表的量限为 A_m，在这个量限内该仪表的最大绝对误差为 Δm，则定义该仪表的“引用误差”r_m 为：

$$r_m = \Delta m / A_m \times 100\% \tag{1}$$

最后根据引用误差 r_m 去套国家的七个准确度等级。例如 $r_m = 0.8\%$ 时，表明这只仪表的准确度等级优于 1.0 级而不够 0.5 级，只能定为 1.0 级，等等。我们使用仪表进行测量时，经常遇到的问题是，已知仪表的准确度等级 K，所用量限为 A_m，求测量的绝对误差 Δm。由(1)式立刻得到：

$$\Delta m = A_m \times K\% \tag{2}$$

例如量限为 10A 的 0.5 级电流表，由(2)式知测量电流时所得绝对误差应为 0.05A。

三、仪表型号、主要规格

表示仪表结构型式的代号叫做“型号”，例如我们所用的磁电式直流复射式检流计的型号是“AC15”；我们所用的四量限磁电式直流电压表，其型号是“C32－V”。

实验时不仅应该记下所用仪表的型号，还要记下该仪表的主要规格，即：量限、内阻、准确度等级，对于交流电表还应记下其正常的工作频率范围。

四、万用表

万用表是由磁电式微安表头配以各种测量电路组成的多功能电表，其准确度等级虽然比较低，但功能较多，常可用来测量直流电压、直流电流、交流电压和电阻。有的万用表还可用来测量交流电流、电功率、电感量和电容量等。使用万用表进行测量可归结为选挡、调零、读数、复位四步。下面以测电阻为例来说明万用表的用法。

设被测电阻的阻值在 30～300Ω 范围内。图 4 为 500 型万用表的面板图。

1. 选挡：就是根据被测量的种类和估计量值选拨万用表测量转换开关的挡位。欲测本例电阻，图 4 所示万用表的左右两只转换开关应分别旋至 Ω 和“10”位置。

2. 调零：万用表接入测量电路前，要先看看表针是否指在“机械零点”(即刻度尺的左端点)上，若偏离，可用改锥进行调整。使用欧姆挡位测电阻时，还需要调整“欧姆零点”，即：将两只表笔搭接起来(表示被测电阻为零)，调 Ω 旋钮，使表针指在欧姆刻度尺的右端点，即 0Ω 处。

3. 读数：调零完毕，即可将万用表接入测量电路(测电流时串入电路；测电压时并入电路；测电阻时，将待测电阻接在万用表的两只表笔间)，按照表针的指示位置在相应的刻度尺上读出测量值。

测电压和电流时，表针偏转越接近量限，测量越准确；测电阻时，表针越接近欧姆刻度中心(在刻度尺弧长的中点上，如 500 型万用表×1 挡的欧姆刻度中心为 10Ω)，测量越准确。测电压和电流时，若表针已偏出刻度尺，表示选挡不妥，应立即断电并改挡位。若选挡错误严重(例如误用电流挡去测大电压)，也许表针尚未偏到头，万用表已被烧坏。

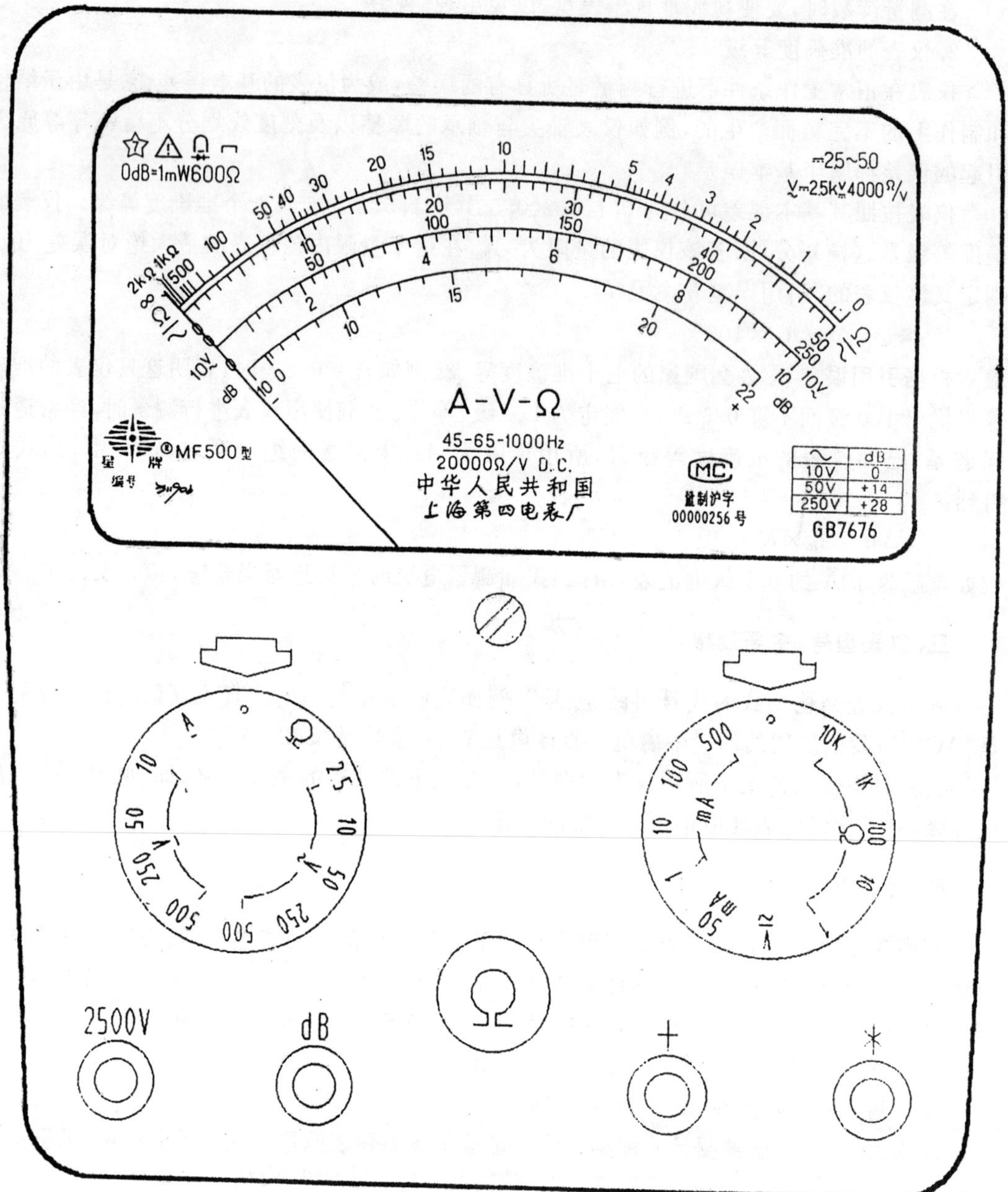

图 4

4. 复位：万用表用毕，应将量程转换开关复位至“·”挡，有的万用表不设此空挡，则应拨至交流电压最高挡，这样最为安全。

§2　实验室常用的元件、电源

一、电阻箱

电阻箱作为可调的已知电阻而为实验中所常用。图 5 为 ZX21 型电阻箱的面板图和内部电路结构图。从面板图上可以看出该电阻箱有六个旋钮和四个接线柱。调节各个旋钮，可获得自 0.1 至 99 999.9Ω 范围内间隔为 0.1Ω 的任何标称阻值。例如图 5(a) 中所示阻值为

87 654.3Ω。

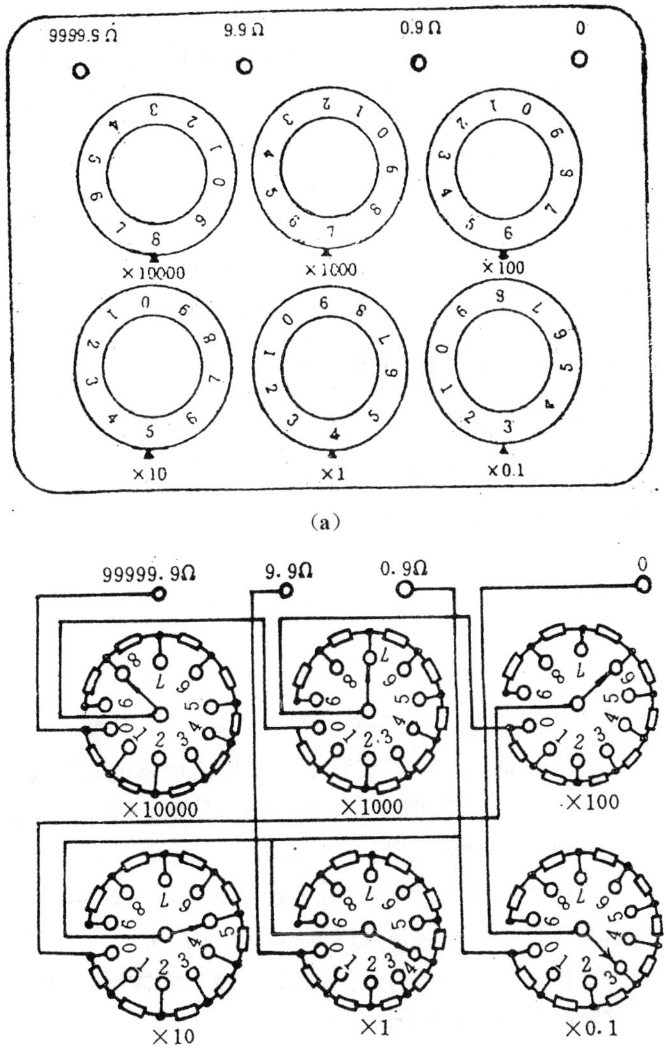

(a)

(b)

图 5

电阻箱的主要规格：

1.调整范围。例如 ZX21 型电阻箱的调整范围为 0.1～99 999.9Ω。

2.准确度等级。电阻箱的准确度等级是依据其标称阻值的允许误差百分数来划分的。通常有 0.01、0.02、0.05、0.1、0.2、0.5、1.0 等几个级别。对于一个 a 级电阻箱，在环境温度为(20±8)℃，相对湿度小于 80％条件下，其允许误差为 a％。

电阻箱各旋钮的电刷存在着接触电阻，接触电阻的大小依其等级不同而异。例如 ZX21 型电阻箱(0.1 级)每个旋钮的接触电阻不大于 0.002Ω。接触电阻和允许误差构成电阻箱的基本误差，常用下式计算：

$$\frac{\Delta R}{R}=a\%+\frac{bm}{R} \quad (3)$$

式中 a 为电阻箱的级别；R 为电阻箱的示值；m 为实际使用的两引线端钮间的电阻箱旋钮数；b 为与准确度等级有关的系数(实为电刷接触电阻)。由(3)式可以看出，R 较大时，接触误差很小；R 为低阻时，接触电阻的误差则不可忽视。减少使用电阻箱的旋钮数可减小这一误差，因此当使用阻值不超过 9.9Ω 或 0.9Ω 时，要用图 5(a) 所示的 0～9.9Ω或 0～0.9Ω那对接线柱。

应切实注意的是，一只年久失修的电阻箱，不仅允许误差会超过本身的准确度等级的规定，而且由于氧化，电刷的接触电阻也会大大增加，甚至达到欧姆数量级以上。

3. 额定功率。电阻箱的额定功率一般均为 0.25W。如果在使用中流过电阻箱的电流过大，而且超过额定功率值，轻则使阻值精度变差，重则烧坏电阻箱。

电阻箱中的电阻是用锰铜丝绕成的，因此，它的温度稳定性好。若在制作时，将锰铜丝顺反等匝地绕在扁状绝缘片上，则做成的电阻，其分布电感甚小，这种电阻箱可用于交流电路，故称“交流电阻箱”或“无感电阻箱”。然而它也有一定的适用频率范围，使用时应注意。

二、标准电阻、标准电容、标准自感、标准互感

对于这些元件的结构，此处不作介绍，只给出它们的主要规格项目，供实验记录时参考。

标准电阻——阻值、准确度等级、额定电流。

标准电容——电容量、准确度等级、额定电压。

标准自感——自感系数、准确度等级、额定电流。

标准互感——互感系数、准确度等级、额定电流。

三、电源

目前一般实验室使用的直流电源有三种：

1. 甲电池。它的标称电压值为 1.5V(实际上新出厂的甲电池其电动势可达 1.6V 以上)，内阻约为 1Ω 左右。在长期使用中，它的电动势降到 1.4V 时，实验中就不再拿它当工作电源用。实验中甲电池的工作电流一般不要超过 100mA。

2. 直流稳压电源。它的内阻很低，当其内阻远较负载电阻小时，可视为输出电压可调的恒压源。实验中要求记录它的输出电压调整范围和输出电流范围。

3. 直流稳流电源。它的内阻很高，当其内阻远较负载电阻大时，可视为输出电流可调的恒流源。实验中要求记录它的电流输出范围。

一般实验室所用的交流电源有两种：

1. 市电 220V 的单相电源及线电压为 380V 的三相电源。(实验时绝对避免触摸，否则有生命危险！)

2. 信号发生器。它是以市电 220V 为工作电源，产生不同频率、不同电压的正弦形电压信号、矩形电压信号等的电子仪器。实验时要求记录其输出电压范围、频率范围和频率精度。

四、标准电池

标准电池仅向电路提供电压标准，而不能提供能量。实验中使用的 BC7 型标准电池，其标称电动势在室温20℃时是 1.018 6V，每块标准电池的实际电动势由实验室给出。这种标准电池的内阻为 1kΩ 量级。

标准电池向电路提供的电流不要超过 ±1μA，瞬时也不要超过 ±5μA。因此绝对禁止用一般电压表去量标准电池的电压，也不准用手去摸标准电池的两极。

标准电池不得倾倒、震动、日晒、烘烤！

对于饱和式标准电池，它的电动势随室温的变化规律遵从下式：

$$E_t = E_{20} - 39.9\times10^{-6}(t-20) - 0.94\times10^{-6}(t-20)^2 + 0.009\times10^{-6}(t-20)^3 \text{ 伏} \quad (4)$$

式中 E_t 为t℃时的电动势；E_{20}为20℃时的电动势。

§3　实验记录和实验报告

实验记录，要写在实验者专门准备的本子中。项目要详尽，语言要简练，文字要清晰无误，线路图及表格等徒手画时要尽量整齐，但作测量曲线时必须用坐标纸和尺子严格认真地去画。所有记录都必须用钢笔或圆珠笔书写，避免涂改。如需要删改，必要时应注明原因；一份合格的实验记录，应为任何同行人所能看懂。也许实验记录比实验报告更有保存价值。

实验报告是在实验记录的基础上，经过选择、整理、加工而成的，主要是写给别人看的。因此，实验报告应该要求书面整洁，条理清楚，文字通畅，容易看懂。

实验记录的格式大致这样：先写出实验题目、实验日期、实验时的室温、湿度或天气状况，然后再写出下列几项：

一、实验目的。

二、原理(要画电路图)。

三、主要仪器用具的编号、型号、规格。

四、测量数据，若同类数据有多组，应记在表格中。

五、数据处理，必要时应做曲线。

六、必要的说明、分析、讨论。

实验报告的格式大体如此，不再赘述。

下面将分别叙述如何列数据表和怎样作曲线图。

1. 列表的要求：

(1)单个的实验数据一般写在表格之外，成组的数据(包括原始测量数据、必要的运算过程中的数据)列在表中。表格的形式应便于处理数据，便于看出有关量之间的关系。

(2)物理量的名称代号及其单位应写在标题栏中，数据栏中不用再写单位。

(3)所有数据的有效数字位数都要写对。

(4)必要时加以说明。

例如测某电阻的伏安特性曲线，测得电阻上的电压 U 和流过的电流 I 的几组数据即可列成下表：

表 1

U(V)	0.201	0.400	0.600	0.800	1.001
I(mA)	2.40	4.81	7.19	9.60	12.00

若写成表 2 的形式就不好了。

表 2

0.201V	0.4V	0.6V	0.8V	1.00V
2.4mA	4.81mA	7.19mA	9.6mA	12mA

2. 作图规则

用一条曲线来表示两个物理量 X、Y 之间的函数关系，可以给人一种十分直观的印象。然而，要得到这样一条满意的曲线，必须从正确地选择实验方法和实验仪器开始。一般说来，如果 $Y—X$ 接近线性关系，我们便可以选择两只量限适当、准确度等级相近的单量限仪表去测它们。若一个物理量作等差增长、另一个物理量以类等比方式作增长(或衰减)变化时，则前者可采用单量限仪表进行等绝对误差式的测量，后者可考虑用多量限仪表测量等等。按照上面的考虑，提出作图要求如下：

(1)选纸

作图一定要用坐标纸。表示类线性的函数关系，选用毫米格直角坐标纸。表示指数或对数函数关系，选用单对数坐标纸。表示幂函数关系，可选用双对数坐标纸。表示方位角的函数关系，可选用极坐标纸等等。

图纸大小的选择原则是：从图上读出的有效数字位数与测量数据有效数字的位数大体一致。根据经验，电磁学实验中所用的坐标纸，有16开纸大小即可。

(2)画坐标轴，写图名

用箭头标出坐标轴的方向。写出轴的名称及单位。在轴上每隔一定距离标明该轴的分度值。坐标轴的起点不一定选为零，以使画出的曲线充满整个图面。给坐标轴分度时，一般用1mm长度代表1、2、5这样一些数，不要代表3、7等数，否则读数时非常不便。

在图纸明显的位置写上图名(包括必要的说明)。

(3)标点

将测量数据用“+”、“×”、“○”、“△”、“□”等符号中的一种标到图面上，这些符号的范围半径应该等于测量数据的误差。这些符号的中心就是测量点的位置。

(4)连线

如果是校准曲线，应该用直尺把各点连成折线。对于其他直线或曲线，如不能恰好穿过所有数据点，也应穿过“+”、“○”等符号的区域并使所有数据点均匀分布在线的两侧。对于偏离过大的点应舍去不用或重新测量核对。

(5)曲线的改直

有些非线性的函数关系，经过适当变换可把曲线变成直线。如实验14“数字存储示波器的使用”中，电容 C 通过电阻 R 的放电规律为：

$$U=Ee^{-\frac{t}{RC}} \tag{5}$$

如果在直角坐标纸上画 U—t 曲线，则是一条按指数规律衰减的曲线。若对(5)式两边取对数，则化为下式：

$$\ln U=\ln E-\frac{1}{RC}t \tag{6}$$

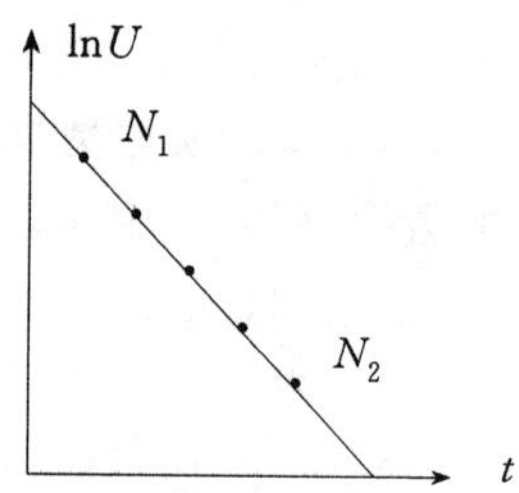

图6

我们作 $\ln U$—t 曲线，则得一直线如图6所示。根据这条直线求出的电容值就是待测电容的平均值。求法为：

从直线上的两端取两点 $N_1(t_1,\ln U_1)$ 和 $N_2(t_2,\ln U_2)$，算得直线斜率为 K：

$$K=\frac{\ln U_2-\ln U_1}{t_2-t_1} \tag{7}$$

由(6)式 $K=-\frac{1}{RC}$，代入(7)式便求得：

$$C=-\frac{1}{KR}=\frac{t_2-t_1}{(\ln U_1-\ln U_2)R} \tag{8}$$

按照作图连线规则作出的图6中的直线，具有对多组测量数据取平均的含义，故由(8)式算出的电容值是测量的平均值。这就要求 N_1、N_2 点必须是从直线上取的，而不是从测量数据表中任意挑出来的。选点时，要求 N_1、N_2 相距尽量远，是为了读(8)式中的(t_2-t_1)和$(\ln U_1-\ln U_2)$都有足够多的有效数字，避免损失测量精度。

对于本例(5)式所示的指数函数，我们也可以用单对数坐标纸作图：将 t 标在均匀刻度轴上，将 U 直接标在对数刻度轴上，立刻就可画成直线，如图 7 所示。但从这种图的直线上求斜率时，所选 M_1、M_2 点的纵坐标，是 U_1、U_2，不是 $\ln U_1$、$\ln U_2$，必须先算出 $\ln U_1$ 和 $\ln U_2$ 然后才能计算直线的斜率。

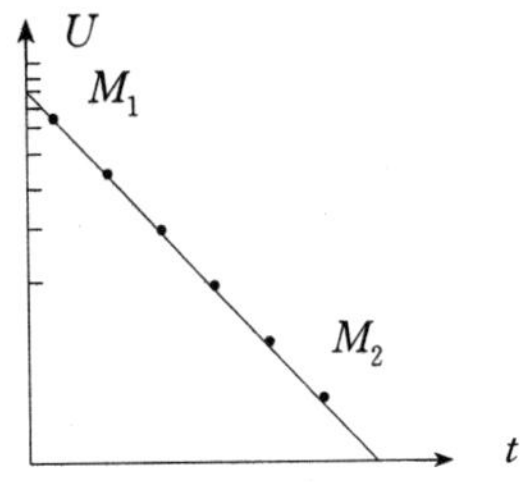

图7

实验1　模拟法测静电场

一、目的要求

1. 了解用模拟法测量静电场的原理和方法。

2. 学会选择电极系统及电解槽进行静电场的模拟测量。

二、引言

在一些科研和生产实践中，往往需要了解带电体周围静电场的分布情况。静电场的分布可以用场强 E 和电位 U 来描述。由于标量在测量和计算上比矢量简单，一般常用电位 U 来描述。场中电位 U 的分布情况与带电体的形状、位置、数目及各自的电位以及周围介质有关，除少数几何形状对称且十分简单的电极系统外，一般是比较复杂的，因此难于用理论方法进行计算。用实验手段直接对静电场进行测量，通常也是相当困难的。因为利用磁电式仪表直接测量静电场的电位，由于场中没有电流流动，所以无法使用。何况任何磁电式仪表的内阻都远小于真空中或空气中的电阻。而静电式仪表本身为导体或电介质，置入场中后由于静电感应会使原电场发生显著畸变，从而使测量失去意义。

基于上述困难，静电场的测量一般采用间接测量的方法，即模拟法。其本质是在满足一定模拟条件下，对一种易于实现便于测量的场进行测量并得到准确结果，则与之对应的静电场也可得知。模拟法应用广泛，本实验采用稳恒电流场模拟测量真空中（或空气中）的静电场。稳恒电流场也可模拟测量不随时间变化的温度场、流体场等。

三、原理

1. 模拟原理

模拟法中所测量的量，不是我们直接要研究的对象。要使模拟场和被模拟场能互相对应起来，在理论上和实验上都有一定的要求。电磁场理论告诉我们，在一个稳定不随时间变化的场中，若其泛定方程及边界条件一旦确定，则它的解是惟一确定的。由此可得出结论，两个不同性质的物理场，若描述它们的泛定方程和边界条件相同，则它们的解是一一对应的。进一步讲，我们若对一种易于测量的场进行测量，那么与之对应的待测物理场也易得知。

本实验用稳恒电流场的电位分布模拟真空中（或空气中）静电场的电位分布，令 $U(x,y,z)$ 表示静电场中的电位分布函数，则在场中无源处电位分布遵从 Laplace 方程（后续电动力学课中会讲到），即：

$$\frac{\partial^2 U}{\partial x^2}+\frac{\partial^2 U}{\partial y^2}+\frac{\partial^2 U}{\partial z^2}=0 \tag{1.1}$$

对于稳恒电流场，除电极所在处以外的均匀导电介质中，电位分布也服从上述 Laplace 方程。若这两种场有相同或相似的边界条件，那么这两种场具有相同的电位分布。为了使这两种场具有相同或相似的边界条件，实验上模拟场即稳恒电流场应满足下面的模拟条件：

①稳恒电流场中的电极形状必须和静电场中的带电体相同或相似，而且在场中的位置一致。这样可以用电源保持电极间电压恒定来模拟静电场中带电体上的电量恒定。

②静电场中的导体在静电平衡条件下，其表面是等位面，表面附近的场强（或电力线）与表面垂直。与之对应的稳恒电流场则要求电极表面也是等位面，且电流线与表面垂直。为此必须使稳恒电流场中电极的电导率远大于导电介质的电导率；由于被模拟的是真空中或空气中的静电场，故要求稳恒电流场中导电介质的电导率要处处均匀；此外，模拟电流场中导电介质的电导率还应远大于与其接触的其他绝缘材料的电导率，以保证模拟场与被模拟场边界条件完全相同。

实验上电极系统常选用金属材料，导电介质可选用水、导电纸或导电玻璃等。若满足上述模拟条件，则稳恒电流场中导电介质内部的电场和静电场具有相同的电位分布规律。

2. 电解槽

水的电导率远小于金属电极的电导率，且均匀、经济方便，故本实验采用水作为稳恒电流场中的导电介质。将模拟电极系统置入足够大的水槽中，各电极加上适当的直流电压，即可模拟测量相应静电场的电位分布。我们把模拟用的水槽称为电解槽。根据槽内水深与电极尺寸大小的比较有“深槽”和“浅槽”之分。“深槽”一般用来模拟三维空间的静电场，而“浅槽”则多用来模拟二维平面的电场分布。

我们知道，带电体周围的电场分布通常是三维空间的，但当电场的分布具有某种对称性时，只要清楚某一二维平面上的电场分布，即可知其三维空间的电场分布。如长直同轴电缆内的电场，长平行输电线间的电场等，这些场的特点是除靠近端部的区域外，在垂直于导线的任一平面内电场分布都是相同的。所以只要模拟测量出垂直于导线的二维平面内的电场分布即可。

如对于长直同轴电缆内电场的模拟，其水槽的选取可采用如图 1.1 所示的平行层状模拟系统，称之为平行槽。可见只要测出水面上的等位线分布，便可知整个长同轴电缆内的等位面分布。

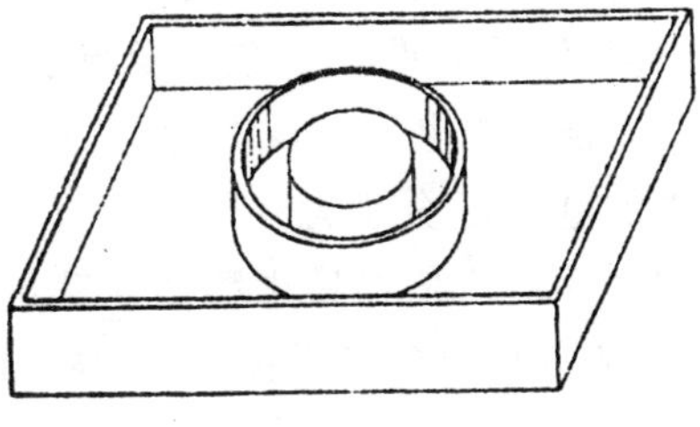

图 1.1

此外，对于稳恒电流场，有如下性质：沿等位面布设新电极并施以相应电位或沿电流线切割导电介质，均不改变电流场中的电场分布，据此可减小电解槽的体积，如图 1.2(a)为轴对称电极系统。其电场分布也具有轴对称性，可采用沿轴平面切割而形成的劈形模拟系统，如图 1.2(b)所示，为劈形槽。平行槽和劈形槽均属于“浅槽”。

对于空间分布的静电场的模拟，可在“深槽”中配以一定形状的电极，产生三维稳恒电流场，然后测量其空间电位分布即可。

值得注意的是，用稳恒电流场模拟静电场时，由于所用导电介质即水中导电离子向电极附近的聚集和电极附近发生的电解反应，增大了电极附近的场强，从而破坏了稳恒电流场和静电场的相似性，使模拟失真。为此实验时电极间加交流电压。当交流电压频率 f 适当高时，即可克服电极间加直流电压时稳恒电流场分布的失真。交流电源频率 f 也不能过高，f 的高低首先要保证场中电极和导电介质构成的电容忽略不计，其次应使该电磁波的波长 $\lambda(\lambda=C/f)$ 远大于电流场内相距最远两点间的距离，这样才能保证在每个时刻交流电流场和稳恒电流场的电位分布相似。这种交流电流场称做“似稳电流场”。通常 f 选为几百到几千 Hz，可满足上述消

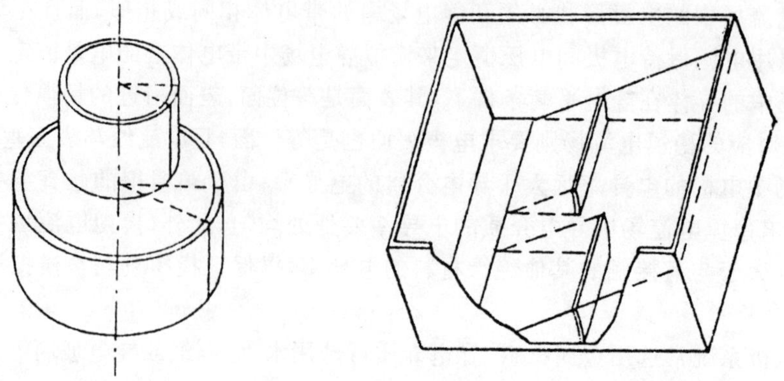

(a)　　　　　　　　　　(b)

图 1.2

失真和似稳场的要求。

四、仪器用具

交流信号发生器，分压箱，交流毫伏表，探针，几种电极系统，水槽等。

五、实验内容

1. 测长同轴圆筒电极系统横截面内的等位线。

按图 1.3 联接电路。将水槽注入 3mm 左右深的水并将水槽调成水平；再将圆柱及圆环电极同心地放在槽中间；然后微调水量，使电极与水恰好成平行层。

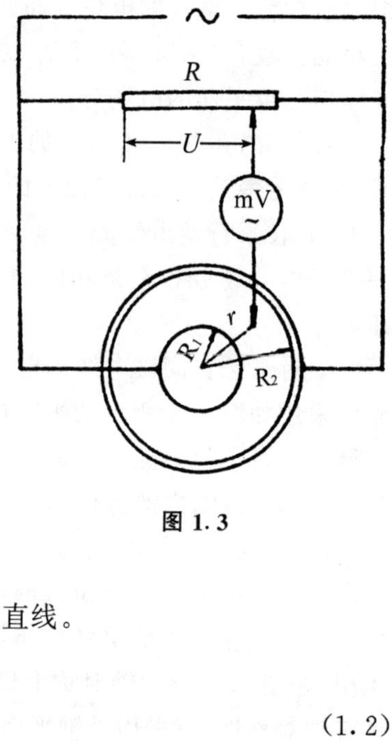

图 1.3

设电源电压为 U_0（调成 5 伏），调节分压箱 R，使图中的电压 U 分别为 $0.3U_0$、$0.5U_0$、$0.7U_0$、$0.9U_0$，对应每一电压值在槽中移动探针，找到毫伏表示数最小（因有外界电磁场干扰，毫伏表不能示零）的诸点，应在一个圆上，算出各等位圆的平均半径 r 作 U/U_0—$\ln r$ 曲线应为直线。

对于所模拟的电极系统，由电磁学理论算出的电位分布为

$$U/U_0=\ln\frac{r}{R_1}\Big/\ln\frac{R_2}{R_1} \tag{1.2}$$

式中 R_2 为外电极的内半径；R_1 为内电极半径；r 为电位 U 的等位圆半径。依(1.2)式作 U/U_0—$\ln r$ 理论曲线，如与实验曲线吻合，说明模拟条件正确，否则应改变电源频率 f，擦洗电极，检查电极位置，查看水层形状，重新测量，直至实验与理论相符。记下此时的 f 值。

2. 测量其他电极系统的电位分布。

六、注意事项

1. 实验时信号发生器的输出电压可调至最大(5V)，以相对减弱空间杂散电磁场对测量的影响（提高测量的信噪比）。

2. 探针移到等位点附近时，应减小毫伏表的量程，以提高判别等位点的精度。

3. 探针需与探测的水面垂直。

七、考查题

1. 描绘静电场时为什么测 U 而不测 E？为什么用稳恒电流场模拟静电场？又为什么用似稳电流场进行模拟？

2. 用部分场模拟时，截取电极系统的原则是什么？

3. 交流电源的频率选得过低或过高为什么都不行？

八、思考题

1. 如图 1.4 中，外电极附近的水面向上弯曲，那么测出的等位圆的分布是向中心收缩还是向外扩张？为什么？若外电极的内表面未擦净，等位圆又如何变化呢？

2. 两个金属球，半径均为 a，球心相距为 b，两球间加电压为 U，请画图说明用什么形状的电解槽和电极系统来测绘球间电位分布。

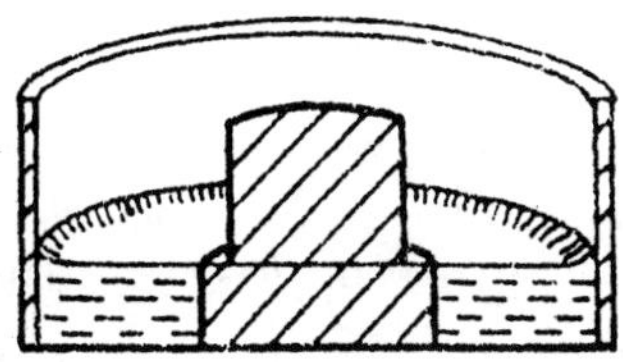

图 1.4

3. 本实验为什么不用交流毫伏表直接测似稳电流场中的等位线，而是采用图 1.3 所示平衡电桥法？

4. 如何模拟测量长平行板电容器间的电场分布？画图说明。

5. 点电荷所激发的静电场可以用二维平面的稳恒电流场模拟吗？为什么？试画图说明用什么形状的电解槽和电极系统来测绘场内的电位分布。

实验 2　伏安法测电阻

一、目的要求

1. 学会设计用伏安法测电阻的实验电路。

2. 掌握各种电阻元件伏安特性曲线的测量方法。

3. 学会用作图法处理实验数据。

二、引言

用伏特表、安培表根据欧姆定律测量电阻的方法称为"伏安法"。用伏安法测电阻虽不如欧姆表来得便捷，也不如电桥测得精确，但这种方法测量范围宽，除可测量中等阻值的电阻之外，还可测量低阻和高阻。另外适用性广，既可测量线性元件的阻值，也可测量非线性元件的伏安特性曲线。总之，伏安法是目前研究和测量各种元件和材料导电特性最常用的基本方法。

三、原理

1. 线性元件和非线性元件

当一电阻元件两端加上不同的直流电压 U 时，元件内则有相应的电流 I 流过，以电流 I 为纵坐标，电压 U 为横坐标，作出 $I—U$ 关系曲线，这便是该电阻元件的伏安特性曲线。通常情况下，导电金属丝、碳膜电阻、金属膜电阻等，其伏安特性曲线是一条通过原点的直线，如图 2.1(a)所示。这类元件称为线性元件，其阻值是一个不随 I、U 变化的常数。对于像晶体二极管、热敏电阻等类元件，它们的伏安特性曲线不是一条直线，这类元件称为非线性元件，其阻值不是常数。如图 2.1(b)所示为某一晶体二极管的伏安特性曲线。

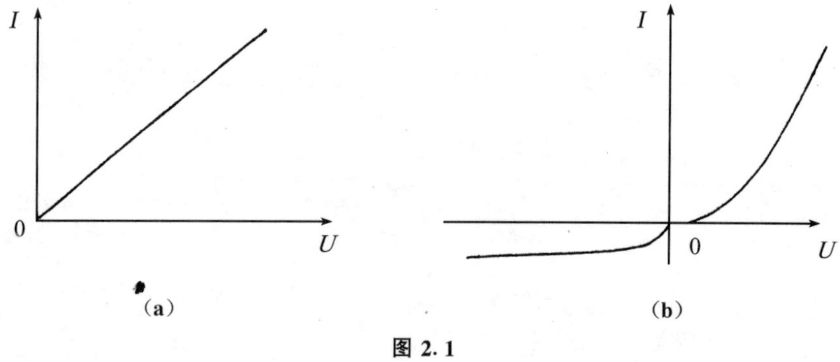

图 2.1

2. 测量电路的选取

利用伏安法测电阻常采用如图 2.2 所示的两种类型测量电路。由图可以看出，测量电路的选取在于电源的选取、变阻器 R 和电表的选取及连接方式等几方面。

(1)电源的选取

由前(预备知识)所述，实验室常用的直流电源有三种：即直流稳压电源、直流稳流电源和

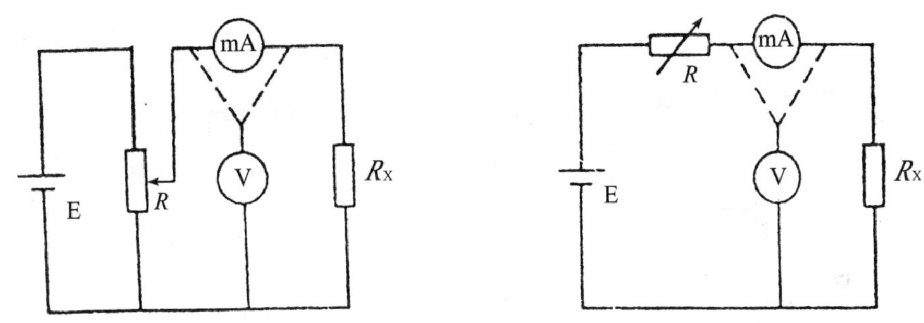

(a)分压电路　　　　(b)限流电路

图 2.2　测量电路的选取

固定电压电源(如干电池)。

实验时电源的选取应使所选电源的额定电压和额定电流同负载的额定电压和电流相同或稍大较为理想,余量过大浪费电能,使调节变粗,若使用不慎也易损坏电表。

(2)变阻器的选取与连接方式

变阻器的用途是用来控制电路中的电压和电流,使其达到某一指定的数值,或使其在一定范围内连续变化。为此,实验中常用变阻器组成分压电路和限流电路,如图 2.2 所示。分压电路是通过变阻器 R 滑动端的移动来改变 R_X 两端电压的;限流电路是通过改变变阻器 R 的阻值来改变电路中电流的。实验中如能选用合适的直流稳压电源或稳流电源,一般可不采用变阻器控制电路。如选用固定电压源,则需用变阻器来调节 R_X 两端电压和通过它的电流。变阻器的连接方式按如下考虑:如所选电源的额定电流大于负载 R_X 额定电流的两倍以上,宜选用分压电路。该电路调节的范围宽且可以调为零值。实验中希望改变 R 时负载 R_X 两端的电压变化要尽量均匀,否则调节困难,给实验带来不便。因此所选变阻器 R 的全阻值要小于 R_X,越小调节的均匀性越好。而当电源额定电压大于 R_X 额定电压时,也可考虑选用分压和限流的混联电路,如图 2.3 所示。如所选电源的额定电流仅够待测负载 R_X 使用,应选用限流电路。当需要负载上电流调节范围足够大时,可使变阻器全阻值大于负载电阻十倍以上,但此时负载电流调节的均匀性较差。

变阻器控制电路的选取也不必和理论设计的完全一致,只要根据实验室的设备情况,设计出一套可行方案即可。

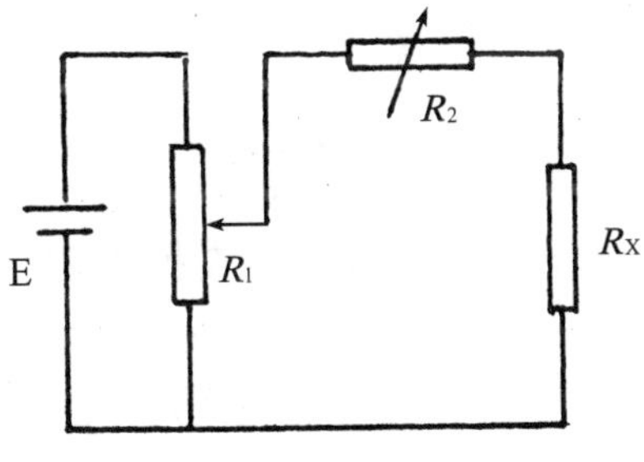

图 2.3

变阻器电路选定后,有时也可能出现调节变阻器 R 时,却很难调到准确的电表示值,这反映了该控制电路细调程度的不足。若分压电路细调程度不足,可采用如图 2.4 所示的双分压结构的电路。若限流电路细调程度不足,可再串接一阻值较小的变阻器 R',如图 2.5 所示。两种情况下 R' 值的选取均为 $R/10$ 左右。

(3)电表的选取及连接方式

电压表、电流表量程的选取可略大于待测电压、电流较为理想,量程太大会降低电表的测量精度。

电表级别的选取以测量结果能达到期望的准确度要求为准。如果期望测量结果的相对误

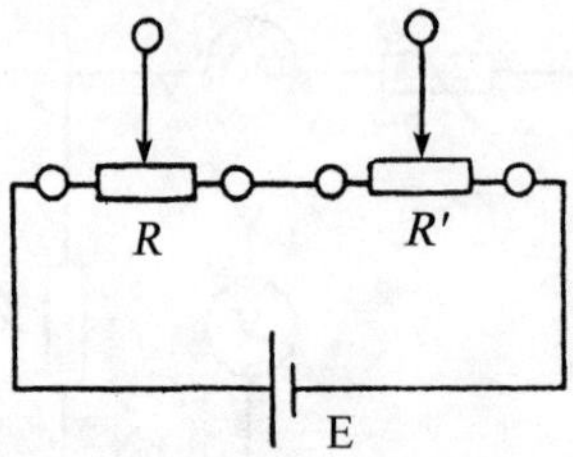

图 2.4

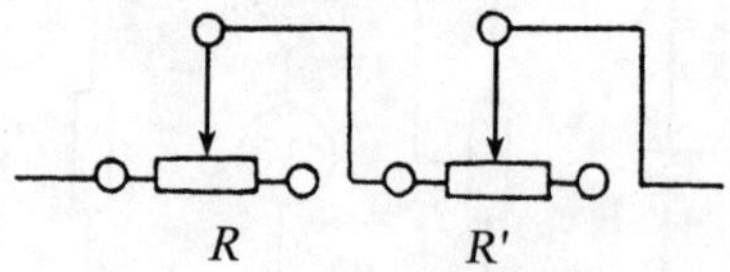

图 2.5

差不超过 $K\%$，则电压表和电流表的准确度等级可先在 $K/2$ 内选择，精度不够时再行调整。例如，利用伏安法测量某一电阻，要求测量的相对误差小于 1.5%，所用电流表量程为 15mA，电压表量程为 1.5V，不难看出，当被测量 I、U 均超过量程的 2/3 时，只要选用 0.5 级电表即可满足要求。

电表选定后，电表的连接方式有两种，如图 2.6 所示。一种是电压表跨接在电流表和电阻

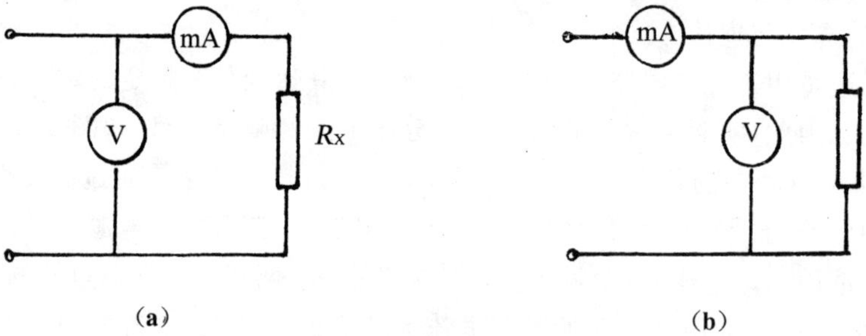

图 2.6

R_X 的外侧，称为电压表外接法（或电流表内接法）；另一种是电压表跨接在 R_X 两端，称为电压表内接法（或电流表外接法）。不论采用哪一种接法，依欧姆定律 $R_X=U/I$ 算出的 R_X 值，由于电表内阻的影响，都会引入一定的误差。易看出，电压表外接时，测得的 R_X 值偏大，电压表内接时测得的 R_X 偏小。这种由连接方法引入的误差通常称为方法误差。显然方法误差是一种系统误差。上述两种连接方法引入的方法误差分别为：

$$\rho_{外}=\frac{R_A}{R_X} \tag{2.1}$$

$$\rho_{内}=-\frac{R_X}{R_X+R_V} \tag{2.2}$$

式中 R_A、R_V 分别为电流表和电压表的内阻，负号表示电压表内接时测得的 R_X 偏小。实验时根据 R_A、R_V 及 R_X 的标称值比较 $\rho_{外}$ 和 $\rho_{内}$ 的大小，选用方法误差小的电路进行测量。若方法误差不可忽略时，可由下面两式对电压表外、内接法测得的结果进行修正：

$$R_X=\frac{U}{I}-R_A \tag{2.3}$$

$$R_X=\frac{U}{I-\dfrac{U}{R_V}} \tag{2.4}$$

四、仪器用具

待测电阻 R_X（约 110Ω），待测晶体二极管（型号 2AP17，正向电阻在 70Ω 以上，反向电阻在

100kΩ 以上)，直流电压表(1.5V 挡，内阻 750Ω)，直流电流表(15mA 挡，内阻 2.4Ω)，滑线变阻器(全阻值 100Ω，额定电流 1.5A)，甲电池一节，微安表及电阻箱。

五、实验内容

1. 测量金属膜电阻的阻值

根据“仪器用具”栏目所给实物的参数，选择图 2.2 中适当的电路，并画好电路图。在电表量程范围内，均匀地选测 10 组 U、I 数据，作 I—U 伏安特性曲线。如为直线，可在直线两端选两组 U、I 值，由直线斜率即可算出 R_X 值。要求修正掉方法误差，算出测量误差。

2. 测量晶体二极管的伏安特性曲线

晶体二极管由于其 PN 结具有单向导电性，故正、反向电阻差异很大。小功率晶体二极管其正向电阻一般只有几十到几百欧姆，而反向电阻则在几百千欧姆($10^5\Omega$)以上。晶体二极管正、反向电阻都不是一个定值，其阻值与所通电流或所加电压大小有关，通常用伏安特性曲线来描述它的导电特性。

(1)测晶体二极管正向伏安特性曲线

根据“仪器用具”栏目所给实物的参数，选择适当电路，测出 10 组 U、I 值，作出伏安特性曲线。在 2.00mA 和 8.00mA 电流下，分别算出电阻值(即 U/I 值)。

(2)测晶体二极管反向伏安特性曲线

根据“仪器用具”栏目所给实物参数，选择适当电路，并将前面所用的毫安表改为微安表，也测出 10 组 U、I 值，作伏安特性曲线，并在曲线上求出 0.500V 和 1.000V 两点的电阻值。

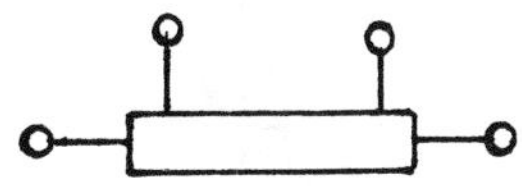

图 2.7

3. 测导线电阻

实验中所用的连结导线每根电阻值为 0.03～0.1Ω 不等，属于低电阻。低阻常做成四端结构，如图 2.7 所示。两端为“电流接头”，中间为“电压接头”。待测的电阻 R_X 是指电压接头间的那段阻值。试设计一测量电路，测出一根指定导线的电阻。电路要经老师审查，操作要小心，以免损坏电表。

六、考查题

1. 参看图 2.2(a)，变阻器滑动端 C 滑向哪一端时输出电压为零？在图 2.2(b)中滑动端 C 滑向哪一端时通过 R_X 的电流最小？

2. 在本实验用伏安法测电阻中，若 R_X 的标称值为 110Ω，电压表内阻 R_V 为 750Ω，电流表内阻为 2.4Ω，试估算采用电压表内、外接法的方法误差分别有多大？应采用哪一种接法？

3. 若测量某一电阻元件的伏安曲线，估计测到最大电压 U_m 为 1.5V 左右，最大电流 I_m 为 15mA 左右。现有 1.5V 甲电池一节，滑线变阻器(0～100Ω，1.5A)一只，试分析应选用哪种变阻器供电电路较为合适？

4. 拟出测量导线电阻的电路及测法。

七、思考题

1. 用伏安法欲测 50Ω 左右的电阻 R_X，所用直流电流表量限 30mA，内阻 2.0Ω，1.0 级；直流电压表，一种量限是 1V，内阻 2kΩ，0.5 级，另一种量限是 1.5V，内阻 500Ω，1.0 级；可调直流电源。如果不修正方法误差，选用哪两种电表测量可能获得最佳测量精度？画出电路图并说明理由。

2. 欲测导线电阻（约 0.05Ω），给定直流电流表（15mA，2.4Ω），甲电池，滑线电阻（100Ω，1.5A），画出电路图并说明测量方法。

3. 用替代法测电阻 R_X，如图 2.8 所示，R_n 为电阻箱，若 R_X 和 R_n 分别接入电路，电流表的示数相同，则 $R_X=R_n$。试分析：

(1)如果电流表已失准，但其转动系统的摩擦很小，从而读数的重复性较好，使用这只表影响测 R_X 的准确度吗？

(2)所用电流为什么应尽量接近电流表的量限？

(3)在电流表都能调至满度的前提下，$R\gg R_X$ 和 $R\ll R_X$ 哪种情况有利于判断 R_X 和 R_n 是否相等？

4. 如图 2.9 是一用补偿法测二极管伏安曲线的电路图，说明它的测量方法；和通常的伏安法测元件伏安曲线电路相比它有什么优点？

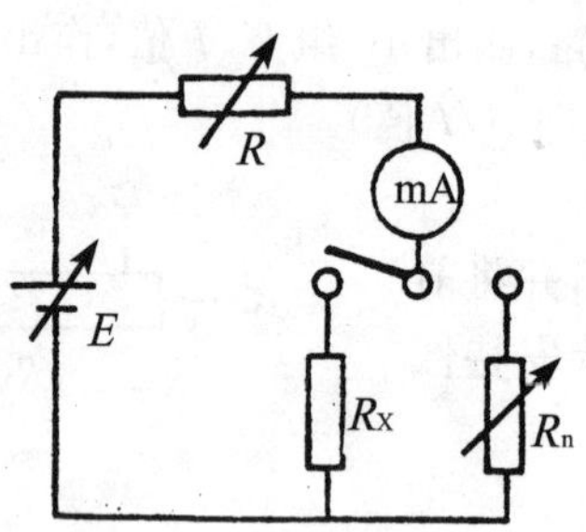

图 2.8

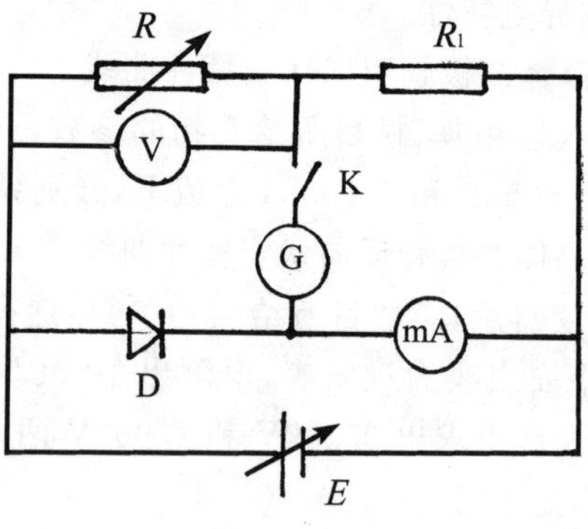

图 2.9

实验 3　用函数记录仪测量稳压二极管的伏安特性曲线

一、目的要求

1. 学习使用 X—Y 函数记录仪。
2. 了解稳压二极管的伏安特性。
3. 掌握电源及控制电路的设置方法。

二、引言

用函数记录仪（又称 X—Y 记录仪）测量导电元件的伏安特性曲线，比起用电压表和电流表测量，既方便又快捷，但记录仪的走笔机械系统运行速度较慢，因此它适合研究缓慢变化的物理过程。在测量两个电压间的关系曲线时，则应缓慢调节信号电压。稳压二极管的伏安特性曲线，粗看起来近乎由水平线段和垂直线段连成，在测量这样形状的伏安曲线时，为使记录仪的记录笔能匀速描绘函数曲线，这里提出按线段长度分配电压的方法选取电源电压，控制电路则采用串联限流电阻的分压器。

三、原理

1. 函数记录仪

函数记录仪是在 X—Y 坐标平面上记录函数曲线的仪器，既可描绘某电压 U_Y 随电压 U_X 变化的 $U_Y—U_X$ 函数曲线，也可记录某电压 U 随时间 t 变化的 $U—t$ 函数曲线。当描绘 $U_Y—U_X$ 曲线时，记录仪的记录笔在 Y 方向的位移受电压 U_Y 控制并反映出 U_Y 的大小，记录笔在 X 方向的位移受电压 U_X 控制并反映出 U_X 的大小。当待测电路加给记录仪的电压 U_Y、U_X 同时做缓慢变化时，记录笔便描绘出 $U_Y—U_X$ 曲线。若将待测电压 U 加在记录仪的 Y 通道，并启动记录仪的扫描走笔功能，使记录笔在 X 方向自左向右匀速移动，便可测出 $U—t$ 曲线。

2. 伏安特性曲线的测量原理

图 3.1 所示为稳压二极管反向伏安特性曲线。图 3.2 所示为测稳压二极管伏安特性曲线

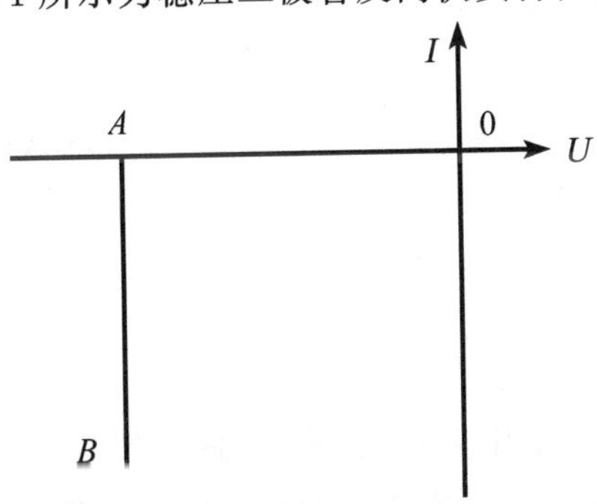

图 3.1

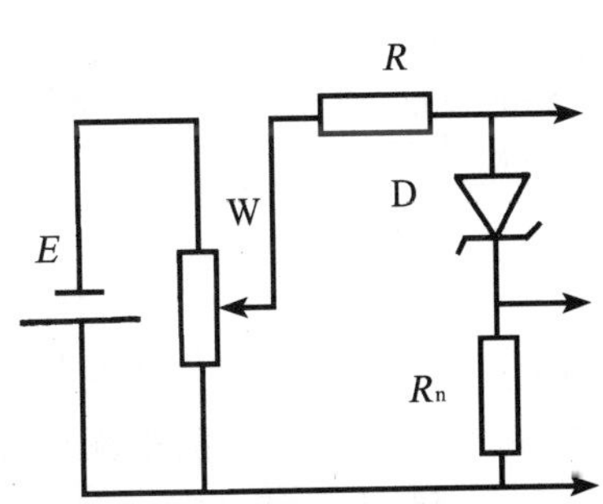

图 3.2

的电路，图中的D为待测稳压二极管，R_n 为已知电阻，R 为限流电阻，E 为可调电压源。

将稳压二极管D的端电压加至记录仪的X通道 X_H、X_L 接线柱，将低阻 R_n 上的电压加至记录仪Y通道的 Y_H、Y_L 接线柱，缓慢调节分压器W，则记录仪的记录笔在X方向的位移代表稳压二极管的管压降 U，而记录笔在Y方向的位移直接代表已知低阻 R_n 的电压 U_n，间接代表流过稳压二极管的电流 I。

$$I=U_n/R_n \tag{3.1}$$

于是记录笔画出的便是稳压二极管的伏安特性曲线。

3.电源和限流电阻的选取

目前实验室常用的直流电源，除甲电池等干电池外，还有直流稳压电源和直流稳流电源。考虑到本实验使用的电流较小和X—Y记录仪的安全，将选用直流稳压电源，并将它的电压 E 调为所需数值不变，用分压器调节电压，如图3.2所示。电源电压 E 的选取，遵循"按线段长度分配电压"原则，如果X—Y记录仪最终画出的稳压二极管反向伏安特性曲线的实际形状如图3.1所示，则分配给 OA 段的电压就是该稳压二极管的稳定电压 U_0（U_0 值由稳压二极管的型号决定），而分配给 AB 段的电压 U' 服从下式：

$$\frac{U'}{U_0}=\frac{AB}{OA} \tag{3.2}$$

于是应选定的电源电压 E 为：

$$E=(1+\frac{AB}{OA})U_0 \tag{3.3}$$

如果稳压二极管的反向电流最大测到 I_m，则图3.2中的限流电阻 R 应定为：

$$R=U'/I_m \tag{3.4}$$

将(3.2)式代入，则得

$$R=\frac{AB\times U_0}{OA\times I_m} \tag{3.5}$$

图3.2中的分压器电阻W的全阻值，应选得比限流电阻 R 明显地小，最大不要超过 R。按上述原则选取电源电压、限流电阻、分压器电阻，当分压器电阻W作全程匀速调节时，X—Y记录仪的记录笔便会接近匀速移动，画出伏安特性曲线。

若能选取X—Y记录仪X通道和Y通道的电压常数，使图3.1中横、竖线段长度接近相等，加之X—Y记录仪走笔并不要求绝对匀速，于是(3.3)式变为：

$$E=2U_0 \tag{3.6}$$

可见在此情况下，按二倍压选取电源电压 E，好记又实用。

四、仪器用具

X—Y记录仪，测稳压二极管全伏安特性曲线实验盒（含图3.3电路中除电阻箱之外的全部元件），电阻箱。

五、实验内容

1.测量稳压二极管全伏安特性曲线

按图3.3连接电路。待测稳压二极管反向稳定电压为6V左右，正向工作电压为0.7V左右；正、反向电流最大都测到20mA左右。于是X－Y记录仪X通道的电压常数置0.5V/cm挡位，Y通道的电压常数置2.5mV/cm挡位。这样，曲线刚好画在25cm×17cm坐标纸上。

外接电阻箱拨至0Ω，接通实验盒电源及X－Y记录仪的电源。将X－Y记录仪X通道、Y通道的“INPUT”开关均拨至“ZERO”位，旋X通道及Y通道的“POSITION”钮，将记录笔调至坐标纸的坐标原点处。再将X、Y通道的“INPUT”开关均拨至“MEAS”位，只要调节图3.3的分压器，即可看到记录笔空画稳压二极管全伏安特性曲线。待操作熟练，认为满意时，将“PEN”开关拨至“DOWN”位落下记录笔，即可调节分压器电阻W在坐标纸上画出稳压二极管全伏安特性曲线，如图3.4所示。

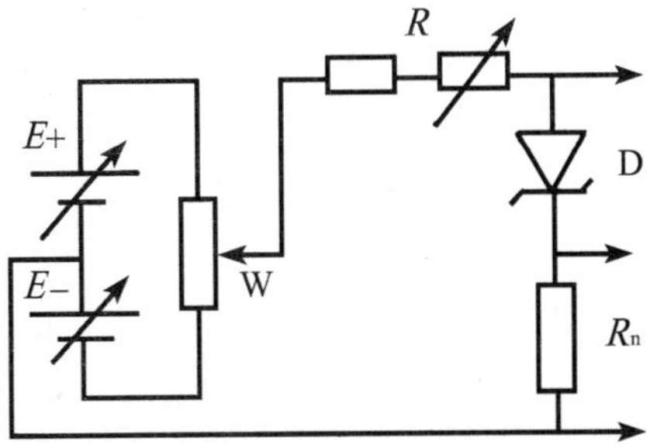

图 3.3

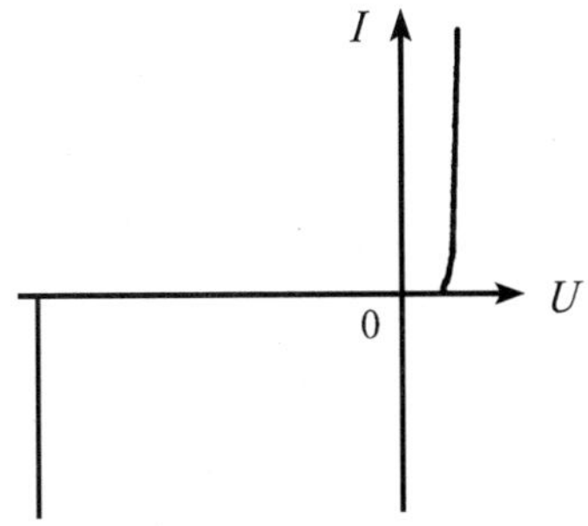

图 3.4

2. 验证二极管正向伏安曲线指数规律

根据半导体器件物理理论，二极管PN结的伏安特性由下式描述：

$$I=I_0\left[\exp\left(\frac{eU}{mkT}\right)-1\right] \tag{3.7}$$

式中I为流过PN结的电流，单位A；I_0为PN结反向饱和电流，单位为A；e为电子所带电量，等于1.602×10^{-19}C；U为加给PN结的电压，单位V；k为玻耳兹曼常数，等于1.380×10^{-23}J/K；T为PN结的绝对温度，单位为K；m为PN结所加正向电压范围决定的系数，$1\leqslant m\leqslant 2$。

上式中，正向结电压U通常为几百毫伏，使得括号中第一项在室温下远大于1，于是有：

$$I=I_0\exp\left(\frac{eU}{mkT}\right) \tag{3.8}$$

不少二极管正向I—U特性在一定结电压范围内服从上式指数规律。

将X－Y记录仪X通道的电压常数置0.1V/cm挡，画正向I—U曲线；将图3.3中的外接电阻箱分别置2.7kΩ和29.7kΩ，相应地将X－Y记录仪的电压常数分别拨至为0.25mV/cm和25μV/cm挡，再画两条正向I—U曲线，如图3.5所示。任意画一条平行于U轴的直线，与三条I—U曲线交于三点，相邻两点的电流刚好为10倍关系。如果每相邻两点间的电压之差不变（即三条曲线为等间隔的平行线），就证明了I—U曲线服从(3.8)式所示指数规律，并可求出式中的因子m。

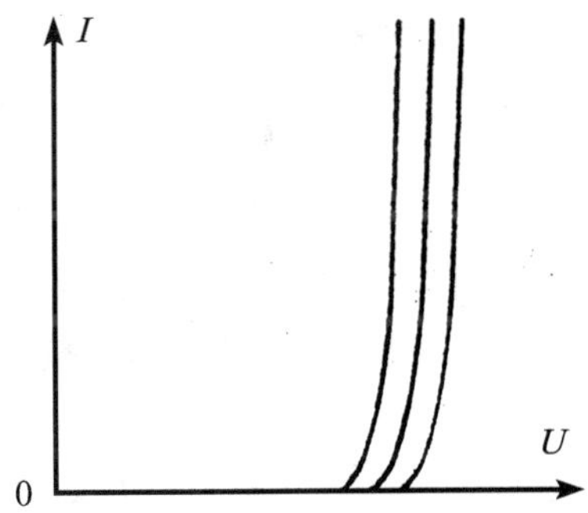

图 3.5

3. 考查稳压二极管的动态电阻

在稳压二极管伏安曲线上某点作切线，由切线上两点间的ΔU、ΔI便可算出该点的动态电阻r。

$$r=\frac{\Delta U}{\Delta I} \tag{3.9}$$

从图 3.5 伏安曲线上电流分别为 10mA、1mA、0.1mA、－10mA 处计算动态电阻，并从图 3.4上估算电压为－4V 附近处的动态电阻最少为多大。

六、注意事项

1. X－Y 记录仪系贵重仪器，每次通电画曲线之前，应调好 X 通道和 Y 通道的电压常数，避免待测电压超程。

2. X－Y 记录仪整套走笔机械装置精密而又娇气，勿随便触摸及施压。

3. X－Y 记录仪的走笔装置，机械惯性较大，对待测电压信号变化的响应较慢，因此实验中应缓慢调节电路信号电压。

七、考查题

1. 图 3.3 所示电路中，稳压二极管的正向电压为 0.7V 左右，限流电阻 R 已选定为 300Ω，如果稳压二极管正向伏安曲线最大测到 20mA，电路正向电源电压 E_+ 应为多少伏？

2. 使用 X－Y 记录仪，有哪些注意事项？

八、思考题

1. 对于图 3.1 所示伏安特性曲线，如果用图 3.6 所示电路测量，请证明或说明：当按(3.3)式选取电源电压 E，按(3.5)式选取限流电阻 R，在 $0\sim E$ 间匀速调节电源电压时，记录仪的记录笔将匀速描绘整条伏安曲线。

2. 在测图 3.1 所示伏安特性曲线时，用什么方法证明图 3.6 所示电路中，电源电压在 $0\sim E$ 间匀速调节至少需要多长时间，记录仪的记录笔的响应速度才能跟随上待测电压的变化速度？

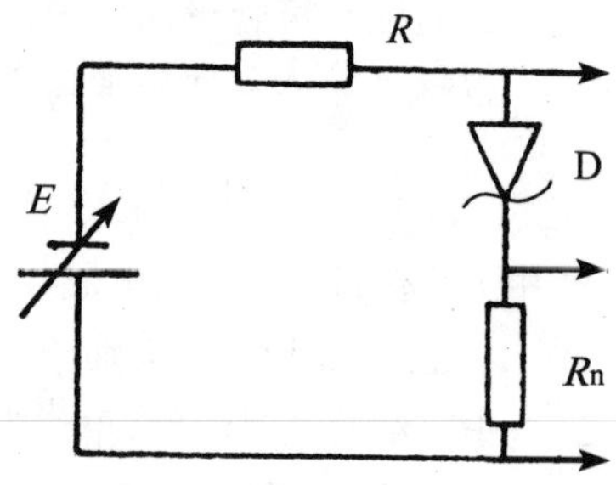

图 3.6

附：X－Y 记录仪简介

如图 3.7 为 X—Y 记录仪的俯视图，各部分的名称和功能简单介绍如下。

①电源开关“POWER”：按入为开，再按则关。

②记录笔。

③测量端子：H 为正，L 为负，G 为屏蔽。(图 3.7 中上③为 Y 通道测量端子，下③为 X 通道测量端子。④⑤⑥⑦同)

④输入开关“INPUT”：这是输入信号的通断开关。置“ZERO”位，记录仪输入端被短路；置“MEAS”位，为测量状态，使记录仪与测量电路接通。

⑤位置旋钮“POSITION”：设定记录笔初始位置。

⑥测量范围切换开关“RANGE”：设定记录笔走笔电压常数(走 1cm 代表待测的电压值)；但与该开关同轴的微调旋钮“VERNIER”应顺时针轻旋到底，听到轻微的“卡塔”声后，电压常数标识值才对。

⑦微调旋钮“VERNIER”：对走笔电压常数作连续微调，但不给出电压常数数值。

⑧静电吸附开关“CHART”拨至“HOLD(吸附)”位置,固定记录纸;拨至“RELEASE(释放)”位置,记录纸方可移动。

⑨控笔开关“PEN”:拨至“UP”位置,笔抬起;拨至“DOWN”位置,笔落下,可画函数曲线。

⑩测量键“MEAS”:按下,仪器处于 X－Y 记录仪功能状态。

⑪复位键“RESET”:按下,记录笔自右端返回扫描起始位置。

⑫试扫键“TRIAL”:按下,记录笔自左向右试扫描(笔不落下)。

⑬记录键“RECORD”:按下,记录笔自左向右扫描,画时间函数曲线。

⑭扫描速率开关“SWEEP RATE”:设置记录笔时间常数(笔走 1cm 所用时间)。

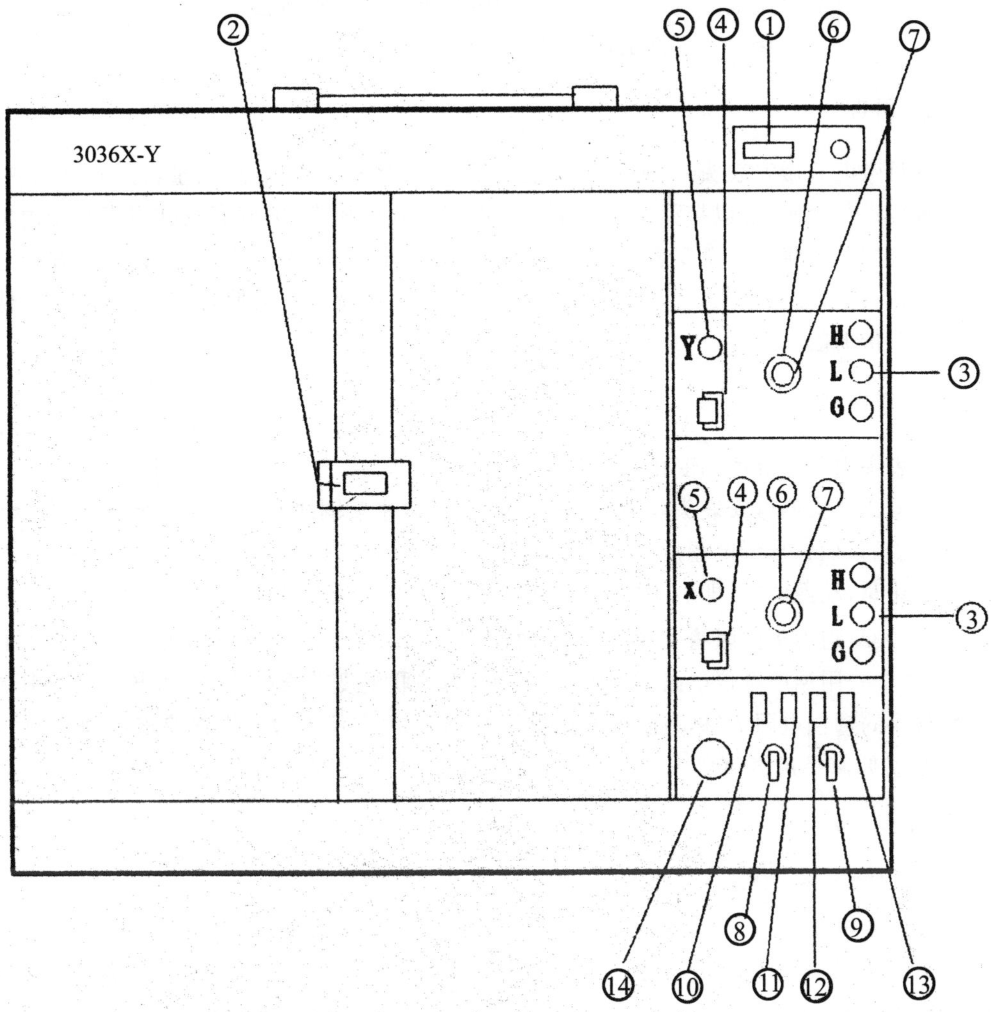

图 3.7

实验 4　电表改装

一、目的要求

1. 掌握改装直流电压表、电流表及欧姆表的原理和校准方法。

2. 了解温度变化给电表造成的误差及补偿方法。

二、引言

一只磁电式微安表头，虽可测电压或电流，但其量程太小。若想测量较大的电压或电流，则需对电表进行改装，加以扩程。实验室常用的机电式电压表、电流表及欧姆表都是由微安表头改装而成的。若将一只微安表头改装成不同量程的电压表、电流表及欧姆表等，并把它们有机地组装在一起，这就是我们常用的万用表。了解上述改装电表的原理和方法，对正确使用万用表是很有帮助的。

三、原理

1. 表头内阻随温度的变化及温度补偿

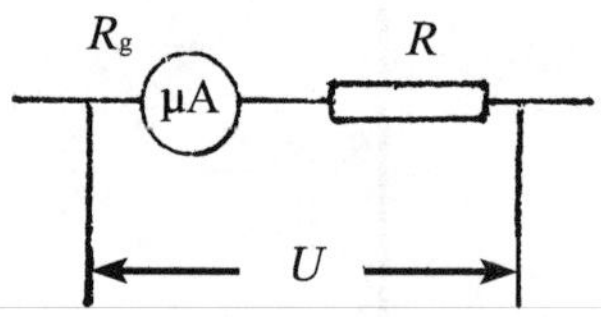

图 4.1

磁电式结构的微安表头，其动圈是由铜导线(常用紫铜线)绕制而成的。而铜导线的温度系数较大($\alpha=0.004/℃$)，所以当温度变化时，动圈电阻(即表头内阻 R_g)也要发生变化。设想温度变化10℃，则表头内阻将变化 4%，从而使改装后的电表产生不可忽视的误差。为了减小这种误差，常采用温度补偿电路。如图 4.1 所示，为串联温度补偿电路，即和电流表头串联一温度系数很小的锰铜电阻 R(称为温度补偿电阻)。按照 A 类仪表检定规程要求，串联 R 后，m 级表头在室温偏离标准温度(20±10)℃时，其量程 I_0 的相对变化不得超过 $m\%$。为此 R 应满足下式：

$$R \geqslant \frac{4-m}{m} R_g \tag{4.1}$$

2. 改装电压表

参看图 4.1，表头串联电阻 R 即可扩大表头的电压量程。设扩展的电压量程为 U，则 R 的阻值应为：

$$R = \frac{U}{I_0} - R_g \tag{4.2}$$

这里 R 既是表头扩大电压量程串接的降压电阻，又是温度补偿电阻。所以 R 应选用温度系数小的电阻，且 R 值的大小应同时满足(4.1)、(4.2)两式的要求。式中 U/I_0 表示扩程后的电压表的内阻。$1/I_0$ 则表示每伏电压量程应具有的内阻，称为"每伏欧姆数"，单位"Ω/V"，常标在电压表的表盘上。这是电压表的一个重要参数，知道这个参数，就可以计算各量程的内阻。易知，I_0 越小，扩程后的电压表每伏欧姆数就越大，用来测电压时，对待测电路的分流影响就越小。

制作多量程的电压表，可串接不同的降压电阻，联接的方式有两种，如图 4.2 所示。扩程后的电压表需要用标准表进行校准。所谓标准表是指比扩程表准确度高的电表。校准是利用上述两种表同时测量同一电压时的指示值进行比较（称“比对”），然后求出标准表的指示值 U_0 和扩程表的指示值 U_X 的每一组差值 ΔU，并以 U_X 为横坐标，ΔU 为纵坐标，作 $\Delta U-U_X$ 校正曲线。该曲线是各点逐次连接的折线，以后在使用扩程表时，可用校正曲线修正它的读数，得到较为准确的结果。

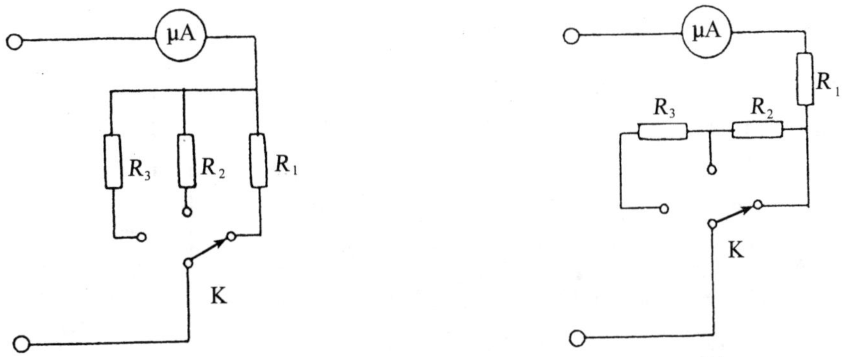

(a)　　　　(b)

图 4.2

3. 改装电流表

直流电流表的扩程电路如图 4.3 所示。其中 R 为温度补偿电阻且满足(4.1)式，电流表扩大的量程为 I，R_S 为分流电阻，其大小为：

$$R_S=\frac{R_g+R}{n-1} \tag{4.3}$$

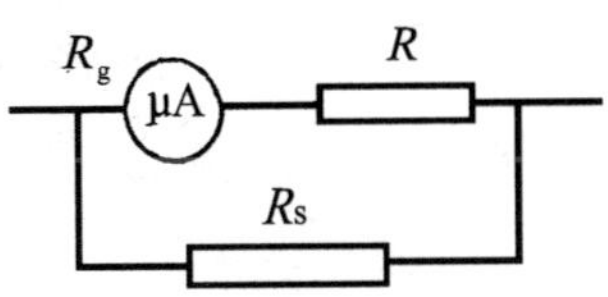

图 4.3

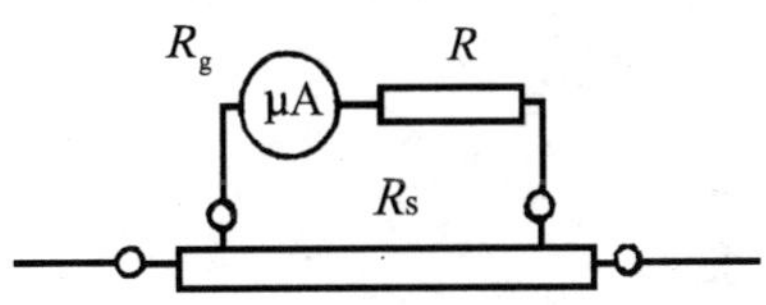

图 4.4

式中 $n=I/I_0$，为扩程倍数。若扩展的量程较大，R_S 为低阻时，应采用四端结构，如图 4.4 所示。

制作多量程的电流表，可并联不同的 R_S 值。并联的方式原理上有两种，一种是开路转换，如图 4.5(a)所示。此种转换虽压降小，但其带电转换或转换开关 K 接触不良时，易烧毁表头，一般不应采用。另一种是闭路转换，如图 4.5(b)所示。后者较为常用。

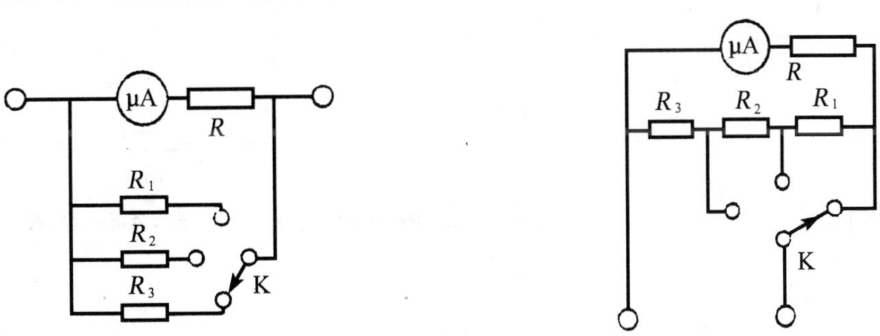

(a)　　　　(b)

图 4.5

改装电流表的校准，亦采用与标准电流表“比对”方法，校正曲线作法亦相同。

4. 组装欧姆表

串联型欧姆表的电路原理如图 4.6 所示。若电压表量程为 E，忽略电源的内阻 r，电压表的示值为：

$$U=\frac{E}{1+R_X/R_D} \tag{4.4}$$

式中 E、R_D 为常数；U 和 R_X 成一一对应关系。

将电压表的刻度值标定成相应的电阻 R_X 的值，电压表就成了欧姆表。由(4.4)式可知，U 和 R_X 为非线性关系，这说明欧姆表的刻度是非均匀的。当 $R_X=0$ 时，$U=E$，则 0Ω 标在刻度尺的右端满度点；$R_X=\infty\Omega$ 时，$U=0$，∞Ω标在刻度尺的左端起点；$R_X=R_D$ 时，$U=E/2$，表针正好指在刻度尺的中点，我们把电压表的内阻值 R_D 称为欧姆表的“欧姆中心”，它是欧姆表的一个重要参数。如图 4.7上面圆弧刻度为一欧姆中心等于 10Ω 时画出的欧姆表盘。

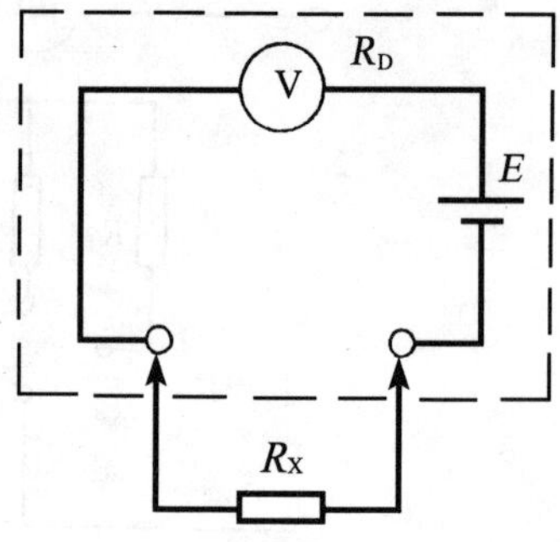

图 4.6

实际上欧姆表一般是由微安表头改装而成的，改装的单量程欧姆表结构如图 4.8 所示。

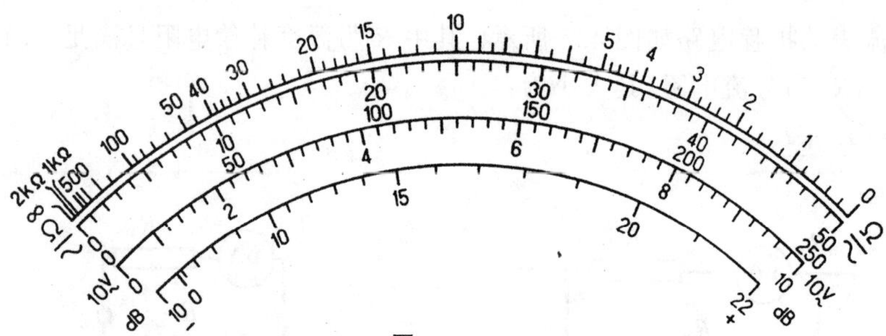

图 4.7

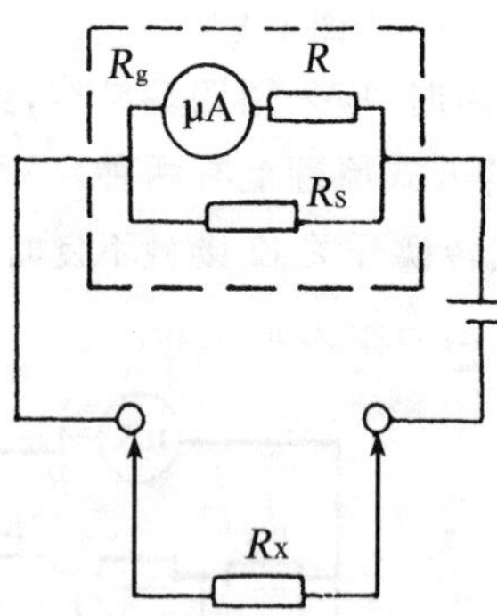

图 4.8

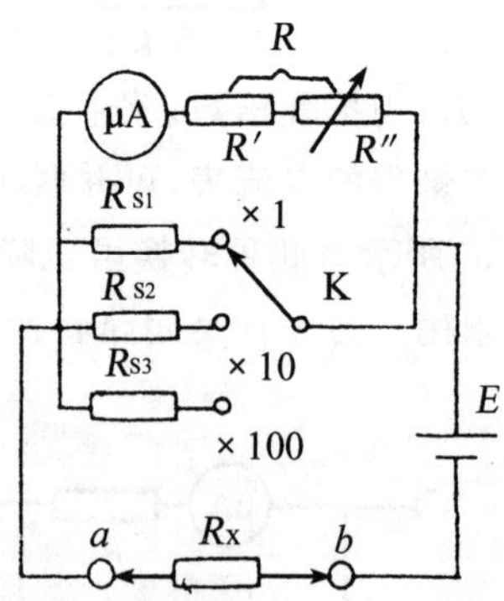

图 4.9

虚线框内部分仍可看作是一块量程为 E、内阻为 R_D 的电压表，不过 R、R_S 应分别满足下式：

$$R=\frac{E}{I_0}-R_g \tag{4.5}$$

$$R_S=\frac{(R_g+R)R_D}{(R_g+R)-R_D} \tag{4.6}$$

如果所需欧姆中心 $R_D>(R_g+R)$，则应提高电源电动势 E，并重新计算 R 和 R_S。这里 R 同样满足温度补偿的条件。

从原理上讲，上述欧姆表制成后，就可以测量从 0Ω 到 ∞Ω 之间的任何阻值，但还必须考虑如下两点：

(1)欧姆表应做成多挡形式

由图 4.7 可以看出，在欧姆中心附近的 R_X 值，读取的有效数字位数较多，测量相对准确，而远离欧姆中心的 R_X 值读取的有效数字位数少，从而测量不够准确。为扩展欧姆表的有效测量范围，可将欧姆表做成如图 4.9 所示的多挡形式。各挡的欧姆中心值分别为最低挡欧姆中心值 R_{D1} 的 ×1，×10，×100 等倍数。由图 4.7 和(4.4)式可以看出，当 R_D 和 R_X 同时扩大 10^n 倍时，由于分压比不变，表针指的位置也不变。于是得到欧姆表的读表规则为：

被测电阻值＝表盘读数×所用挡的扩展倍数 $10^n(n=0,1,2,3,4)$。

测量电阻时，按 $\frac{1}{3}R_D<R_X<3R_D$ 选择挡位。

(2)欧姆表应设调零装置

上述谈及欧姆表原理时，视电池电动势 E 为常数，其实这是不可能的。在使用过程中，E 会逐渐降低，更何况一节新电池的电动势也不一定是准确的 1.5V，所以当 $R_X=0\Omega$ 时，表针并不指在 0Ω 刻度，从而造成测量误差。为减小这种误差，欧姆表设立了调零装置。即图 4.9 中的电阻 R 改用一固定电阻 R' 和一可调电阻 R'' 串联代替。当选好挡位测电阻时，应先将两测量表笔短接(即 $R_X=0$)，调节调零电位器 R'' 使表针指欧姆零点，而后再接上 R_X 进行测量。

由于调零时 R'' 的变化以及电池内阻的忽略等原因，会或多或少地改变了欧姆中心值，故使得这种欧姆表难做得十分精确。不过在要求测量精度不高的场合，却方便实用，仍不失为实验室常用的仪表之一。

殴姆表的校准可用电阻箱作为标准电阻。先将两测量端 a 和 b 短接($R_X=0$)，调节 R'' 使表头满偏。然后将电阻箱接入 a、b 两端，比较电阻箱和改装殴姆表的殴姆中心及其他刻度值，画出 $R_{标}—R_{测}$ 校准曲线。

上面所述的串联式欧姆表，其输出电流较大，对于不能耐受较大电流的器件(如表头、检流计等)是不能直接测量的(有可能被烧毁)。还有一种电路为并联式欧姆表(可参看实验室实物)，其输出电流很小。

四、仪器用具

500 型万用表，电压表，电流表，电流表改装实验板，殴姆表改装实验板，电阻箱三只，甲电池和直流稳压电源等。

五、实验内容

下面进行改装电压表、电流表及欧姆表的实验，均选用量程为 50μA、内阻约 4kΩ、准确度为 2.5 级的微安表头。

1. 改装电压表

将上述表头改装成量程为 1.00V 的电压表。

校准电路如图 4.10 所示。所用标准表是一只量程为 1.5V、等级为 0.5 级的电压表。注意在校准时，由于给出的表头内阻 R_g 值并不十分准确，所以由(4.2)式算出的 R 值也并不一定合适，因此对 R 值应加以调整。调整的方法是让标准表指示 1.000V 时，调整 R 使改装表指到满量限，亦即 1.00V 处，完成量限调校。然后将电压值从大到小和从小到大对刻度各校一遍，取其平均值，并作出刻度校正曲线。

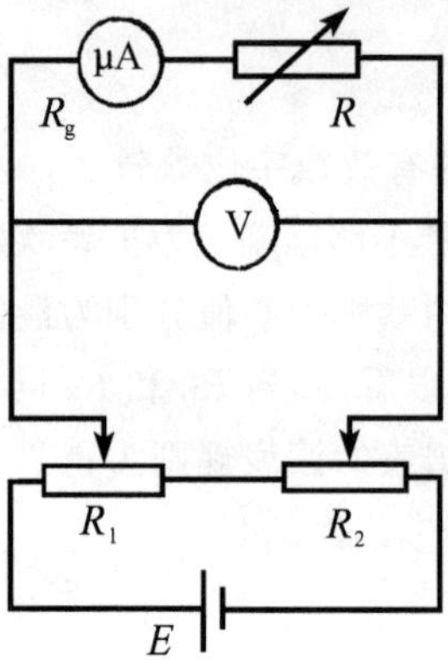

图 4.10

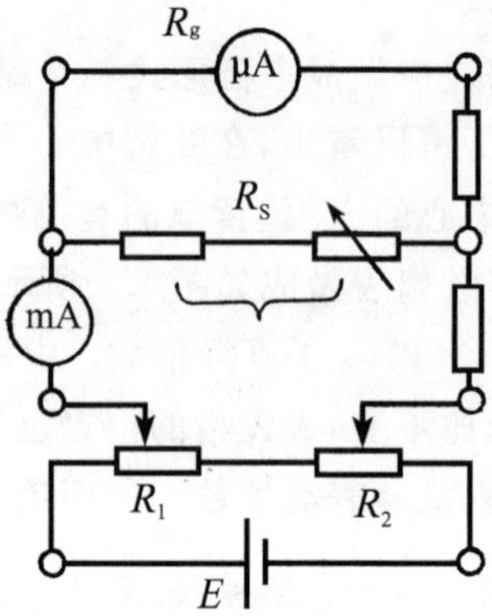

图 4.11

2. 改装电流表

将上述表头改装成量程为 5mA 的直流电流表。

校准电路如图 4.11 所示。校准表为 0.5 级、量程为 7.5mA 的电流表。校准时要反复调节 R_S 和分压器，直到标准表指 5.00mA，改装表刚好满度为止。然后将电流值从大到小和从小到大对刻度各校一遍，取其平均值，并作出刻度校正曲线。

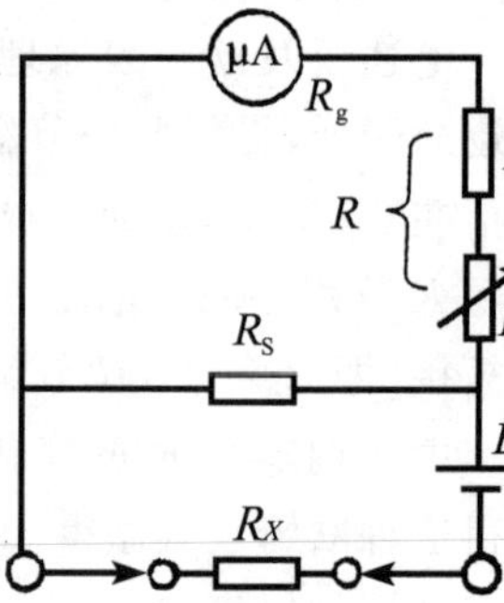

图 4.12

3. 改装欧姆表

将上述表头改装成殴姆中心 $R_D=100\Omega$（即×10 挡）的单量程殴姆表。改装电路参看图 4.12。电池电动势按 1.5V 计，算出 R 和 R_S。尔后将电阻箱接于 R_X 位置，按欧姆表使用步骤分别测出电阻箱示数为 300Ω、100Ω、30Ω 时，改装欧姆表的测量值。

4. 用电压表组装欧姆表

500 型万用表，每伏欧姆数为 20kΩ/V，试用其 2.5V 直流电压挡和直流稳压电源 E 组装一只欧姆表（欧姆中心是多少欧姆？E 应粗置多少伏？用什么调零点？）并测量 50kΩ 电阻。

5. 用 500 型万用表测量交、直流电压和电阻。

六、考查题

1. 计算出改装电压表、电流表和欧姆表实验中各有关阻值及其他有关数据。

2. 知道每伏欧姆数，对于设计电压表及衡量其性能有何用处？

3. 简述欧姆表的使用步骤，能否用欧姆表测量干电池的内阻或灵敏检流计内阻？

七、思考题

1. 如图 4.13 所示，微安表 $I_0=200\mu A$，$R_g=0.7k\Omega$，电源 E 为 2kV 高压电源。微安表外壳、电源负极为地电位。欲将微安表改装成2kV电压表去监测高压电源，请设计降压电阻的阻值、额定功率和电阻的个数(设每只电阻耐压 500V),并指出分压电阻在图中的位置。

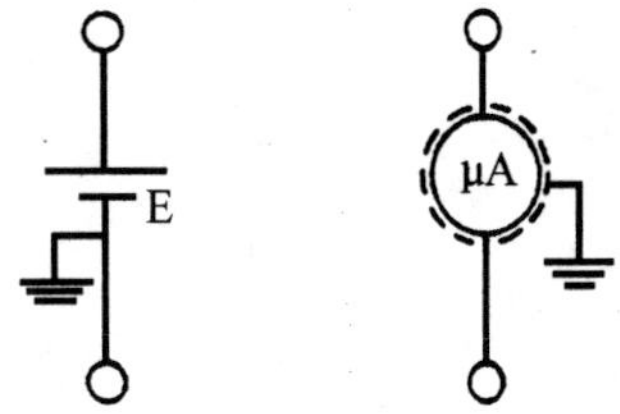

图 4.13

2. 若用 500 型万用表的欧姆挡(×100 挡,$R_D=1k\Omega$),测得某晶体二极管正向电阻为 500Ω,反向电阻为 0.1MΩ。试计算测量时流过二极管的正、反向电流和二极管上的正、反向压降各是多少(欧姆表内电源电动势按 1.5V 计算)?

3. 有一只 1.5 级、量程为 1mA、内阻为 100Ω 的电流表头(表头 1.5 级只表示整个表盘各刻度的准确度在标准室温下满足 1.5%以内,未考虑温度补偿),若采用串联温度补偿电路,能否改装成量程分别为 250mV 和 500mV 的电压表?降压电阻(温度系数可略)值为多少?

实验 5　灵敏检流计

一、目的要求

1. 了解灵敏检流计的结构、工作原理及其动圈的运动规律。

2. 了解灵敏检流计临界运动状态的特点，并能测定临界外阻。

3. 掌握测量检流计内阻及电流常数的方法，并学会用检流计测量高电阻。

二、引言

灵敏检流计是一种磁电式检流计。我们实验中所用的 AC15 型灵敏检流计，是靠光点的偏移来读测电流的，所以又称光点检流计。光点检流计是一种高灵敏度的仪器，可以检测 10^{-9}～10^{-11}A 的微小电流或 10^{-5}～10^{-7}V 的微小电压。因此常用作直流电桥和直流电位差计的指零器。还可用来测量光电流、生理电流和温差电动势等。

灵敏检流计的参数主要有电流常数（又称分度值）、临界外阻、内阻和自由周期等。其数值范围都标在仪器铭牌上，供使用时参考，这些参数也可通过实验精确测出。

灵敏检流计的形式很多，除本实验所用的箱式 AC15 型检流计外，还有台式、墙挂式等等，尽管形式不同，但其工作原理是相同的。

三、结构和原理

1. 基本结构

灵敏检流计的主要结构如图 5.1(a)所示。

(1)磁场部分：永久磁铁产生磁场，在永久磁铁的 N、S 极之间安置一个圆柱形软铁芯 J，用来增强磁极与软铁芯之间缝隙中的磁场，并使该磁场分布呈均匀辐射状，如图 5.1(b)所示。

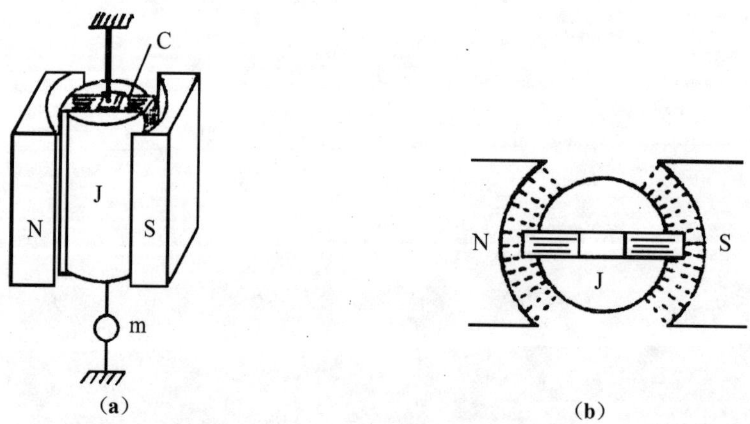

图 5.1

(2)偏转部分：C 是由细导线绕制而成的矩形线圈，可在磁铁与软铁芯的间隙中转动，故称作动圈。动圈的上下端均用弹性金属丝（张丝）张紧，且动圈的首末两端分别与张丝相联接，借以将被测电流引入动圈。

(3)读数装置部分:m 为一小反射镜,固定在动圈上,由光源发出的光经小镜 m 反射到弧形标尺上,形成一个光点,如图 5.2 所示。当没有电流通过动圈时,反射光的光点位于弧形标尺的“0”点上;当动圈中有电流通过时,动圈带动小镜 m 发生偏转,设转过 α 角,反射光线则转过 2α 角,光点在标尺上移动的距离 $d=2\alpha r$(r 为小镜 m 到标尺的距离)。这样动圈偏转的角度就可以通过长度 d 来测量,而动圈偏转的角度是正比于通过动圈的电流的(证明在下面),所以通过由光点移动的距离 d 可以测出电流的大小。为了使动圈偏转较小的角度而能获得较大的光点移动距离 d,AC15 型检流计采用光线多次反射的办法来加大 r,从而提高了检流计的灵敏度,如图 5.3 所示。

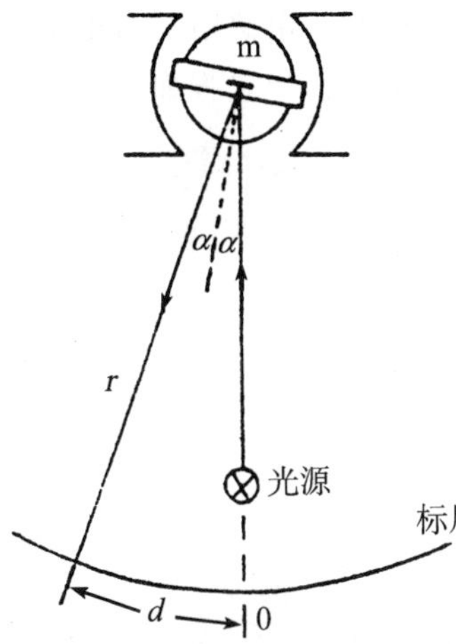

图 5.2

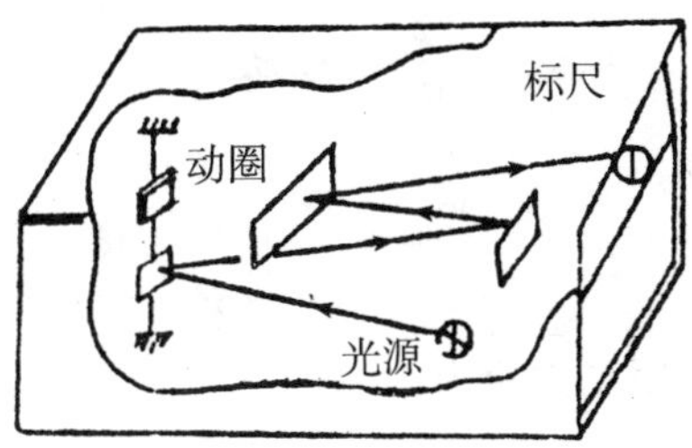

图 5.3

2. 原理

如图 5.1 所示,设磁铁与软铁芯间隙中的磁感应强度为 B,矩形线圈的面积为 S,匝数为 n,且其竖直边与 B 的方向垂直,当动圈有电流 I_g 通过时,所受到的电磁力矩 M_B 为:

$$M_B=nBSI_g \tag{5.1}$$

动圈在电磁力矩作用下发生转动,张丝也随着扭转,张丝由于扭转产生的与电磁力矩 M_B 相反的弹性恢复力矩为 M_α,其大小与动圈偏转角 α 成正比,即

$$M_\alpha=-D\alpha \tag{5.2}$$

式中 D 为张丝的扭转系数;负号“$-$”表示 M_α 总是倾向于使张丝恢复到无外力作用的平衡位置($\alpha=0$)。随着 α 角的增大,恢复力矩 M_α 也增大。当 M_α 与电磁力矩 M_B 数值相等时,动圈将最终停在 α 方位上。由上面两式得出:

$$I_g=\frac{D}{nBS}\alpha \tag{5.3}$$

式中 n、B、S、D 为常数;可见 $I_g\propto\alpha$,即动圈的偏转角 α 与通过它的电流成正比。将 $d=2\alpha r$ 代入(5.3)式得:

$$I_g=\frac{D}{2nBSr}d \tag{5.4}$$

可见 $I_g\propto d$。因此通过检流计的电流强度 I_g 可以转换为光点在标尺上移动的距离 d 来测量。这就是光点检流计测电流的基本原理。

令 $$C=\frac{D}{2nBSr}$$

则 $I_g=Cd$ 或 $C=I_g/d$ (5.5)

C 称做检流计的“电流常数”或“分度值”，可由实验确定。它表示光点在标尺上移动单位距离时流过动圈电流的电流强度，单位为 A/mm，或 A/格。

电流常数 C 的倒数用 S_I 表示，即 $S_I=1/C$，称做“电流灵敏度”，它表示检流计流过单位电流时标尺上光点移动的距离，单位为 mm/A 或格/A。

以上只是讨论了当检流计通过一定的电流，动圈就偏转一个确定的角度，对应的光点就在标尺上移动一个确定的距离，并未涉及当检流计通电后动圈达到平衡位置所经历的运动过程。而了解动圈的运动过程对正确使用检流计是十分必要的。

在动圈向新的平衡位置运动的过程中，除受到电磁力矩 M_B 和张丝的弹性恢复力矩 M_α 作用外，还受到电磁阻尼力矩 M_p 和空气阻尼力矩 M_A 的作用。电磁阻尼力矩是由动圈在磁场中运动时产生的感应电流和该磁场相互作用而产生的。具体推导过程如下。

动圈在磁场中运动产生的感应电动势为

$$\varepsilon=-n\frac{d\Phi}{dt}=-nBS\frac{d\alpha}{dt}$$

感应电流

$$i=\frac{\varepsilon}{R_g+R}=-\frac{nBS}{R_g+R}\cdot\frac{d\alpha}{dt}$$

则电磁阻尼力矩为

$$M_P=nBSi=-p\frac{d\alpha}{dt} \tag{5.6}$$

式中 $p=\frac{(nBS)^2}{R_g+R}$ 称为阻尼系数；R_g 为动圈内阻（称为检流计内阻）；R 为动圈外电路的总电阻；$\frac{d\alpha}{dt}$ 为动圈转动的角速度。

空气阻尼力矩可以表示为

$$M_A=-P_A\frac{d\alpha}{dt}$$

式中 P_A 是一个常数。空气阻尼的作用很小，常可忽略。

根据上述分析，由刚体转动定律可得出动圈运动的微分方程

$$J\frac{d^2\alpha}{dt^2}+p\frac{d\alpha}{dt}+D\alpha=nBSI_g \tag{5.7}$$

式中 J 为动圈相对于悬丝转轴的转动惯量。当动圈停止在平衡位置 α_0 时，$\frac{d\alpha}{dt}=0$，$\frac{d^2\alpha}{dt^2}=0$，则 $D\alpha_0=nBSI_g$。将此式代入(5.7)式有

$$J\frac{d^2\alpha}{dt^2}+p\frac{d\alpha}{dt}+D(\alpha-\alpha_0)=0 \tag{5.8}$$

(5.8)式为常系数线性二阶微分方程，其解有三种情况：

其一：当 $P^2<4JD$ 时，

$$\alpha=\alpha_0+A\cos(\omega t+\varphi)\cdot\exp(-at) \tag{5.9}$$

其二：当 $P^2>4JD$ 时，

$$\alpha=\alpha_0+[B_1\exp(-bt)+B_2\exp(bt)]\exp(-at) \tag{5.10}$$

其三：当 $P^2=4JD$ 时，

$$\alpha=\alpha_0+(C_1+C_2t)\exp(-at) \tag{5.11}$$

式中 $a=\frac{p}{2J}$；$\omega=\frac{\sqrt{4JD-p^2}}{2J}$；$b=\frac{\sqrt{p^2-4JD}}{2J}$；$A$、$\varphi$、$B_1$、$B_2$、$C_1$、$C_2$ 均为待定常数。(5.9)～(5.11)三式中偏转角 α 和时间 t 的关系曲线如图 5.4(a)所示。

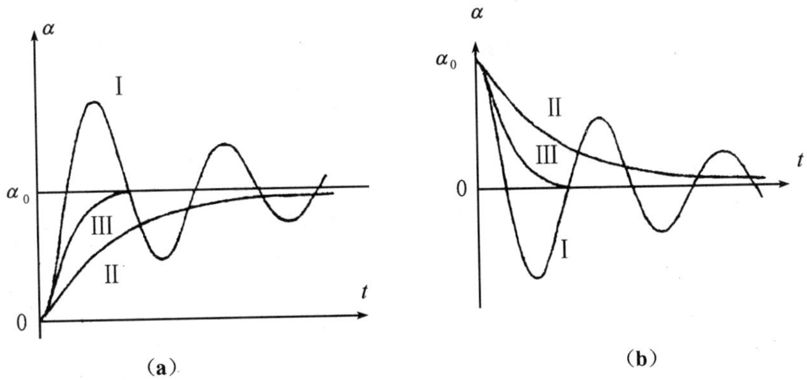

图 5.4

曲线Ⅰ表明动圈以减幅振荡的形式从 0 开始运动到新的平衡位置 α_0。其间历时较长，动圈的这种运动状态称为“欠阻尼运动状态”。

曲线Ⅱ表明动圈以非振荡的形式但缓慢地从 0 运动到平衡位置 α_0。其历时亦长，动圈的这种运动状态称为“过阻尼运动状态”。

曲线Ⅲ所示，动圈虽然也以非振荡的形式自 0 偏转至 α_0，但历时最短。动圈的这种运动状态称为“临界阻尼运动状态”，因此我们使用检流计测电流时，希望它最好处在临界阻尼运动状态，以便尽快读出数据。在临界状态下，动圈的回路电阻(R_g+R)称为“临界电阻”，而外电路电阻 R 称为“临界外阻”。本实验中以 R_0 表示临界外阻，R_0 可通过实验测出。

图 5.4(b)为撤去电流时动圈回复至零点位置的三种运动状态曲线。

综上所述，可知动圈在不同的阻尼状态下达到平衡位置的运动过程是不一样的，从而使动圈达到平衡所需时间不同。但是不管检流计的动圈处于何种阻尼状态，只要所通过的电流相同，动圈的最终偏转角度 α_0 就相同。

检流计动圈的上述三种运动状态，在本实验中可以通过改变动圈回路的外阻 R 来实现。当 R 足够大时，可使检流计工作在欠阻尼运动状态，R 越大阻尼越小，阻尼振荡持续的时间就越长；当 R 足够小时，可使检流计处于过阻尼运动状态，R 越小阻尼越大，$R=0$ 时阻尼最大，这正是电磁阻尼开关的工作原理；当 R 大小合适时，可使检流计处于临界运动状态。若 R 不变，检流计的阻尼状态也不会改变。

四、仪器用具

AC15 型检流计一台，0.1 级电阻箱二个，限流电阻一只，换向开关一只，直流稳压电源一台，电流表一只，压触开关一只，待测高阻一只，电压表一只，甲电池一节，0.05 级 0.001Ω 标准低阻一只。

五、实验内容

1. 测定 AC15 型检流计的临界外阻 R_0

测定临界外阻的问题可归结为三点，即如何让检流计动圈运动；如何判断临界状态；如何计算外路电阻。

如图 5.5 所示，先将毫安表置 150mA 量程。本实验是采用限流电阻 R' 限流（应从百欧逐渐往小调）和低阻 R_n 分流的方法获得一个适当小的电流 I_g，从而使检流计光点偏转足够大但又不超出标尺。利用换向开关 K_1 的闭合或断开让 I_g 突然变化，来引起动圈偏转、光点移动。

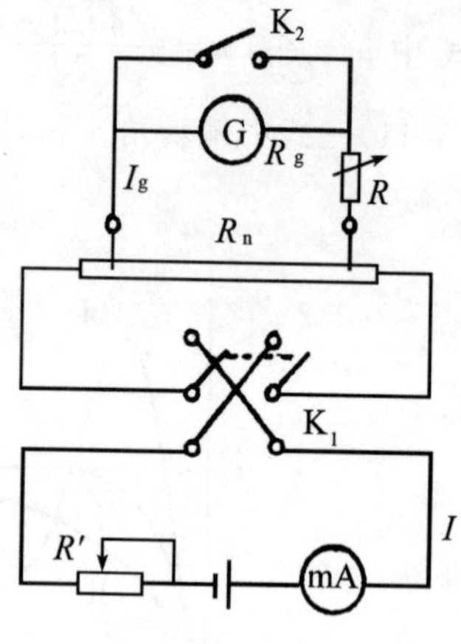

图 5.5

通过调节电阻箱 R 阻值并根据光点的运动情况，判断检流计的三种运动状态。当电阻箱 R 值分别取足够大（设其值为 R_a）和足够小（设其值为 R_b）时，可观察到检流计光点围绕平衡位置来回作减幅运动的欠阻尼运动状态和检流计光点向某一方向的平衡位置缓慢运动的过阻尼的运动状态；当电阻箱 R 值在 R_a 和 R_b 间选取某值 R_0 时，光点的运动状态刚刚不是欠阻尼状态，而 R 值再增大一点就呈现微欠阻尼状态（光点冲过 d_0 少许，又回来停在 d_0），则 R_0 值所对应的即临界阻尼运动状态。

所谓检流计的外路电阻，是把检流计看成感生电流源，而把电路中的电源看成短路，根据感生电流的串行流动和分支流动情况决定电路中各电阻的串并联关系，所算出的检流计之外的串并联总电阻。对于图 5.5 所示的电路，忽略掉电源内阻和电流表内阻，并考虑到 $R_n \ll R'$ 及 $R_n \ll R$，则检流计的外路电阻 $R_{外}$ 为：

$$R_{外} \approx R \tag{5.12}$$

于是图 5.5 中临界阻尼运动状态下的电阻箱 R 值即为临界外阻值 R_0。R_0 测至 2 位有效数字即可。

2. AC15 型检流计电流常数的测定

与一般电流表不同，检流计的电流常数 C 每台各不相同，即使是同一台检流计，由于放置状态、长期使用或检修，此值也往往会有些改变，所以使用时需现测。分析图 5.5，由于 $R_n \ll (R_g+R)$，$[R_n=1\times10^{-3}\Omega, (R_g+R)$ 为 $10^2\Omega$ 以上$]$，结合(5.5)式可推出检流计的电流常数为：

$$C=\frac{R_n}{R_g+R}\cdot\frac{I}{d}$$

或

$$C=\frac{R_n}{R_g+R}\cdot\frac{\Delta I}{\Delta d} \tag{5.13}$$

实验时可将电阻箱 R 值调在临界外阻 R_0 值上，调节电流 I，并利用换向开关 K_1 测出对应不同的 I 值所得光点偏移值 $d_{左}$、$d_{右}$，作 I—d 曲线，若为直线，求出其斜率 $\Delta I/\Delta d$，代入(5.13)式，便可求出检流计电流常数的平均值。式中 R_g 由下个实验内容测出，而 $R=R_0$，有效数字由电阻箱本身准确度等级决定，不少于 3 位。数据按有效数字运算规则处理。

3. 测 $AC15$ 型检流计内阻 R_g

我们仍将利用图 5.5 测 R_g。利用换向开关进行换向测量来消除温差电动势的影响，具体测法如下。

将 R' 串一电阻箱 R''，毫安表置 7.5mA 挡，然后将电阻箱 R 拨至零值上，调 R' 或 R'' 使回路电流为 I。将换向开关 K_1 换向，设光点位置移动某个距离 d（例如 100.0 格）。再将电阻箱 R 拨至 R_g 的估值附近（参看检流计的铭牌），电流 I 调大至 $2I$，若换向开关换向前后，光点移动

距离为 d'，则检流计内阻为：

$$R_g=\frac{R}{2d/d'-1} \tag{5.14}$$

要注意，换向前后的电流值及检流计光点的偏转距离要调测得十分精确，否则 R_g 很难测准。测完 R_g，立即将毫安表恢复到 150mA 挡，以保证下次实验用毫安表的安全。

4. 用 AC15 型检流计测高阻

作为应用，下面我们用 AC15 型检流计测量高电阻。

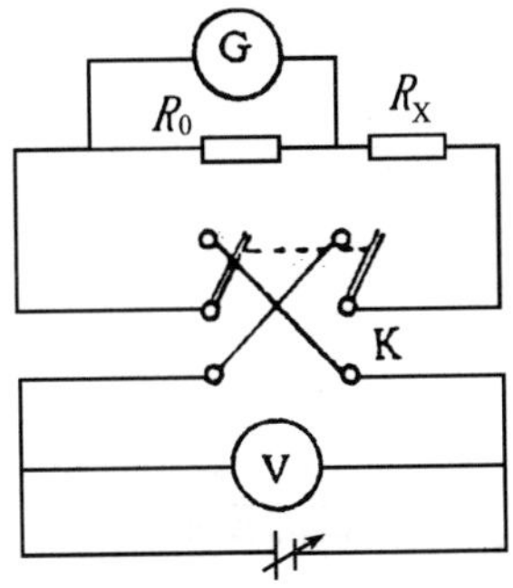

图 5.6

测量电路如图 5.6 所示。R_X 为待测高阻（R_X 为 $1\times10^9\Omega$ 量级）。和 G 并接 R_0 的目的是使检流计工作在临界阻尼运动状态附近。考虑到 $R_X \gg (R_g /\!/ R_0)$ 不难推出：

$$R_X=\frac{U}{Cd(1+R_g/R_0)} \tag{5.15}$$

测量步骤自拟。

六、注意事项

1. AC15 型检流计极为灵敏、娇气，严禁震动，也不要随便挪动它。

2. AC15 型检流计使用完毕，或需挪动时，都必须将其分流器旋钮拨至“短路”位置，以保证它的安全。

3. 该实验必须经教师检查电路后才允许接通电源，以确保检流计的安全。

4. 测检流计内阻时，检流计工作在过阻尼状态，要等到光点停稳后再读数。

七、考查题

1. 对于一台成品检流计，实验中它的运动状态由什么来决定？

2. 检流计的电流常数与动圈的运动状态是否有关？根据何在？

3. 如何鉴别检流计是否达到临界阻尼状态？

4. 测检流计内阻时，检流计不工作在临界状态下可以吗？利用反向开关来测量的原因是什么？

八、思考题

1. 用检流计测量电流时，为读数迅速，常使检流计工作在临界状态下。若检流计的外路电阻远大于或远小于它的临界外阻，分别该怎么办？

2. 可以这样鉴别检流计的张丝是好的还是断的：将检流计的分流器拨至“直接”挡并轻轻晃动一下，若①光点不动；②光点摆动，但将分流器拨至短路挡，光点立即停止摆动。试分析哪种情况表示检流计是好的？哪种情况表示张丝断了？

3. 参考图 5.6 测高阻 R_X 的电路，其中和 G 并接 R_0 是为了使检流计工作在临界状态。若电压表读数为 16.2V，检流计的电流常数为 1.62×10^{-9}A/格，内阻为 40Ω，光点偏转 48.0 格，R_0 为 960Ω，计算 R_X 并说明检流计的临界外阻是多大？

4. 当用检流计作为灵敏电压表使用时，请设计一个测低电阻（如 0.01Ω 左右）的电路，并说明测量方法。

实验6　直流电位差计

一、目的要求

1. 掌握电位差计的结构、特点及补偿原理。
2. 掌握电位差计的测量方法。
3. 学会使用数字电压表。

二、引言

直流电位差计是依据补偿原理制成的测量电动势或电位差的一种仪器，测量精度较高，目前仍是最准确测量电位差的仪器之一(在低电位差测量方面，桥路型电位差计还具有独特的补偿电路中接触电势(或温差电势)的功能)。它不但可以精测电源电动势和电路中的电位差，配以适当的电路还可以精测电流、电阻、电功率等，还可用来校准精密电表等直读式仪表，在非电量(温度、压力、位移等)电测方面也占有重要的地位。

补偿法有电压补偿和电流补偿之分。本实验是作为电压补偿的例子来讲述的，在实验8“补偿法测光电器件的短路电流”实验中将看到电流补偿法的具体应用。

补偿法是电磁学实验中较为重要的一种实验方法，灵活运用补偿法对今后的实验工作是很有益处的。

三、原理

1. 补偿法与测量原理

如图6.1，可调节的已知电动势 E_0 和待测电动势 E_X 通过检流计G相抵连接。调节 E_0 可使G示零，则有 $E_X=E_0$。这种借助于检流计的判断，使得 E_X 和 E_0 数值相等、方向相抵，从而互不吸取对方电流的测量方法叫做补偿法。E_0 称为补偿电动势(或补偿电压)。可以看出，若 E_0 准确，且G具有足够高的灵敏度，那么 E_X 会有较高的测量精度。电位差计就是依据上述原理而设计的。如图6.2所示，它由三个回路构成。其一是工作电流回路，由电源E、限流电阻 R'、精密电阻 R_n 及具有可移动抽头C的精密电阻 R 串联而成；其二是校准回路，是由标准电池 E_n、电阻 R_n、检流计G及开关K组成；其三是测量回路，由待测电源 E_X(或待测电压元件)，电阻 R 上 A、C 间的阻值 R_{AC}，检流计G及开关K组成。各种电位差计中，无论其电路怎样组合，皆可看成由这样三个基本回路组成。

精密电阻 R_n 和 R 的大小是按要求设定的。若通过这两个电阻的工作电流 I_n 为一准确值，那么电阻 R_{AC} 上的压降即为一随 R_{AC} 可调节且准确标定的补偿电压(相当于图6.1中的 E_0)，依此和待测电动势 E_X 相比较、补偿，从而测出 E_X。

准确的工作电流 I_n 的获得，即是电位差计的校准问题。如图6.2，将开关K合至校准回路，调节 R'，当检流计G示零时，则有：

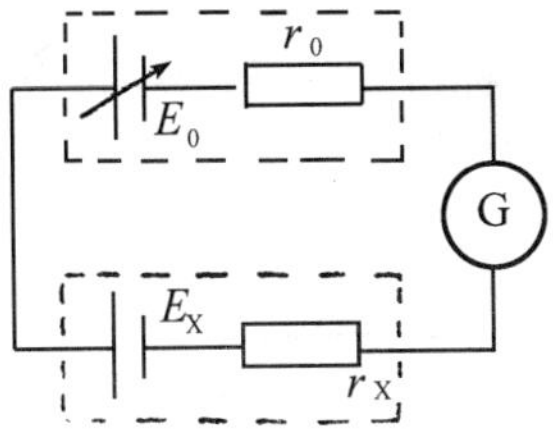

图 6.1

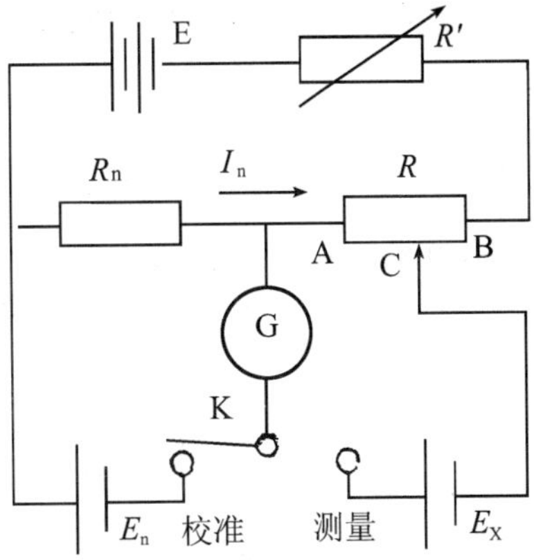

图 6.2

$$I_n = \frac{E_n}{R_n} \tag{6.1}$$

测量时，将开关K合至测量回路，调节 R 滑动端C使G示零，由此可测出待测电动势 E_X（$E_X \leqslant I_n R$）为：

$$E_X = \frac{E_n}{R_n} R_{AC} \tag{6.2}$$

由(6.2)式也可以看出，用电位差计测量电动势（或电位差），实际上是通过电阻 R_{AC} 和 R_n 的比较，从而把 E_X 和 E_n 的大小比较出来，也属于比较测量法。

为了保证电位差计的测量精度，除要求检流计具有足够高的灵敏度之外，电路中所用电阻、电源，尤其是 R_n、R 及标准电池 E_n 要十分精确而稳定。为此电阻常用锰铜丝绕制。但常用的工作电源E并不特别稳定，为保证工作电流 I_n 的准确，使用电位差计时要勤校准（确保 I_n 不变）、快测量。我们实验中所用的饱和式标准电池，20°C时的 E_n 值 E_{n20} 由实验室具体给出，当室温变化时，例如室温为 t 时的 E_n 值 E_{nt} 可由下式进行修正：

$$E_{nt} = [E_{n20} - 4\times10^{-5}(t-20) - 1\times10^{-6}(t-20)^2]\text{V}$$

2.电位差计的电压灵敏度

当电位差计测量达到平衡时，检流计的指针不再偏转，但这并不能说明测量回路中的电流绝对为零，这反映了电位差计对平衡的判别能力。为此引入电位差计电压灵敏度的概念，定义为：

$$S = \frac{\Delta n}{\Delta U}（格/V） \tag{6.3}$$

式中 ΔU 为电位差计平衡后，使分度电阻 R 上A、C间电压调离平衡时的电压改变值；Δn 为此时检流计G偏转的格数。S 值可依(6.3)式由实验测出。

由(6.3)式定义和图6.2不难推出测量回路电压灵敏度 S 的理论值为：

$$S = \frac{1}{C_I(r_X + R_g + r_0)} \tag{6.4}$$

式中 C_I 为检流计的电流常数（也称分度值，表示检流计指针偏转一格所通过它的电流。单位“A/格”）；r_X 为待测电源内阻（或待测电路的等效内阻）；R_g 为检流计的内阻；r_0 为补偿电压的等效内阻，即从A、C两点向上看去时所呈现的等效电阻。由(6.4)式易知，选择 C_I 值小的灵敏电流计，可以提高电位差计的电压灵敏度 S，S 值越大，对(6.2)式两端是否相等判断得越严格。

对于校准回路，完全类似的分析表明，检流计越灵敏（C_I 小），对（6.1）式是否成立判断得也越严格。

四、仪器用具

甲电池三节，电阻箱三个，BC7 型标准电池（内阻 1kΩ），标准电阻 R_n，AC5 型检流计，负载电阻 R_F（100Ω），开关 K_1、K_2，UJ31 型电位差计及数字电压表。

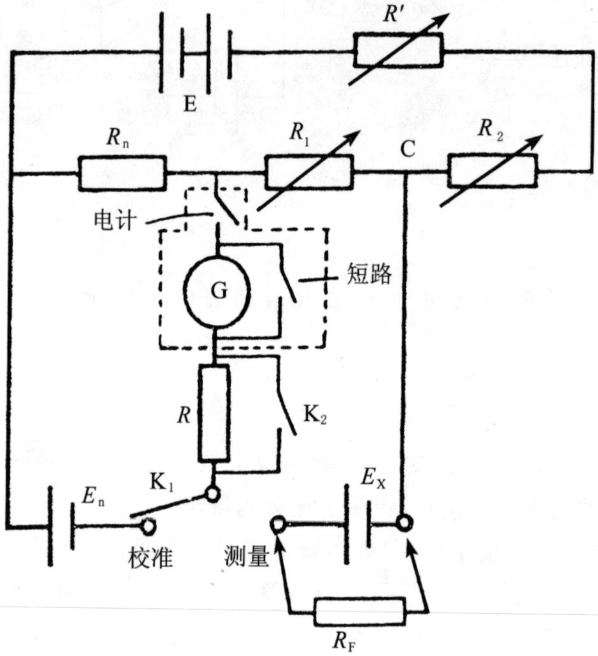

图 6.3

五、实验内容

1. 自组电位差计测量甲电池的电动势及内阻

按图 6.3 组装电位差计。工作电源 E 由两节甲电池串联组成；两个电阻箱 R_1 和 R_2 组成图 6.2中电阻 R，调节 R_1 和 R_2 的阻值（R_1+R_2 之和不变）就相当于移动 R 的滑动端C。要求工作电流 $I_n=1.000\ 0$mA，量程为 0～1.699 9V。在20℃时标准电池的电动势 $E_n=1.018\ 6$V，故取 $R_n=1\ 018.6\Omega$，$R_1+R_2=1\ 699.9\Omega$。

（1）测量甲电池的电动势

校准：校准就是将流过 R_n 和 R_1、R_2 的工作电流调为 1.000 0mA，如图 6.3，将 K_1 合至校准端，R' 予置 300Ω 左右。先断开 K_2 粗调 R'（边触按 G 的“电计”钮边调 R'），使 G 指针偏转不超过一格，尔后闭合 K_2 细调 R'，直至 G 严格示零为止，校准完毕。

测量：由于 E_X 为 1.5V 左右，故 R_1 予置 1 500.0Ω，R_2 置 199.9Ω。将 K_1 合至测量端，断开 K_2 粗调 R_1 和 R_2（注意 R_1+R_2 之和不能变，想一想为什么?），使 G 偏转接近于零，再闭合 K_2 细调 R_1 和 R_2，使 G 严格示零，根据（6.2）式即可算出 E_X。

（2）测量电位差计灵敏度 S

当测量甲电池电动势 E_X 平衡时，将 R_1 改变 ΔR_1，例如 10Ω（R_2 是否改变?），读出检流计

G 指针偏转的格数 Δn，由(6.3)式算出 S，式中 $\Delta U=\Delta R_1 I_n$。

(3) 测量甲电池内阻

将负载 R_F 并接在 E_X 两端，测出此时的端电压 U_X(参考 E_X 的测量方法)则有：

$$r_X=\frac{E_X-U_X}{U_X}R_F \tag{6.5}$$

式中 r_X 按有效数字运算规则处理。

2. 利用 UJ31 型电位差计测量温差电偶的电动势。

3. 用数字电压表测量甲电池电动势及内阻。

六、注意事项

1. 校准前工作电源 E 必须接通，R_1、R_2 及 R' 的阻值要予置好，K_2 要断开，否则易损坏标准电池和检流计。

2. 注意 E、E_n、E_X 的电极方向不能接错(想一想：为什么？)。

3. 标准电池要轻拿轻放，不得用手同时去摸它的正、负极，更不得用电压表或万用表去测量其电动势(因它只允许短暂输出 1μA 以下的电流)，还要避免日晒或烘烤，否则均会损坏标准电池或使 E_n 值失准。

七、考查题

1. 使用电位差计为什么要校准？怎样校准？校准完毕又如何测量 E_X 和 U_X？

2. 电位差计的量限能否高于工作电源的电动势？组装电位差计时工作电流 I_n 不取 1.000 0mA行不行？

3. 电位差计的测量精度与哪些因素有关？

4. 为保护标准电池和检流计，应注意哪些问题？

八、思考题

1. 用电位差计测量微安表头内阻 R_g 和满度电流 I_0 的电路如图 6.4 所示。图中 R 和 R_0 均为电阻箱，试简要说明测量原理。若微安表头为 1.5 级，电阻箱和电位差计均为 0.1 级，怎样测量才能达到最佳精度？此时 R_g 和 I_0 的相对误差分别有多大？

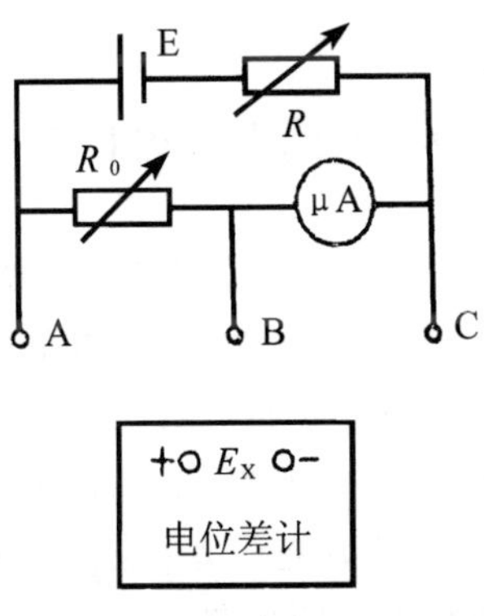

图 6.4

2. 试述图 6.5 和图 6.6 两个电路测 E_X 的原理和步骤。

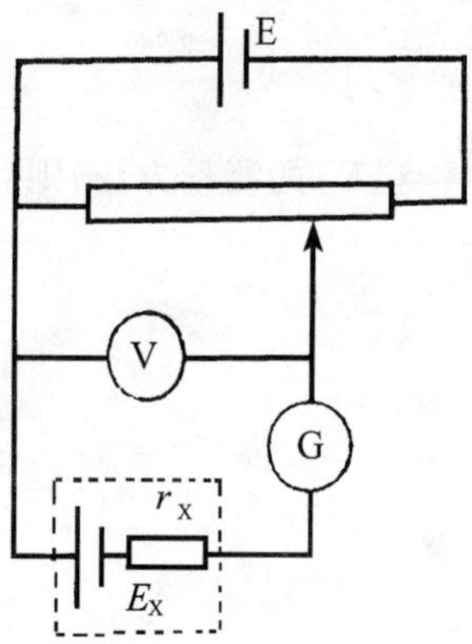

图 6.5

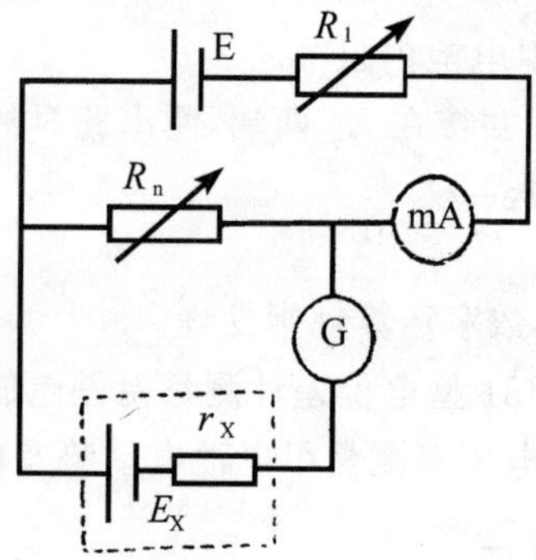

图 6.6

3. 如图 6.7 为 UJ-27 型电位差计原理图。若工作电源 E=(1.5±0.1)V,E_n=1.018 5V,工作电流 I_n=3.000 0mA,电位差计的量程为 0~110mV,试算出 R_n、R、R_1 的阻值并说明测量步骤。

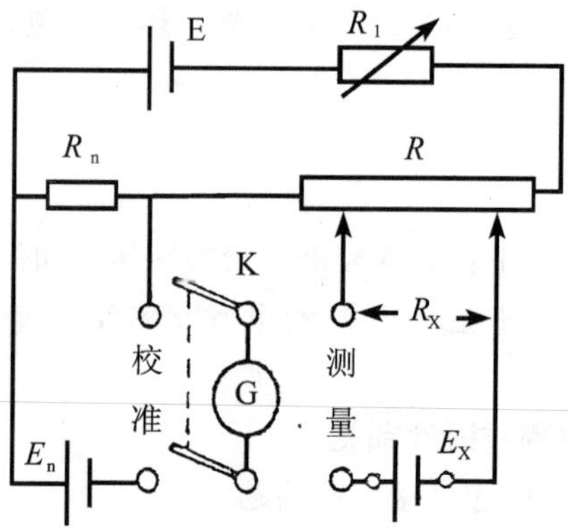

图 6.7

4. 试计算测甲电池电动势时你所用电位差计的电压灵敏度 S,并与 S 的实测值比较之。

5. 实验室所用 C32-V 型电压表内阻为 500Ω/V,用它来测电压,满量程时要从被测电路吸取多大电流?你所组装的电位差计,"平衡"时从被测电路吸取多大电流?两者大约差多少倍?

附录:几种典型的直流电位差计原理图

本实验简单介绍了直流电位差计的电压补偿原理。在实际测量中,特别是在测量微小直流电位差时,由于接触电位差及可变电阻电刷接触电阻(以下简称刷阻)上的电位差的存在,给测量结果造成不可忽略的误差。目前虽然数字直流电压表使用广泛,但其内阻较高,测量微小直流电位差也无能为力,而精确度较高的直流电位差计却能完成上述测量,测量结果可达到 10^{-8}V 量级,因此掌握几种高精确度的直流电位差计原理,在电测量方面具有实际意义。下面介绍几例精确度依次较高的直流电位差计原理图。

在本实验的原理中已指出,各种电位差计皆由三个基本回路组成,为了提高测量精确度,演化出了多种测量回路。测量回路中总是用已标定的电流 I_0 在 R 上的压降去抵偿待测电压,

即调整 $E_0=I_0R=E_x$。可见调整 I_0 或调整 R 均可达到抵偿目的。

A. 恒流 I_0 调电阻类

由于电阻箱每个钮位总有一个电刷，设每个电刷刷阻为 Δr（3～5mΩ），若电阻箱有 n 位串接，则 E_0 中会引入 $\Delta E_0=I_0n\Delta r$ 的附加误差，且钮位越多，I_0 越大，引入的附加误差愈大。

①串接电阻替换型回路

电路如图 6.8 所示。为调节方便，成品电位差计各钮位皆做成双层同步旋钮。由图可见，在测量回路中 A、C 两端的电阻 R_{AC}中含有 $4\Delta r$ 刷阻，即 $E_0=I_0R_{AC}+I_04\Delta r=E_x$ 时平衡，显然测量结果偏小。

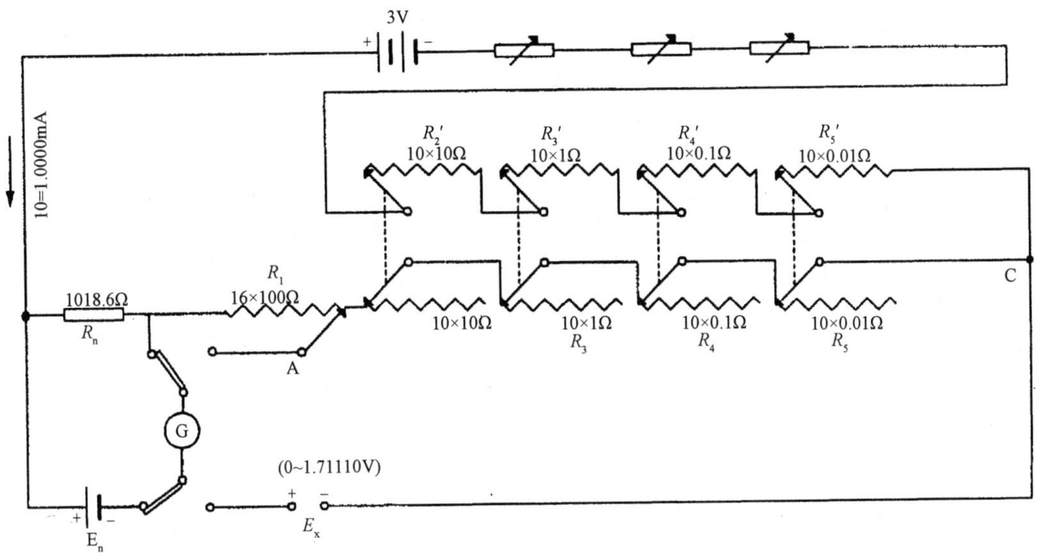

图 6.8

②并联分流型回路

电路如图 6.9 所示。其中 $R_2=0.1R_1,R_3=0.2R_2,R_4=0.2R_3,R_5=0.2R_4$。当流过 16 只电阻 R_1 中的电流为 I_0 时，按图 6.9 所示钮位，11 只电阻 R_2 中的第 4、5 只的电流为 $0.5I_0$，其余 R_2 中的电流仍为 I_0；11 只电阻 R_3 中的第 3、4 只中的电流为 $0.25I_0$，其余 R_3 中的电流仍为 $0.5I_0$；11 只电阻 R_4 中的第 5、6 只中的电流为 $0.125I_0$，其余的 R_4 中的电流仍为 $0.25I_0$；10 只电阻 R_5 中的电流皆为 $0.125I_0$。测量回路 A、C 两端的电阻 R_{AC}中虽含有 B_1、B_2、B_3 三个有工作电流的刷阻（注意 A、C 两刷无工作电流），但因电流依次减小一半，引入的电压误差仅为 $(\frac{1}{2}+\frac{1}{4}+\frac{1}{8})I_0\Delta r<I_0\Delta r$，即小于一刷误差。若此时电路平衡，则 $E_x=1.53244\text{V}$。显然这种电路优于上述串接电阻替换型回路。

B. 恒电阻调电流类

此类测量回路阻抗不变，故该回路内不引入刷阻附加电压误差，因此可做成低电势电位差计。

③恒阻电流增量型回路

电路如图 6.10 所示。其中标定工作电流 2.2222mA，测量支路恒电阻 $R_0=50\Omega$。图中 A 钮（和 A′同步）2mA，每位×10mV；B 钮（和 B′同步）0.2mA，每位×1mV；C 钮 0.02mA，每位×0.1mV；D 钮 2μA，每位×10μV；E 钮 0.2μA，每位×1μV。工作电源 6V，各支路更近恒流；量限

为 111.110mV。由图可以看出，各刷位皆为 0 时，R_0 中无电流；各刷位改变时，相应给 R_0 某段注入电流，故称电流增量型回路。

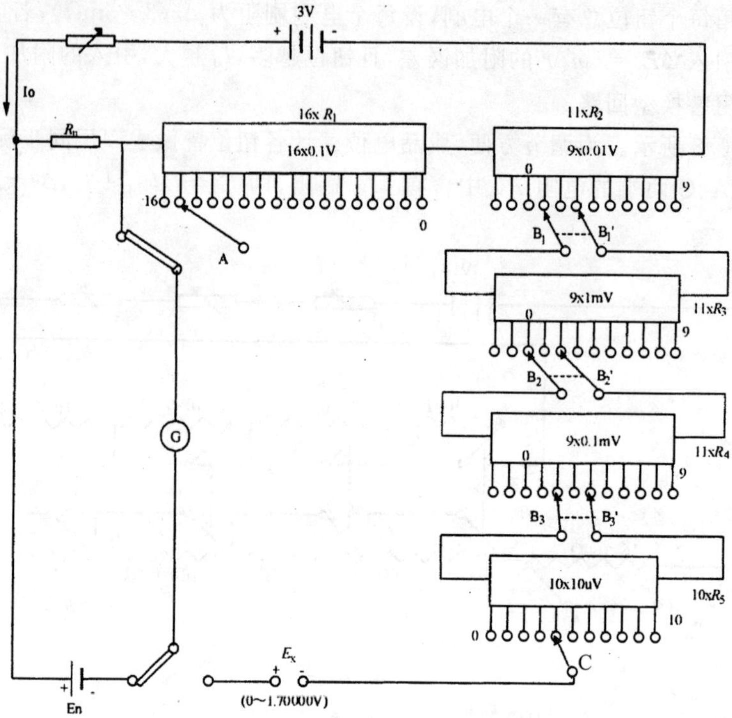

图 6.9

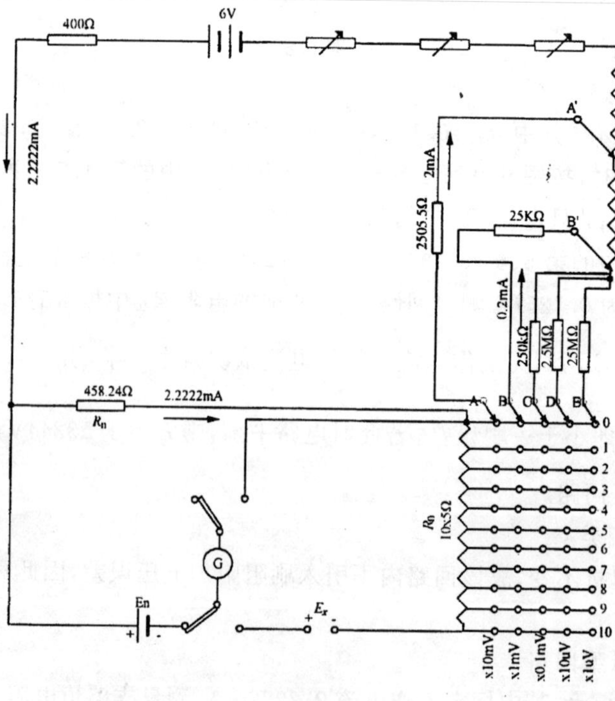

图 6.10

此种电路优于①、②两种，但仍无法剔除待测 E_X 回路中接触(温差)电势(在 $10\mu V$ 量级)，亦仅能测至 $10\mu V$。

④恒阻桥路型回路

电路如图 6.11 所示。测量支路恒阻 $R_0=34.83224\Omega$。图中 A 钮虽有两刷触电阻，且电流为 10mA，但其处于工作电流回路；B、B′，C、C′，D、D′三钮亦处于工作回路为同步置换，不影响各自支路的电流；E、F 支路电阻大可视为恒流，故未设置换电阻。图右三钮可以抵消待测 E_X 回路中固有的接触(温差)电势，故可精确测至 $0.1\mu V$。该回路 A、J、L、K 为桥路，r 臂上的压降与 JL 臂相等相反，故各钮置零时平衡。当 A 钮移动时电流增量；B、C、D、E、F 钮移动时，相应各段电阻上电流减量。

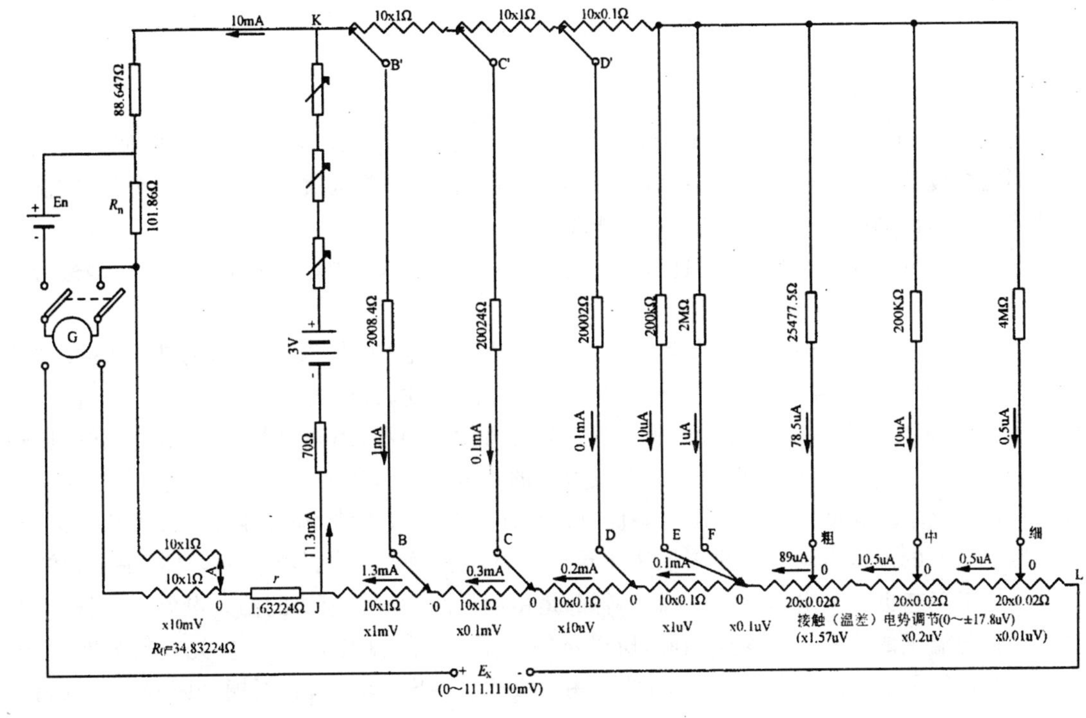

图 6.11

实验 7 温差电偶分度与测温

一、目的要求

1. 了解温差电效应及温差电偶分度的方法。
2. 掌握用温差电偶测温的原理和方法。

二、引言

将两种不同金属丝的末端彼此分别焊接在一起(称为“结”)组成一个回路,并使该结点处于不同的温度下,则回路中就有电动势存在,这种现象称为温差电效应,这个电动势称为“温差电动势”,该回路则称为“温差电偶”或“热电偶”。

温差电偶的主要用途是测量温度。这是把非电学量(温度)转化为电学量(电动势)进行测量的一个实例。

用温差电偶测量温度具有许多优点。第一是测温范围广,选用不同的热电偶可以从 -200℃测到2 000℃;第二是它的测量准确度和灵敏度都比较高,可以检测出10^{-3}℃的微小温度;第三是温差电偶测温端的受热面积和热容量都可做得很小,因而对测温对象的热状态影响很小,可用来测量很小空间范围内的温度或微小的热量;第四,它的滞后效应很小(即响应快),可以测量变化中的温度。总之它的这些优点是液体(如水银、酒精)和气体温度计无法比拟的。

温差电偶的温差电动势虽主要取决于选用的材料和两个接点的温度,但材料中所含的杂质以及加工工艺也有一定的影响。因而尽管都是由同样两种材料组成的温差电偶,但它们的温差电动势与温度的关系并不完全相同,所以对每一支焊好的温差电偶,都应先进行分度,即定出温差电动势和温度的确定关系,然后才能用它去测量温度。本实验将对铜—康铜温差电偶进行分度。

三、原理

1. 温差电偶的测温原理

组成温差电偶的两种不同金属,在它们的接触面结两侧产生一个接触电位差(玻耳帖电动势)。同一金属丝两端处于不同的温度下也产生一个电位差(汤姆孙电动势)。温差电偶所产生的温差电动势就是这两种电动势之和。其大小除了和组成温差电偶的金属材料有关外,还与两接点的温度有关。温差电动势 ε 和温度的关系可以设为:

$$\varepsilon=f(T-T_0) \tag{7.1}$$

将其展开为无穷级数:

$$\varepsilon=a+b(T-T_0)+c(T-T_0)^2+\cdots \tag{7.2}$$

式中 T_0 为恒温端(亦称冷端)的温度;T 为工作端(或称热端)的温度。当 $T=T_0$ 时,$\varepsilon=0$,故(7.2)式中 $a=0$,于是(7.2)式变为:

$$\varepsilon=b(T-T_0)+c(T-T_0)^2+\cdots \tag{7.3}$$

其中 b、c 等是与组成温差电偶材料有关的常数。对于一支做好的温差电偶，当其冷端温度 T_0 不变时，温差电动势 ε 仅仅是热端温度 T 的函数。只要用实验方法标定好两者的对应关系(或定出 b、c 等常数)，就能用这支温差电偶的温差电动势来度量温度 T。

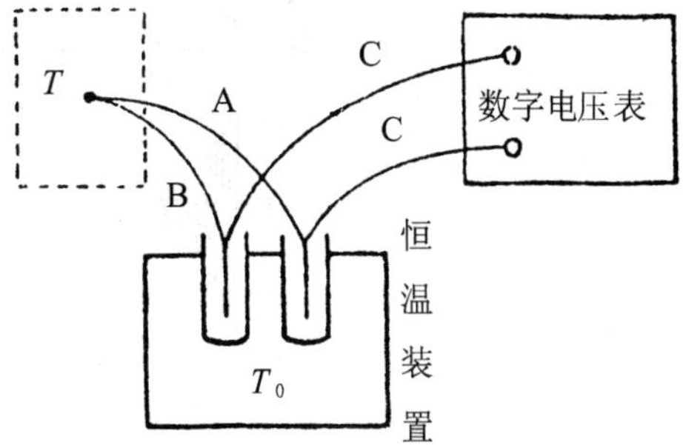

图 7.1

温差电偶测温的结构示意图如图 7.1 所示。由图可以看出，当用测量仪表测量温差电动势 ε 时，势必引入除组成热电偶的金属导线 A、B 外的第三种金属导线 C。可以证明，在由 A、B 两种金属组成的温差电偶中，串入第三种金属导线 C，只要 C 的两个连接点温度相同，则 C 的串入并不影响原温差电偶的特性，即这个新回路的温差电动势 ε 仍仅由材料 A、B 及温度 T、T_0 来决定。因此图 7.1 中由数字电压表测得的电动势即是该热电偶所产生的温差电动势。

2. 温差电偶分度

在实际测温工作中，所用热电偶的温差电动势 ε 和温度 T 的关系(即 ε—T 关系，称为校准曲线)是已知的，如常用的有铂铑—铂、镍铬—镍铝、铜—康铜等热电偶。用此标准电偶测温时，可根据测出的温差电动势 ε，在其校准曲线上查出对应的待测温度 T。但对于 ε—T 关系未知的热电偶，无法直接用于测量温度，需对其进行校准并做出校准曲线。这就是温差电偶的分度问题。分度的方法是将标准电偶和未知电偶测量同一温度，并由已知标准电偶的 ε—T 关系曲线确定出未知电偶的校准曲线。也可利用适当的纯物质，在一定的气压下，把它们的熔点或沸点作为已知温度，测出热电偶在这些已知温度下对应的电动势，从而得出 ε—T 关系曲线。如果要求校准的温度和精度都不太高的话，也可选用校准过的水银温度计所测温度作为已知温度进行校准。本实验选用此法对铜—康铜热电偶进行分度。

温差电动势的测量，既可以用电位差计，也可以用直流数字电压表。本实验采用后者。

四、仪器用具

铜丝、康铜丝，杜瓦瓶多只，水银温度计两只，直流数字电压表等。

五、实验内容

本实验对铜、康铜温差电偶进行分度。线路联接如图 7.2 所示。

1. 在教师指导下自己制作铜—康铜温差电偶。

2. 恒温端温度的设置：本实验采用碎冰和水的混合物温度0℃为温差电偶恒温端温度 T_0。

3. 工作端温度的调控：本实验采用冷热水适当混合的办法为工作端设置不同的温度 T。由于所用杜瓦瓶较大，里面水量多，搅拌后在测量电动势的短时间内，可以获得均匀而稳定的水温 T。此外应注意将温差电偶的工作端捆扎在水银泡的位置处。

4. 用直流数字电压表测量铜—康铜温差电偶在不同工作端温度 T 下的温差电动势，并作出 ε—T 校准曲线。

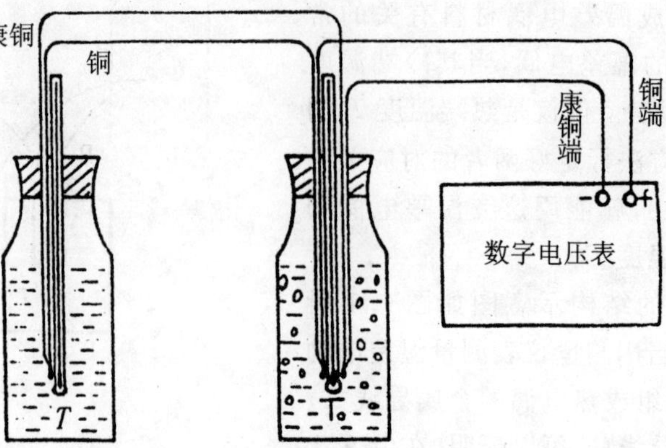

图 7.2

六、注意事项

1. 为了使杜瓦瓶内的水温均匀，每次都必须用搅拌棒上下搅匀并稍等一会儿再测。测量过程中，温差电偶的工作端和恒温端勿触及杜瓦瓶的壁或底，应分别置于热水和冰水混合物的中部，并保持相对静止。

2. 接线或操作皆注意勿碰倒杜瓦瓶和碰坏温度计。

3. 制作热电偶时，注意铜丝、康铜丝的工作端连接点要焊接牢固。

4. 使用直流数字电压表测量时注意要先调零。

七、考查题

1. 用温差电偶测温有哪些优点？

2. 何为温差电偶分度？分度时应注意什么？

3. 使用数字电压表测量时应注意什么？

八、思考题

用已分度好的温差电偶测温度 T 时，若冷端温度不是0℃而是10℃，测出的温差电势 $\varepsilon=3.00\text{mV}$，请说明测得的温度 T 是多少度？

实验 8　补偿法测光电器件的短路电流

一、目的要求

1. 掌握补偿法测电流的原理。

2. 了解光电池的光电转换特性。

3. 了解光电三极管的基本应用。

二、引言

光电池是基于光生伏特效应，把光能转换为电能的光电器件（如太阳能电池的利用）；光电二极管和光电三极管是把光信号转变成电信号的光电器件。它们在光电测量和控制方面得到了广泛应用。

依据电压补偿法制成不吸收待测信号能量的电位差计可测量开路电压。本实验中将介绍电流补偿法及用此原理制成的具有零内阻的电流计测量电流，进而用它研究光电池的短路电流特性。

三、原理

1. 补偿法测电流

图 8.1 中，左边回路电流 I 为待测电流。右边虚线框内的电路即零内阻电流计，A、B 是其测量端子（接线柱）。测电流 I 时，调节虚线框中的电阻 R' 使检流计 G 指零，则毫安表的示数 I' 即等于待测电流 I。既然有电流 I 流过电流计的端子 A、B，且 A、B 又等电位（G 指零表明这两点等电位），这就说明虚线框内电流计的内阻一定是零。从图 8.1 看出，此时两个回路中的电流 I、I' 以等值反向流过检流计 G，从而将检流计电流 I_g 补偿到零，也将 A，B 两端子补偿到等电位。最终，相当于用零内阻电流计测出了图 8.1 中仅由 E、R 组成的回路中的电流 I。

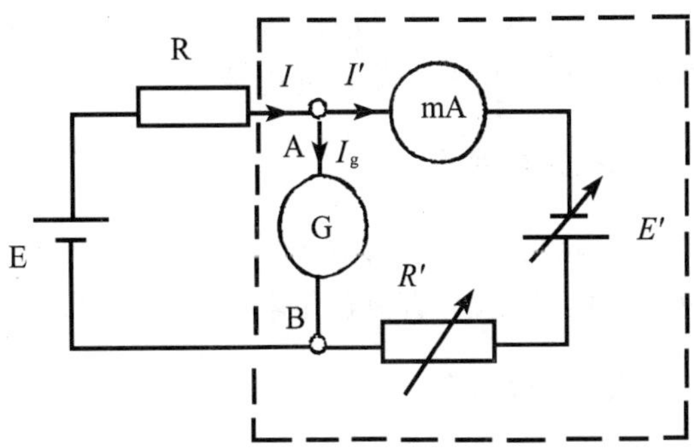

图 8.1

2. 光生伏特效应

光电池主要由半导体 PN 结构成。当 PN 结受到光照时，产生的空穴和电子将分别聚集在 P 侧和 N 侧，形成一定电压，称做光生电动势（即光生伏特效应）。图 8.2 中(a)为光电池的符号；(b)为光电池的等效电路，由光产生的光电流 I_P 从电池的负极经 PN 结流向正极；(c)表示光电池与负载电阻 R 联成回路，此时的光电流 I_P 便分流为结电流 I_j 和负载电流 I_f；当负载电阻 R 为零短路时，光电流 I_P 即等于 I_f。

光电池把光转变成电流 I_P，其转换关系由下式表示：

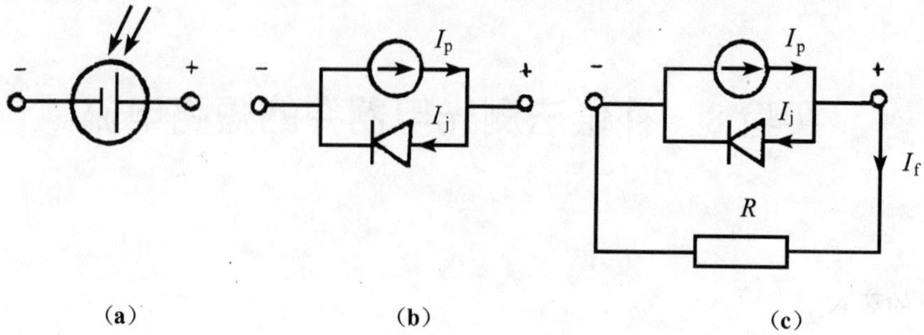

图 8.2

$$I_P = S\int_0^\infty r(\lambda)\Phi(\lambda)d\lambda \tag{8.1}$$

式中 $\Phi(\lambda)$ 为照到光电池上那束光的“光谱通量”，它表示这束光中波长为 λ 附近单位波长间隔所含光的功率，$\Phi(\lambda)$ 与波长 λ 间的关系由光源决定。$r(\lambda)$ 为该光电池的“光谱相对灵敏度”，其值在 0～100%间随波长 λ 而变化，表示不同波长的光使光电池产生光电流的能力不同。$r(\lambda)$ 与波长 λ 间的关系由光电池决定。

用 Φ 表示(8.1)式中的积分：

$$\Phi = \int_0^\infty r(\lambda)\Phi(\lambda)d\lambda \tag{8.2}$$

称 Φ 为照到这块光电池上的光的“有效辐通量”，单位为“瓦”。于是(8.1)式可写成

$$I_P = S\Phi \tag{8.3}$$

S 称为该光电池的“灵敏度”，表示照到光电池上单位有效辐通量的光所产生的光电流，单位为“安培/瓦”，(8.3)式表示光电流与有效辐通量成正比关系，短路测量即可测得。

四、仪器用具

实验板(板上装有硅光电池、四只灯泡及其限流电阻、开关等)，毫安表，两只电阻箱，万用表，开关，甲电池，直流稳压电源，光电三极管实验板。

五、实验内容

1. 测光电流与有效辐通量间的关系

(1) 用自检法控制光的有效辐通量：先打开直流稳压电源的开关，并将它的输出电压调至 14V，R' 预置 300Ω(注意：R' 不得置零！)。再按图 8.3 连接电路。接通电路，做检流计使用的直流电压表(用 2.5V 挡)即有或正或负的偏转。

将电阻 R 置零。将开关 K 闭合，调节电阻 R'，使毫安表指 5.000mA；再将开关 K 断开，打开开关 K_1(向实验板中心方向拨为开)，点亮灯 1；调节它的限流电阻 R_1，使电压表 V 指零。这就表明灯 1 在光电池上产生的光电流是 5.000mA，本实验中就称灯 1 照到光电池上的有效辐通量为一个“任意单位”。断开开关 K_1，闭合 K_2 点亮灯 2；调节限流电阻 R_2，使电压表 V 指零。按上述方法把灯 3、灯 4 也调好。这样，用光电池自检的方法就把每盏灯照到光电池上的有效辐通量都调成一个“任意单位”。如果某灯在光电池上产生的光电流达不到 5.000mA，只能调到 4.000mA 或 3.000mA，那它照在光电池上的有效辐通量就是 0.800 或 0.600 个“任意单位”。

(2)测光电流与光的有效辐通量间的关系：光电池的负载电阻 R 仍置零。闭合 K_1、K_2，同

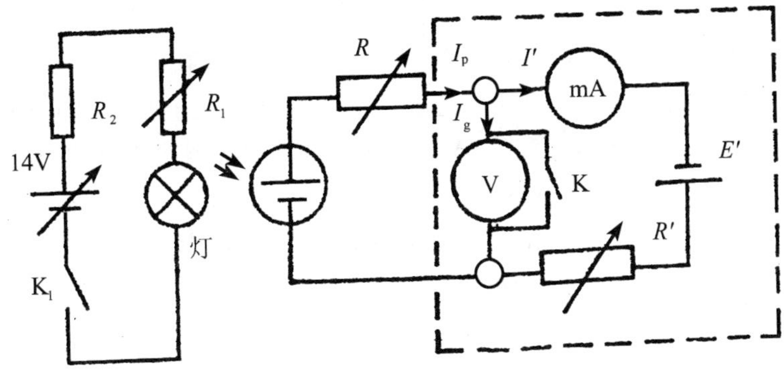

图 8.3

时点亮两盏灯，调节电阻 R'，使电压表 V 指零，读出毫安表示数即为两盏灯照在光电池上的有效辐通量产生的光电流。依上述方法可测出三盏灯、四盏灯照射光电池所产生的光电流。以有效辐通量 Φ 为横坐标（以“任意单位”做单位），以光电流 I_P 为纵坐标（以 mA 为单位），即可画出光电流 I_P 与有效辐通量 Φ 间的关系曲线，该曲线描述了光电池的短路（负载电阻为零）特性。

2. 测光生电动势与有效辐通量间的关系

上边已经调好的四盏灯的限流电阻不变，光电池的负载电阻 R 仍置零。断开毫安表（即拔掉它的换程塞）分别同时点亮四盏、三盏、二盏、一盏灯，将电压表换向并读出相应示数，即得到四个有效辐通量所对应的光生电动势值。

接下来这样测：仍点亮一盏灯，将 14V 供电电压适当减小，读出电压表示数即为此时的光生电动势；接通毫安表，调电阻 R' 使电压表指零，则毫安表示数即为相应的短路光电流。再断开毫安表，进一步减小该灯的供电电压，同法测出光生电动势和光电流。一直测到光电流为 0.05mA的点为止。以有效辐通量 Φ 为横坐标（以“任意单位”做单位），以光生电动势 ε 为纵坐标（用 V 做单位），即可画出光电池的 ε—Φ 曲线。该曲线描述了光电池的开路特性。

3. 测光电池的负载特性曲线

在图 8.3 中，只点亮一盏灯，且使它在光电池上产生的光电流保持不变（例如按前边 1 中（1）步骤调为 5.000mA）。置负载电阻 R 为 0.1Ω、0.3Ω、1Ω、3Ω、10Ω、30Ω、100Ω、300Ω、1 000Ω 等阻值，用图中的零内阻电流计测出相应的负载电流 I。以 R 为横坐标（按对数刻度标阻值），以 I 为纵坐标，作 I—R 曲线，即为光电池的一种负载特性曲线。

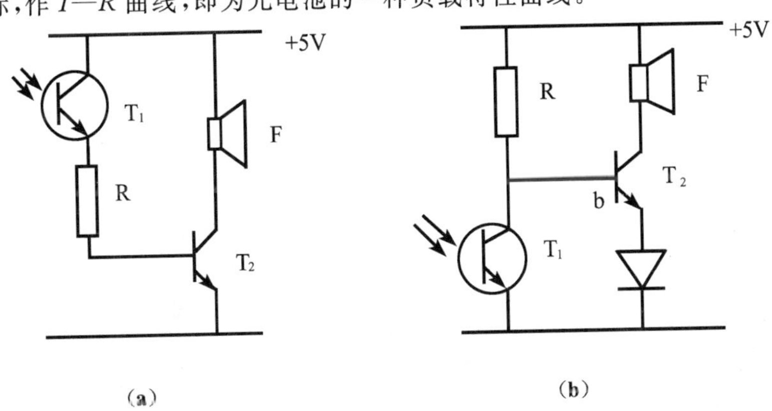

图 8.4

4. 光电三极管的简单应用

(1)光照报警：如图 8.4(a)所示，无光照时，光电三极管 T_1 不导通，三极管 T_2 便无基极电流，也不导通，则讯响器不响。当有光照到光电三极管 T_1 的基极上时，T_1 便导通。有基极电流流入三极管 T_2，使 T_2 饱和导通，电源的 5V 电压几乎都加在讯响器 F 上，F 便发出声音，报告有光照到光电三极管 T_1 附近的警戒区。

(2)失光报警：如图 8.4(b)所示，有光照射光电三极管 T_1 基极，T_1 饱和导通，三极管 T_2 的基极 b 的电位很低，使 T_2 截止。当照到光电三极管 T_1 基极上的光消失时，T_1 便截止，这时将有足够大的电流通过电阻 R 流入三极管 T_2 的基极，使 T_2 饱和导通，讯响器便发出声音，报告光电三极管附近的警戒区内，光已消失。

六、注意事项

1. 要看清实验板上的灯电源接线柱，且所加电压不得超过 14V！

2. 当要闭合图 8.3 中的开关 K 时，电阻 R' 必须先行调到 200 Ω 以上(如果毫安表用 7.5mA 挡)或 100Ω 以上(如果毫安表用 15mA 挡)，R' 绝对避免置零，否则将损坏毫安表！

七、考查题

1. 试画出用补偿法测电流的电路。

2. 试述如何操作图 8.3 所示电路，把每盏灯照到光电池上的有效辐通量调到既定大小(相应的光电流为 5.00mA)。

3. 试述图 8.4 所示两种光电三极管报警电路的工作原理。

八、思考题

1. 请画出用伏安法测二极管伏安特性曲线的电路，其中的电流表换成用电流补偿法构成的零内阻电流表电路。

2. 根据所测光电池负载特性曲线分析，为使所测负载电流 I 与光电流 I_P 的相对偏差不超过 1%，该光电池的负载电阻 R 不得超过多少欧姆才行。

3. 试分析，为保持光电池的负载电流与有效辐通量间的线性关系，当照射到光电池上的最大有效辐通量增大时，光电池允许带的负载电阻数值是增大呢，还是减小呢？

实验 9　直流单臂电桥(惠斯登电桥)

一、目的要求

1. 掌握电桥测量电阻的原理和方法。
2. 了解电桥的测量精确度所依赖的条件。
3. 学会使用箱式电桥。

二、引言

用伏安法测电阻,受所用电表内阻的影响,在测量中往往引入方法误差;用欧姆表测量电阻虽较方便,但测量精度不高。在精确测量电阻时,常使用电桥进行测量。其测量方法同电位差计一样同属于比较测量法。

电桥不仅可以测量电阻,还可以测量许多与电阻有关的电学量和非电学量(把这类非电学量通过一定的手段转换为电学量进行测量),而且在自动控制技术中也得到了广泛的应用。

本实验所讨论的是直流单臂电桥(又称惠斯登电桥),主要是用来测量中等阻值($10 \sim 10^5\Omega$)电阻的;测量低阻($10 \sim 10^{-5}\Omega$)用直流双臂电桥(又称凯尔文电桥,在实验 11 中介绍);测量高阻($10^6 \sim 10^{12}\Omega$)则用专门的高阻电桥或冲击法等测量方法。

三、原理

1. 电阻的测量

直流单臂电桥的原理性电路如图 9.1 所示。它是由四个电阻 R_a、R_b、R_0、R_X 联成一个四边形回路,这四个电阻称做电桥的四个“臂”。在这个四边形回路的一条对角线的顶点间接入直流工作电源,另一条对角线的顶点间接入检流计,这个支路一般称做“桥”。适当地调节 R_0 值,可使 C、D 两点电位相同,检流计中无电流流过,这时称电桥达到了平衡。在电桥平衡时有:

$$R_a I_a = R_b I_b$$

$$R_X I_X = R_0 I_0$$

且　$I_a = I_X, I_b = I_0$

整理上式可得:

$$R_X = \frac{R_a}{R_b} R_0 \tag{9.1}$$

为了计算方便,通常把 R_a/R_b 的比值选作 10^n($n=0,\pm1,\pm2,\cdots$)。令 $C=R_a/R_b$,则:

$$R_X = CR_0 \tag{9.2}$$

可见电桥平衡时,由已知的 R_a、R_b(或 C)及 R_0 值便可算出 R_X。人们常把 R_a、R_b 称做比例臂,C 为比例臂的倍率,R_0 称做比较臂,R_X 称做待测臂。

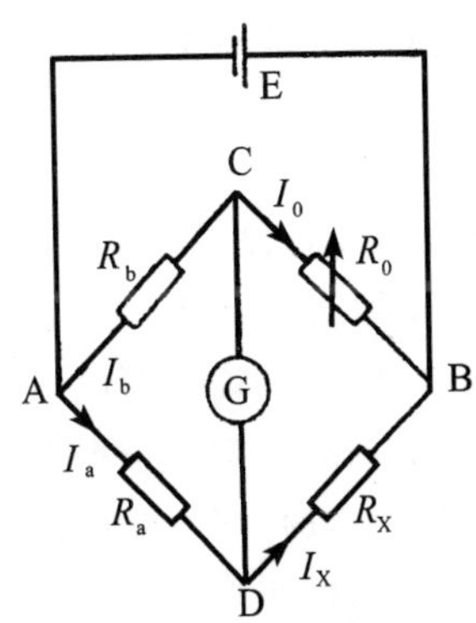

图 9.1

2.测量精度的提高

由上述分析，当电桥平衡时，按(9.1)式或(9.2)式即可测出 R_X。但怎样才能获得较高的测量精度呢？由(9.1)或(9.2)式可以看出，除要求 R_a、R_b(或 C)及 R_0 足够准确外，测量时应使该式严格成立，这就要求对电桥平衡的调节、对电桥平衡的判断要足够精细。此外电路中寄生电动势的影响要足够小等等，否则会降低测量精度。现分述如下：

(1) 倍率 C 的选取与测量精度

电桥由非平衡态达到平衡态的过程中，需要调节比较臂电阻 R_0。显然 R_0 调节位数越多，对电桥的平衡调节得越精细，由此给测量带来的误差就越小。为此在测量时要恰当地选取倍率 C，以使 R_0 调节的有效位数尽量多。例如本实验中 R_0 是一只四钮电阻箱，调节范围为 1～9 999Ω，最小调节量为 1Ω；待测电阻 R_X 为 1 200Ω 左右。由 $R_X=CR_0$ 可知，只有选取 $C=1$ 时，R_0 的四个旋钮才都用上，使电桥的平衡精细到四位有效数字。若采用内插法精确判断平衡，可获得五位有效数字(请思考：此例若选 $C=0.1$，用这只电阻箱能把桥调平衡吗？若选 $C=10$，R_0 可获得几位有效数字？)可见正确选取倍率 C，可提高测量精度。

(2) 电桥灵敏度与测量精度

电桥的平衡在实验上是通过检流计有无偏转来判断的。我们知道，检流计的电流常数(即分度值，表示检流计偏转一格所需通过它的电流，单位 A/格)是有限的，如本实验中使用的 AC5/Ⅱ 型指针式检流计，其电流常数约为 10^{-6}A/格，当通过它的电流小于 10^{-7}A 时，指针的偏转小于 0.1 格，我们很难觉察出来，仍认为电桥处于平衡态，从而给测量带来误差。对此，我们引入电桥灵敏度的概念，定义为：

$$S=\frac{\Delta n}{\Delta R_X/R_X}\quad \text{或}\quad S=\frac{\Delta n}{\Delta R_0/R_0} \tag{9.3}$$

可以证明，(9.3)式两种形式的表达式是等效的。式中 R_0 是电桥平衡时的阻值；ΔR_0 是在电桥平衡后 R_0 的微小改变量；Δn 是电桥偏离平衡而引起检流计偏转的格数。故由电桥灵敏度引入被测量 R_X 的相对误差为：

$$\frac{\Delta R_X}{R_X}=\frac{\Delta n}{S} \tag{9.4}$$

可见电桥灵敏度 S 越大，电桥越灵敏，对电桥平衡的判断越精细，由灵敏度引入的误差也就越小，亦即提高了测量精度。S 可根据(9.3)式由实验测出。

那么怎样才能增大电桥灵敏度呢？电桥灵敏度 S 也可由基尔霍夫定律推出。若忽略电源内阻，其表达式为：

$$S=\frac{\mathrm{E}}{K[(R_a+R_b+R_0+R_X)+(2+R_b/R_0+R_X/R_a)R_g]} \tag{9.5}$$

式中 K、R_g 分别为检流计的电流常数和内阻。由此式可见，适当提高电源电压 E、选择电流常数 K 和内阻 R_g 适当小的灵敏检流计、适当减小桥臂电阻($R_a+R_b+R_0+R_X$)、尽量把桥臂配置成均压状态(即四臂电压相等)，使上式中的($2+R_b/R_0+R_X/R_a$)值最小，这些对提高电桥灵敏度均有作用，但需根据具体情况灵活运用。这是因为有时倍率 C 的选择使电桥平衡的精细度调节最佳时，却不能使桥的灵敏度 S 最大，如发生这种矛盾则应兼顾考虑。

此外，采取一定的测量方法，可以消除某些误差，提高测量精度。例如在自组单桥测电阻 R_X 中，当选取倍率 $C=1$ 进行测量时，可方便地采用换臂法完全消除倍率 C 的误差。参看图 9.1，若电桥平衡时比较臂为 R_0'，将 R_a、R_b(或 R_X、R_0)交换位置后，电桥再次平衡时比较臂为

R''_0,则待测电阻 R_X 为:

$$R_X=\sqrt{R'_0\cdot R''_0}\approx\frac{1}{2}(R'_0+R''_0) \tag{9.6}$$

式中倍率 C 不见了,它的误差自然也就被消除了。

为了消除桥路中温差电动势的影响,可采用电源正、反向各测一次 R_X,然后取平均的办法。

四、仪器用具

AC5/Ⅱ型指针式检流计,比例臂电阻四个(10Ω,100Ω,100Ω,1 000Ω),电阻箱,甲电池两节,待测电阻两个,电键两个,滑线变阻器,微安表头一只(量限 200μA,内阻 700Ω 左右),QJ24 型箱式直流电桥,数字繁用表。

五、实验内容

1. 自组单桥测未知电阻 R_1、R_2,并测出电桥的灵敏度 S_1、S_2。

(1)根据 R_1(即 R_X)的粗知值(1.2kΩ 左右)正确选取倍率 C,即选取 R_a、R_b。

(2)按图 9.2 联接电路。注意图中桥路中带电阻 R 的开关 K_1 是为保护检流计而设置的。

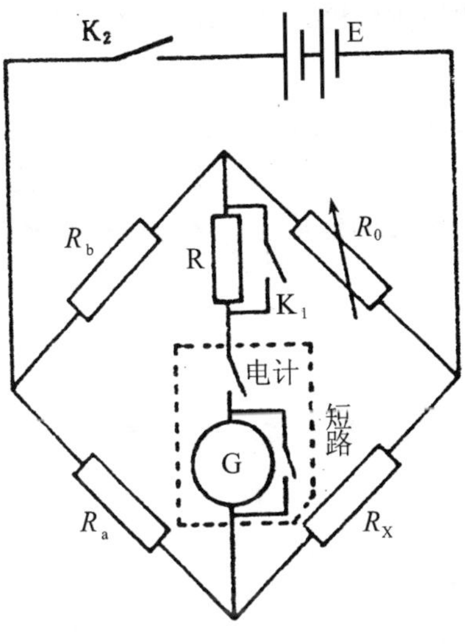

图 9.2

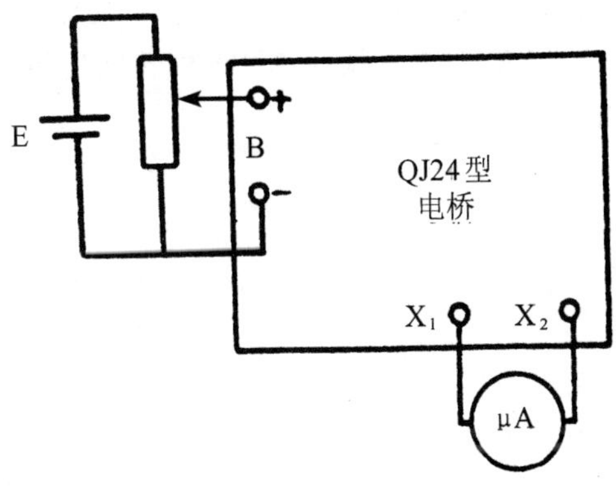

图 9.3

(3)测量 R_1。根据所选取的倍率 C 及 R_1 的粗知值,将 R_0 调为使桥平衡的需要值附近,然后断开开关 K_1(让 R 起保护作用),闭合 K_2,触合检流计的电计开关(不要合上)并配合调节 R_0 使检流计指针不动,这便是粗调。再闭合 K_1 将桥精调平衡,记下 R_0 值,由(9.2)式求出 R_1 值。

对于 R_1 来说,可采用换臂法再测一次,由(9.6)式求出 R_1。比较两次测出的 R_1 值。

(4)测量电桥灵敏度 S_1。电桥平衡后,将 R_0 调离平衡值数欧姆,记下检流计稳定偏转的格数 Δn(应有 2.0 格以上),由(9.3)式可计算出该状态下的电桥灵敏度 S_1。

更换 R_X(改为 R_2,粗知值约为 50Ω),重复上述测量(注意 R_a、R_b 也要更换,切勿选错或接错)。

测量完毕,计算 R_X 的不确定度时,除考虑桥臂误差 ρ_C 和 ρ_0 外,还应考虑到对电桥平衡的判断误差。由于人眼只能分辨出检流计 0.1 格的偏转量,故由(9.4)式判断误差应为 $0.1/S$,因

此 R_X 测量的总相对不确定度为：

$$\rho_X=\sqrt{\rho_C^2+\rho_0^2+(\frac{0.1}{S})^2} \tag{9.7}$$

2. 用 QJ24 型电桥测 R_1 和 R_2，并与自组桥的测量结果相比较，看看在误差范围内是否相吻合。

3. 用 QJ24 型电桥测量微安表内阻。

待测微安表是一只量限为 200μA、内阻为 700Ω 左右的表头。为保证测量精度和安全，应使流过微安表的电流尽量接近量限而又不超过量限。我们利用滑线变阻器对电桥的外接电源（内附电池已取出）实行分压的办法，如图 9.3 所示。但注意测量前必须将滑线变阻器的滑动端移至输出电压为零处。

4. 用数字繁用表电阻挡测量电阻。

六、注意事项

1. 联好电路且复查无误，倍率 C 和比较臂 R_0 的值均已选置好，保护电阻 R 处于保护状态（K_1 断开）才许试接电源进行实验。如接通电源瞬间检流计指针猛偏撞针或一点不动，应立即断电检查原因。

2. 换测电阻时，一定要重新选置 R_a、R_b 和 R_0，预先使桥接近平衡，并且断开 K_1，使 R 处于保护状态。改换电路必须先断开电源。

3. 调节电桥平衡时，应采用接通一下检流计支路看看偏转大小，适当调节 R_0 再接通一下检流计支路看看偏转大小的办法，不可使检流计在通电情况下调 R_0，以免损坏检流计或调节不精细。在调 R_0 时要根据检流计的偏转大小和方向有目的地从高位至低位顺次逼近调节，不应盲目乱调。

七、考查题

1. 在用电桥测量电阻时恰当选取倍率 C 的目的何在？在实验中怎样判断 C 选得是否适当？

2. 影响 R_X 测量精确度的因素有哪些？

3. 电源电压不太稳定是否影响测量的精确度？电源电压太低为什么影响测量精确度？

4. 若桥臂回路有导线不通，则检流计偏转大或偏转小？若检流计支路或电源支路不通，则检流计偏转大或小？若 C 和 R_0 预置不当，则检流计偏转大或偏转小？

八、思考题

1. 若电桥保证准确度测量范围为 20～99 999Ω，要测一个 $1\times10^6\Omega$ 左右的电阻，可否用一只 1 000Ω 的标准电阻与之并联起来测量？能否测准？

2. 根据实验中测 R_1 和 R_2 时的电路参数，由(9.5)式计算电桥灵敏度 S_1 和 S_2 并与测量值比较，看看是否一致。

3. 比较用自组桥和箱式桥的测量结果，为什么 R_1 的测量值吻合得好而 R_2 的测量值吻合得不好呢？（提示：本实验所用导线每根阻值为 0.03～0.1Ω 不等，它们是怎样影响测量结果的？）

4. 用替代法测 R_X，即电桥平衡后若以电阻箱某值 R_n 替下 R_X 时桥仍平衡，则 $R_X=R_n$。注意替代时需断开电源。这种测法要求 R_a、R_b、R_0 准确吗？要求电源稳定吗？

附 1：AC5/Ⅱ型指针式检流计简介

AC5/Ⅱ直流指针式检流计是一种磁电式电流表，它的电流线圈被张挂在两根弹性细金属丝之间，其灵敏度较高（指针偏转一小格只需通 μA 量级的电流）。AC5/Ⅱ型指针式检流计的俯视外形如图 9.4 所示。其中 A 为调零钮，B 为小拨动钮，C 为短路按钮，D 为电计按钮。检流计不用时，将小拨动钮 B 拨至左边红点位置，以将检流计短路制动，保护检流计的安全。使用时将小拨动钮 B 拨至右边白点位置，利用调零钮 A 调好指针的机械零点；然后按下"电计"按钮，连接于线路中的检流计即可工作，否则检流计没有接通。若检流计断电后，指针来回摆动，而我们又需要它尽快停下来，可在指针经过"零"位置时，按几下"短路"按钮，检流计指针便停止摆动。这种制动原理在实验 5 灵敏检流计这个实验中讲述。

检流计零点在刻度盘的中点，可以检测不同方向的电流，常作检零器用。当用于测量微小电流时，可从刻度盘上读出指针偏转的格数 Δn，再乘以该检流计的电流常数 K（标在检流计的铭牌上），即可求出流过检流计的电流值。

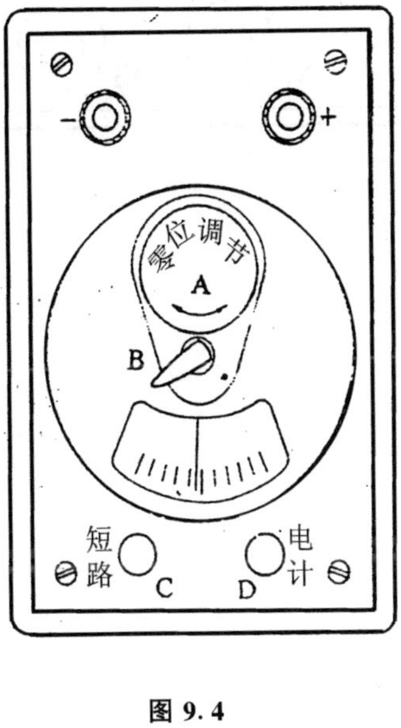

图 9.4

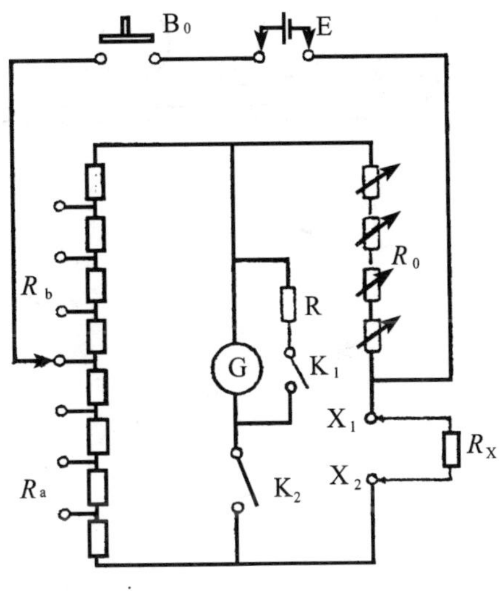

图 9.5

附 2：QJ—24 型电桥简介

图 9.5 是 QJ24 型电桥的原理图，图 9.6 是它的面板图。旋比例臂旋钮可以改变倍率 C 的数值。比较臂 R_0 相当于 1～9 999Ω 的电阻箱。用法如下：将 R_X 接在 X_1、X_2 接线柱上；电源接在 B 接线柱上（若内部没有电源）；根据 R_X 的粗知值选置好 C 及 R_0 的钮位；按旋钮 B_0 接通电源，按 G_1（相当于同时合 K_1、K_2，检流计被分流保护）粗调 R_0，按 G_0（相当于只合 K_2）细调 R_0 至桥精细平衡，则 $R_X=CR_0$。如果电源电压不允许再高但桥的灵敏度还嫌低，则可将一高灵敏检

流计外接于 G 处，便替下内部检流计。

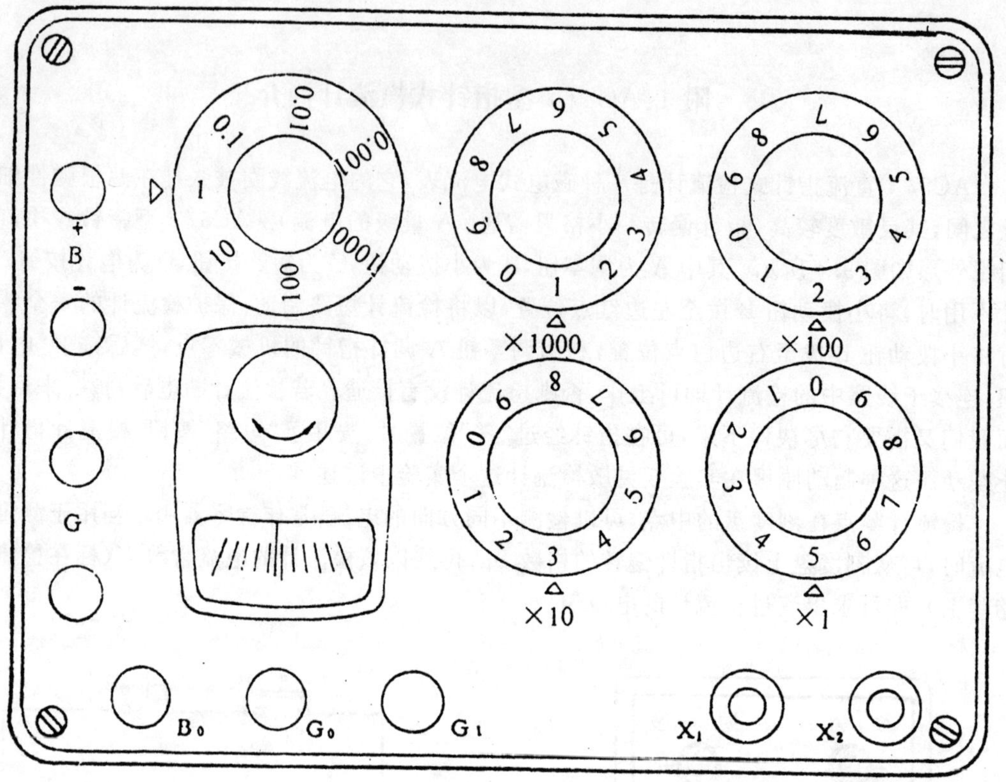

图 9.6

实验 10 非平衡直流电桥

一、目的要求

1. 掌握非平衡电桥的测量原理。
2. 校准测力电桥。
3. 学习使用精密数字繁用表。

二、引言

对于直流单臂电桥，当检流计指零——电桥平衡时，依据四臂电阻平衡关系式测量电阻，这种电桥又称为平衡电桥；当待测臂电阻偏离平衡值使电桥失衡时，依据检流计示数可以测出待测臂电阻的变化值，这就是非平衡电桥。

铂、铜等电阻，其阻值随着温度变化既明显又有着良好的线性关系，用它当作非平衡电桥的待测臂，就组成测温电桥。如果把温度系数很小的细金属丝粘附到绝缘膜上，或将绝缘膜上涂覆的金属箔膜刻蚀制成“电阻应变片”，贴到工件上，用该电阻应变片作为非平衡电桥的待测臂，就可以测量工件的形变，进而可以测力。不论那种物理量，只要能想出办法把它同电阻值的变化联系起来，便可用非平衡电桥来测量。因此非平衡电桥在测量或控制技术等领域得到广泛的应用。

三、原理

非平衡电桥的结构如图 10.1 所示，与平衡电桥的结构一样；不同的是把检流计换成小量程、高内阻的直流毫伏表。常用的非平衡电桥四臂电阻相等（$R_1=R_2=R_3=R$），电桥平衡，毫伏表电压为零。当待测臂 R 改变 ΔR 时，电桥失衡，毫伏表便显示出相应电压 U。

所用毫伏表内阻非常高，以至于流过该支路电流相对于桥臂电流可以忽略。如果待测臂 R 改变 ΔR 时，能够做到使流过待测臂的电流 I 不变或变化很小，可以证明毫伏表电压 U 与待测臂阻值的相对变化成正比关系。写成等式即：

$$U=S\frac{\Delta R}{R} \tag{10.1}$$

S 称做非平衡电桥的灵敏度，可以依上式由实验测出，也可以由电桥参数算出。使用非平衡电桥时，若已知灵敏度 S，便可由毫伏表电压 U 依上式算出待测臂的相对变化量 $\frac{\Delta R}{R}$。

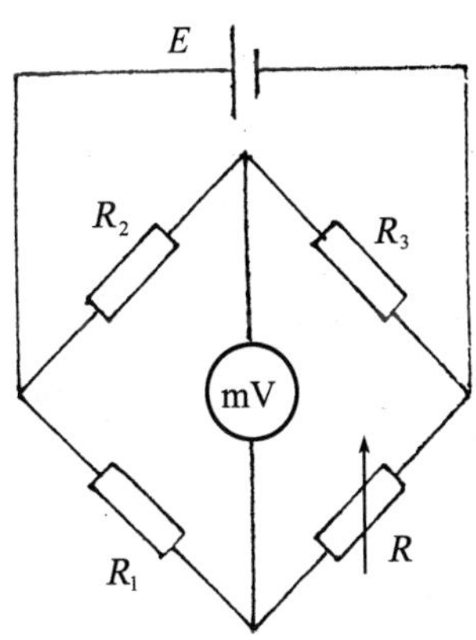

图 10.1

为了保证(10.1)式中灵敏度 S 为常数，非平衡电桥有下面三种常见结构形式：

1. 单臂式。即图 10.1 中，仅有一个待测桥臂 R，四臂电阻相等时电桥平衡。当待测臂 R 改变 ΔR 时，可以写出毫伏表电压 U：

$$U=\frac{E(R+\Delta R)}{R_1+R+\Delta R}-\frac{ER}{R_1+R}=\frac{E}{4+\frac{2\Delta R}{R}}\cdot\frac{\Delta R}{R} \tag{10.2}$$

由上式得到非平衡电桥的灵敏度 S：

$$S=\frac{E}{4+\frac{2\Delta R}{R}} \tag{10.3}$$

可见 S 随着 ΔR 变化而变化，但当限制 ΔR 的变化范围，使得 $\Delta R \ll R$ 时，上式就变成：

$$S=\frac{E}{4} \tag{10.4}$$

即 S 变为常数。这种非平衡电桥形式简单，适合于待测臂相对变化范围较小的测量情况。

例如当 $\Delta R=0.01R$ 时，(10.3)、(10.4)式算出的灵敏度 S 仅差 0.5%。

2. 互补式。如图 10.2 所示，$R_1=R_2=R_3=R_4=R$ 时电桥平衡。R_1、R_4 为待测臂，它们变化时，始终保持 $\Delta R_4\equiv-\Delta R_1=\Delta R$，所以该二桥臂电阻之和不变，流过它们的电流也不变。于是得到毫伏表电压 U：

$$U=I\times\Delta R=\frac{E}{2R}\Delta R=\frac{E}{2}\cdot\frac{\Delta R}{R} \tag{10.5}$$

可见毫伏表电压 U 与待测臂的变化 ΔR 或相对变化 $\frac{\Delta R}{R}$ 成正比关系。由上式得到灵敏度 S：

$$S=\frac{E}{2} \tag{10.6}$$

这种非平衡电桥，适用的电阻变化范围宽，同样工作电压下灵敏度是单臂式的 2 倍。

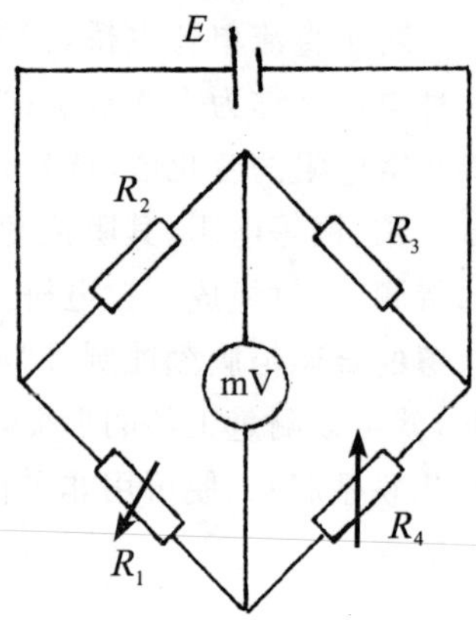

图 10.2

如果图 10.2 所示非平衡电桥设置四个待测臂，$R_1=R_2=R_3=R_4=R$ 时电桥平衡，当桥臂变化时，$\Delta R_2\equiv\Delta R_4\equiv-\Delta R_1\equiv-\Delta R_3=\Delta R$，则：

$$U=E\,\frac{\Delta R}{R} \tag{10.7}$$

灵敏度 S：

$$S=E \tag{10.8}$$

这种非平衡电桥适用的电阻变化范围宽，同样电压下灵敏度是单臂式的 4 倍。

3. 恒流式。如图 10.3 所示，与待测臂 R 串联的桥臂 R_1 是一只恒流元件或恒流电路，以保持流过 R 的电流 I 不随 R 的改变量 ΔR 而变化。$R_2=R_3=R$ 时调节 R_1 臂电流 I 使电桥平衡。当待测臂改变 ΔR 时，可写出毫伏表电压 U：

$$U=I\times\Delta R=\frac{E}{2R}\Delta R=\frac{E}{2}\cdot\frac{\Delta R}{R} \tag{10.9}$$

灵敏度 S：

$$S=\frac{E}{2} \tag{10.10}$$

这种非平衡电桥适用的电阻变化范围宽，同样工作电压下灵敏度是单臂式的 2 倍。

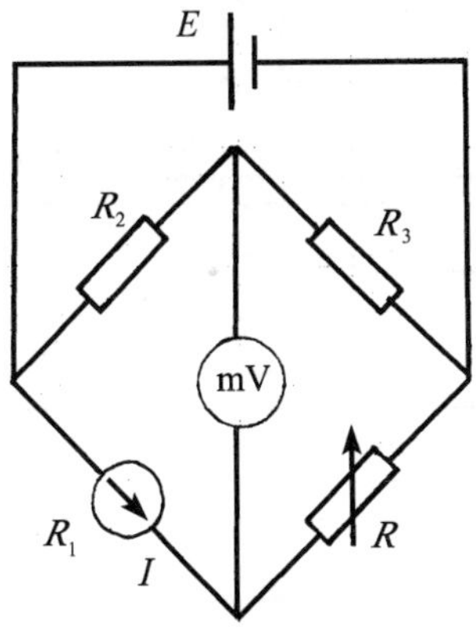

图 10.3

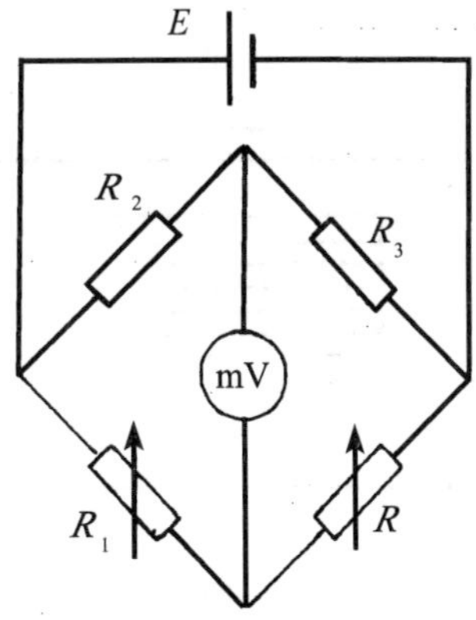

图 10.4

四、仪器用具

0.1 级电阻三只(100Ω、100Ω、1 000Ω),电阻箱两只,精密数字电压表一只,甲电池一只,非平衡测力电桥,砝码。

五、实验内容

1.研究非平衡电桥的线性条件

按图 10.4 连接电路。R_1 用四钮电阻箱,R 用六钮电阻箱,R_2、R_3 用固定电阻,四臂均置100Ω,电源用 1.5V 甲电池。接通电路并将数字电压表调零,R 开始增加,使 ΔR 依次调为0.2Ω、0.4Ω、0.6Ω、0.8Ω、1.0Ω,记下相应的数字表电压 U,做 U—ΔR 曲线。

R 仍从 100Ω 开始增加,使 ΔR 依次调为 2Ω、4Ω、6Ω、8Ω、10Ω,记下相应的数字表电压 U,做 U—ΔR 曲线。

给数字表并联 1 000Ω 电阻,使其内阻由 10GΩ 降为 1 000Ω,R 仍从 100Ω 开始增加,使 ΔR 依次调为 2Ω、4Ω、6Ω、8Ω、10Ω,记下相应的数字表电压 U,做 U—ΔR 曲线。

恢复数字表 10GΩ 内阻。R 仍从 100Ω 开始增加,使 ΔR 依次调为 2Ω、4Ω、6Ω、8Ω、10Ω,相应地减少 R_1 臂电阻,保持 R_1 和 R 臂电阻之和为 200Ω 不变,记下相应的数字表电压 U,做 U—ΔR 曲线。

2.测力电桥

常见的电子秤就是利用非平衡电桥原理制成的测力电桥。该电桥的四臂均由电阻应变片组成。图 10.5 所示(用极细的金属丝按栅状图案粘贴到绝缘膜上,或用绝缘片基金属箔刻蚀制成)即为“电阻应变片”。当沿 X 方向拉伸或压缩电阻应变片时,其阻值就增大或减小。如图 10.6所示,把四个等值的电阻应变片粘贴到弹性金属应变体中空部分的上下表面上。当对托盘施加压力时,可使应变体呈“S”型形变,电阻应变片 R_2、R_4 被拉伸,阻值变大;电阻应变片 R_1、R_3 被压缩,阻值变小。把这四只电阻应变片接成图 10.7 所示的桥路,就构成了测力电桥。对托盘施加压力 F,只要该力不超过一定范围,它所引起的每个电阻应变片阻值的增减变化 $\dfrac{\Delta R}{R}$的绝对值彼此相等且与力 F 成正比,于是由(10.7)式可知:

$$U \propto \frac{\Delta R}{R} \propto F$$

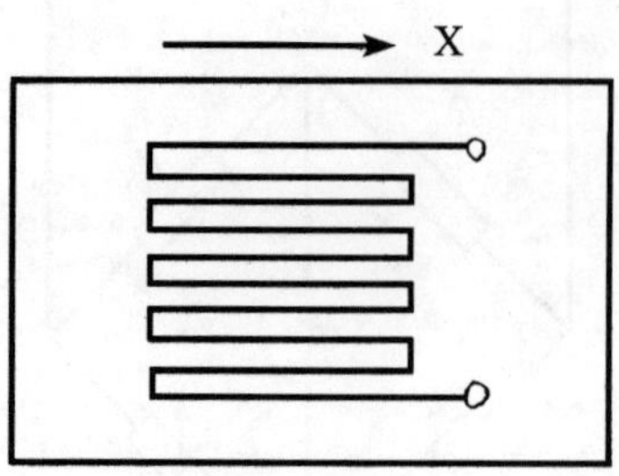

图 10.5

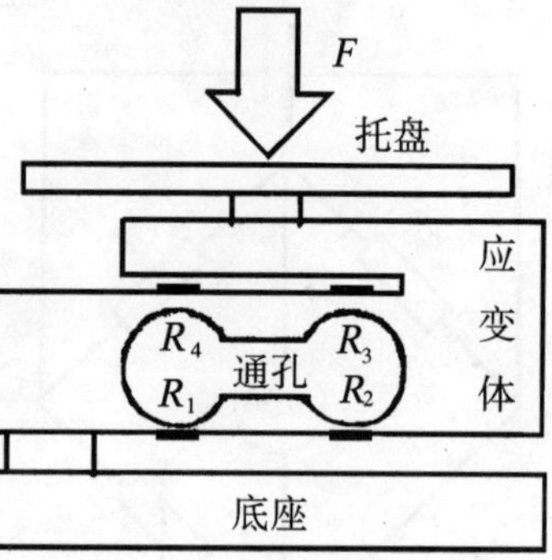

图 10.6

写成等式：

$$F=KU \tag{10.11}$$

从实验上定出常数 K，便可由数字电压表读数 U 算出力 F。

给实验用测力电桥连上工作电源——甲电池，连上数字电压表。在测力电桥的托盘上依次加上 1、2、3、4、5 个 2kg 的砝码，记下数字电压表的相应电压 U，做 U—F 曲线，依(10.11)式从曲线上算出常数 K。

六、注意事项

1. 在测力电桥托盘上加、撤砝码时，要拿稳，轻拿轻放。

2. 使用数字电压表之前，要先阅读其电压挡的设置和使用方法。

七、考查题

1. 简述非平衡电桥的结构和测量原理。

2. 对于非平衡电桥，如何保证 U 与 $\frac{\Delta R}{R}$ 成正比关系？

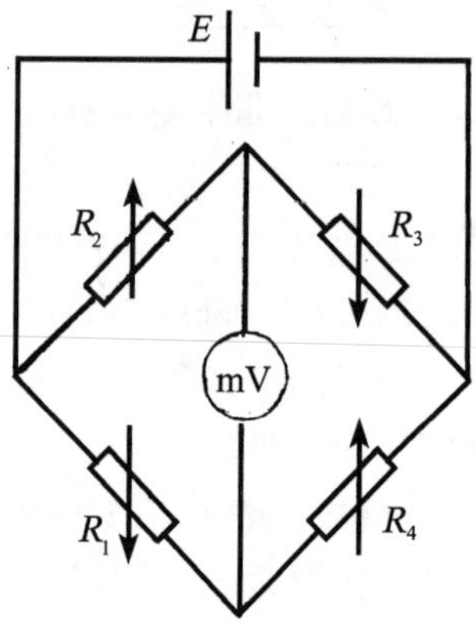

图 10.7

八、思考题

1. 对于图 10.1 所示非平衡电桥，如果不选用四臂电阻相等的形式，例如当电桥平衡时，$R_1=R_2\gg R_3=R$，试分析，其灵敏度高低、线性好坏与四臂电阻相等形式的非平衡电桥比较有何变化？

2. 对于图 10.1 所示非平衡电桥，如果不选用四臂电阻相等的形式，例如当电桥平衡时，$R_1=R_2\ll R_3=R$，试分析，其灵敏度高低、线性好坏与四臂电阻相等形式的非平衡电桥比较有何变化？

实验 11　直流双臂电桥(凯尔文电桥)

一、目的要求

1. 了解低电阻的结构特点。

2. 掌握双臂电桥测量低阻的原理和方法。

二、引言

我们知道，一般惠斯登电桥只宜测几欧姆至兆欧姆范围内的电阻，阻值再小的电阻，由于有接触电阻和接线电阻的存在，会给测量带来很大的误差，尤其是当这些附加电阻和待测电阻可以比拟时，测量误差就更大了。为了消除这些附加电阻的影响，人们常把低阻做成四端结构，并采用直流双臂电桥进行测量。双臂电桥的测量方法和单臂电桥同属比较测量法。本实验将对双臂电桥进行深入的研究。

三、原理

1. 低电阻的结构特点

为便于问题的分析，下面以电流表扩程时分流电阻的不同接法为例来加以分析。如图 11.1所示为分流电阻 R_S 的三种接法。微安表内阻一般为 $10^2 \sim 10^3 \Omega$ 数量级；接线电阻一般为 $10^{-3} \sim 10^{-2} \Omega$ 数量级；导线在联接处的接触电阻一般为 $10^{-6} \sim 10^{-3} \Omega$ 数量级。当分流电阻 R_S 小到欧姆数量级以下时，(a)图接法的分流电阻实际上包括 R_S 和 A、B、C、D 四点的接触电阻及 AC、BD 两段接线电阻；(b)图接法的分流电阻仅包括 R_S 和 C、D 两点的接触电阻，而将 A、B 两点的接触电阻及 AC、BD 两段接线电阻归给微安表支路，但它们远小于微安表内阻，故

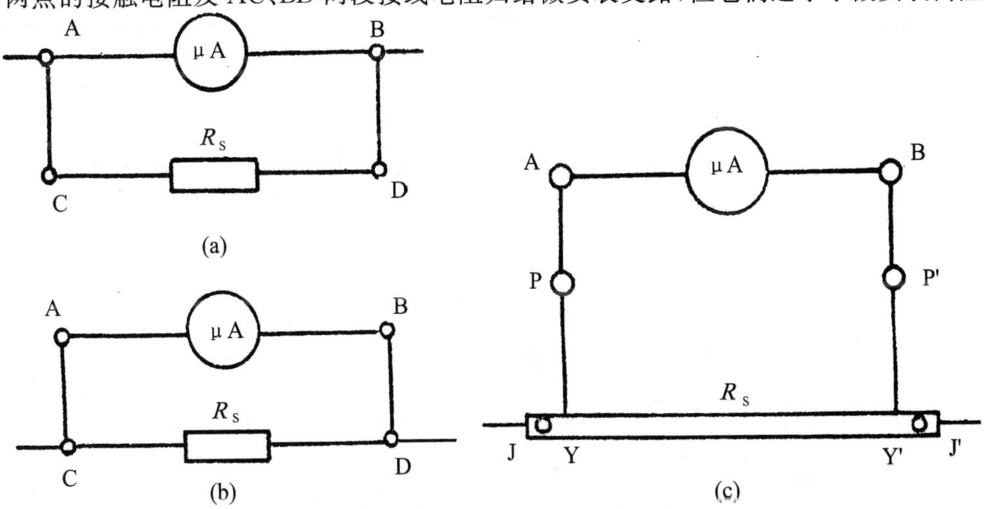

图 11.1

对该支路的影响可以忽略。可见(b)图较(a)图的接法分流更准一些。如果将分流电阻 R_S 做成(c)图那样，在电阻体上 Y、Y′两点焊出两个接头再与微安表相联接，在焊接时测量好 Y、Y′间的阻值正好等于所需的分流电阻 R_S 的阻值。易看出，A、B、P、P′四点的接触电阻及 AY、BY′两段接线电阻都已归给微安表支路而被忽略，这样就保证了分流的精确。因此低电阻都做成四个接头，称做“四端结构”。使用时，外侧两个接头 J、J′串入工作电路并流过很大电流，故称做“电流接头”；中间与 Y、Y′相联的两个接头 P、P′称做“电压接头”。Y、Y′间的阻值可做成精确而稳定的已知阻值。

2. 测量原理

按上述分析，低阻均做成四端结构，那么测量低阻也就归结为如何测出如图 11.1(c)所示低阻体上 Y、Y′间的阻值。测量电路如图 11.2 所示，其中 R_0 为标准低阻，R_X 为待测低阻。四个比例臂电阻 R_1、R_1'、R_2、R_2'(具有双比例臂，这便是“双臂电桥”名称的由来)一般都有意做成几十欧姆以上的阻值，因此它们所在桥臂中接线电阻和接触电阻的影响便可忽略。两个低阻相邻电压接头间的电阻设为 r，常称做“跨桥电阻”。当检流计 G 指零时，电桥达到平衡，于是由基尔霍夫定律可写出下面三个回路方程：

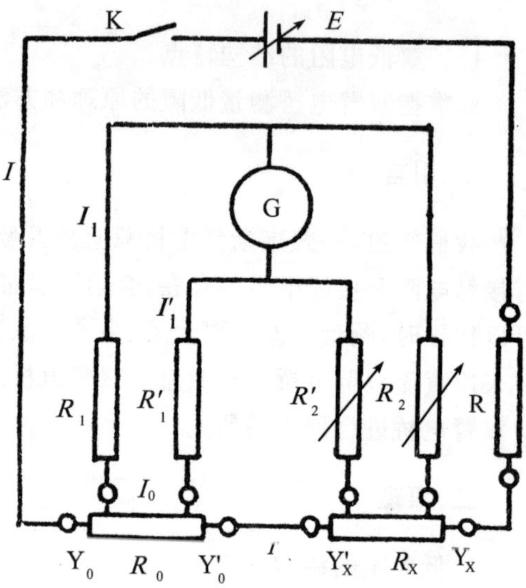

图 11.2

$$\left.\begin{aligned} I_1R_1&=I_0R_0+I_1'R_1' \\ I_1R_2&=I_0R_X+I_1'R_2' \\ (I_0-I_1')r&=I_1'(R_1'+R_2') \end{aligned}\right\} \qquad (11.1)$$

式中 I_1、I_0、I_1'分别为电桥平衡时通过电阻 R_1、R_0、R_1'的电流。将(11.1)式整理得：

$$R_1R_X=R_2R_0+(R_2R_1'-R_1R_2')\frac{r}{(r+R_1'+R_2')} \qquad (11.2)$$

如果电桥的平衡是在保证 $R_2R_1'-R_1R_2'=0$ 即$\frac{R_2}{R_1}=\frac{R_2'}{R_1'}$的条件下调得的，那么(11.2)式可简化为：

$$R_X=\frac{R_2}{R_1}R_0 \qquad (11.3)$$

已知 R_0 和比值 R_2/R_1 就可算出 R_X。由此知双桥的测量平衡条件为：

$$\frac{R_2}{R_1}=\frac{R_2'}{R_1'}=\frac{R_X}{R_0} \qquad (11.4)$$

调节双臂电桥平衡有两种方法。一种是固定比例臂倍率，即让$\frac{R_2}{R_1}=\frac{R_2'}{R_1'}=10^n$($n$ 为整数)，调标准电阻 R_0 使检流计示零；另一种是选定标准电阻 $R_0=10^n$(n 为整数)，同步地调节比例臂电阻 R_2、R_2'(即在调节过程中始终保持$\frac{R_2}{R_1}=\frac{R_2'}{R_1'}$成立)，使检流计指零。本实验采用后一种调法。

3. 双臂电桥灵敏度

双臂电桥的灵敏度 S 可仿照惠斯登电桥的灵敏度来定义。即双桥平衡后，将比例臂电阻 R_2、R_2'同步地偏调 $\Delta R_2=\Delta R_2'$。若检流计光点偏移 Δn 格，则灵敏度 S 为：

$$S=\frac{\Delta n}{\frac{\Delta R_2}{R_2}} \tag{11.5}$$

且 $S=\frac{\Delta n}{\frac{\Delta R_2}{R_2}}=\frac{\Delta n}{\frac{\Delta R_X}{R_X}}$，故由灵敏度 S 引入被测量 R_X 的相对误差为：

$$\frac{\Delta R_X}{R_X}=\frac{\Delta n}{S} \tag{11.6}$$

显见增大 S 可减小测量误差。S 可根据(11.5)式由实验测出。

要详细分析 S 与哪些因素有关，是件十分繁杂的事。下面我们作一适当的近似，简单分析一下。考虑到跨桥电阻 r 一般应明显小于 R_0 和 R_X，可认为两低阻相邻电压接头等电位，这样双臂电桥就演化成单臂电桥了。此时检流计支路电阻变为($R'_g=R_g+R'_1/\!/R'_2$)，而四臂电阻之和 $(R_1+R_2+R_X+R_0)\approx R_1+R_2$，参考单臂电桥灵敏度的表达式可立即写出双臂电桥灵敏度的表达式：

$$\left.\begin{aligned}&S=\frac{U}{C}\cdot\frac{1}{(R_1+R_2)+(2+\frac{R_1}{R_2}+\frac{R_X}{R_0})R'_g}\\ \text{或}\quad &S=\frac{I(R_0+R_X)}{C[(R_1+R_2)+(2+\frac{R_1}{R_2}+\frac{R_X}{R_0})R'_g]}\end{aligned}\right\} \tag{11.7}$$

上式中的 U 为图 11.2 中 Y_0 和 Y_X 间的电压；I 为电源 E 供给双臂电桥的电流；C 为检流计的电流常数。由上式可以看出，提高通入双桥的电流 I、选用电流常数 C 和内阻 R_g 均小的检流计、减小(R_1+R_2)及 R'_1、R'_2阻值以及尽量使 R_0 和 R_X 的阻值接近，从而使$(\frac{R_1}{R_2}+\frac{R_X}{R_0})$最小，都能提高双桥的灵敏度。

4. 测量结果的不确定度

对于等双臂电桥(即 $R_1=R'_1, R_2=R'_2$)，由(11.2)式可以证明有：

$$\frac{dR_X}{R_X}=(1+k)(\frac{dR_2}{R_2}-\frac{dR_1}{R_1})-k(\frac{dR'_2}{R'_2}-\frac{dR'_1}{R'_1})+\frac{dR_0}{R_0} \tag{11.8}$$

式中系数 $k=\frac{r}{R_0+R_X}$。考虑到由电桥灵敏度 S 决定的判断误差$\frac{0.1}{S}$(由于人眼只能分辨出检流计 0.1 格的偏转量，故取 $\Delta n=0.1$)，根据不确定度的传递公式，可得 R_X 的总相对不确定度为：

$$\rho_X=[(1+k)^2(\rho_2^2+\rho_1^2)+k^2(\rho_2'^2+\rho_1'^2)+\rho_0^2+(\frac{0.1}{S})^2]^{\frac{1}{2}} \tag{11.9}$$

式中 ρ_1、ρ_2、ρ'_1、ρ'_2、ρ_0 分别为 R_1、R_2、R'_1、R'_2、R_0 的相对标准不确定度。由(11.2)和(11.9)式可知，当平衡条件 R_2/R_1 与 R'_2/R'_1不是严格相等时，r 值越大给测量结果带来的误差也越大。

为了克服检流计回路温差电动势对电桥平衡状态的影响，必要时可将工作电源的极性换向，并将换向前后测得的低阻值取平均。

四、仪器用具

R_1、R'_1(1 000Ω，0.1 级)，六旋钮电阻箱两只(0.1 级)，标准低阻 R_0(0.001Ω，准确到 0.05%)，待测黄铜棍一根和不锈钢板尺一把，限流电阻，直流稳压电源，光点检流计，压触开关，游标卡尺，螺旋测微器，QJ32 型直流单双臂电桥及数字繁用表。

五、实验内容

1. 自组双桥测量黄铜棍、不锈钢板尺在标记长度和室温下的电阻值及电阻率。

(1)先测量黄铜棍的阻值。按图 11.2 联接线路。实验中所使用的 AC15/3 型检流计 G,其灵敏度很高(光标偏转一小格只需通约 3×10^{-9}A 的电流),电流大了有可能烧坏检流计,因此在调节双桥平衡过程中,要注意检流计的安全。为此在电路联接正确的情况下,可采用逐渐提高电源电压且从高位到低位逐渐同步调节 R_2、R_2'使 G 指零的办法。注意电源电压不得超过 5V。

测量双桥灵敏度 S_1。

(2)测量不锈钢板尺的阻值及双桥灵敏度 S_2。测量方法同(1)。

(3)测量样品尺寸。对于黄铜棍:测出待测低阻段的长度、直径;对于不锈钢板尺:测出待测低阻段的长度、宽及厚度。注意黄铜棍的直径、不锈钢板尺的宽度与厚度都应多次测量(取不同位置测量)后取平均。

2. 用 QJ32 型双臂电桥测量黄铜棍和不锈钢板尺在标记长度下的电阻值。

QJ32 型双桥的面板图及所用仪器的联接如图 11.3 所示。图中虚线框内五个旋钮为 R_2 和 R_2',其左边为 R_1 和 R_1'。线路中所用检流计、标准低阻 R_0、限流电阻 R、电源及待测样品均同于上述实验。

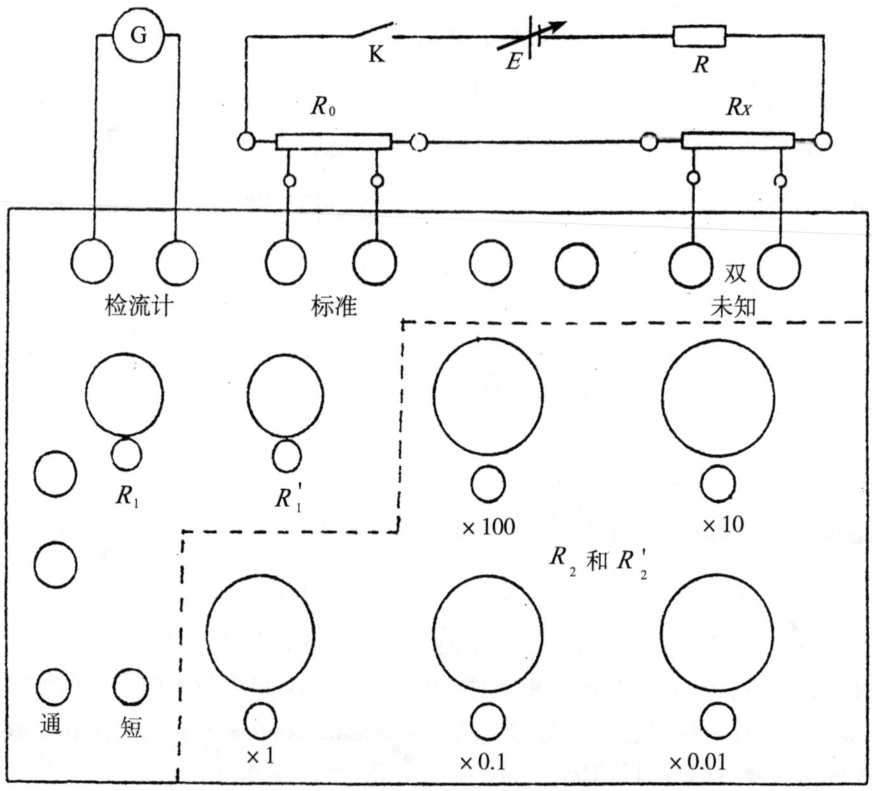

图 11.3

3. 用数字繁用表电阻挡测量低阻。

六、注意事项

1. 所用光点检流计要轻拿轻放，用后要拨至短路挡。电路切勿接错，以免烧坏检流计。

2. 限流电阻一定要接好，电源电压开始时应调得最低，以保证检流计和电源的安全。电桥接近平衡时才将电源电压升至 5V。

3. 接通电源时间应尽量短，以免电阻发热影响测量结果。

4. 要注意清除被测样品上的锈污。

七、考查题

1. 辨认实验中所用标准电阻的电压接头和电流接头。待测低阻的电压接头和电流接头在实验中又是如何确定和联接的？

2. 简述双桥测低阻的平衡条件和平衡调节步骤。

八、思考题

1. 若不选$\frac{R_2}{R_1}=\frac{R_2'}{R_1'}$，能否使双臂电桥平衡？能否测出 R_X？

2. 若均匀板状低阻上电流线的分布如图 11.4 所示，那么在测低阻材料的电阻率时，应该测哪两条线之间的电阻？如选择不当，测出的电阻率偏大还是偏小？

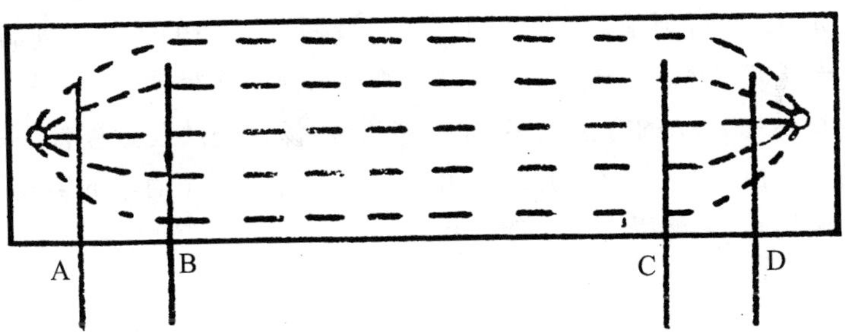

图 11.4

3. 利用本实验的仪器设备，设想组装一单臂电桥测量低阻。试画出电路图，推导出测量公式，并说明跨桥电阻 r 和待测低阻 R_X 或标准低阻 R_0 间满足什么关系时，测量的精度同自组单桥测量电阻的精度基本相同？

4. 自组双桥测低阻时，用换臂法（即将图 11.2 中 R_1 和 R_2、R_1'和 R_2'调换），能消除某些桥臂电阻及 r 引入的测量误差。结合(11.8)式证明之。

实验 12　电子荷质比的测定

一、目的要求

1. 了解带电粒子在电磁场中的运动规律及电子射线的电、磁聚焦原理。
2. 了解静电型电子射线示波管的结构和工作原理。
3. 学会用磁聚焦及磁旋转法测量电子的荷质比。

二、引言

测量物理学方面的一些常数(例如电磁波在真空中的传播速度 c,阿伏伽德罗常数 N,电子电荷 e,电子静止质量 m_e 等),是物理学实验重要内容之一。这些常数的高精度测量对物理学的发展和一些重要的新发现起到很重要的推动作用。

电子的质量很小,到目前为止虽然还没有直接测量的方法,但已有不少方法可以测量电子的电荷 e(例如密立根油滴实验,加上其他修正后,可以得到很准确的 e 值)。因此,只要能测得电子的荷质比 e/m 值,即可利用 e 值算出电子的质量 m 来。我们经常用到的电子"静止质量" $m_e=(9.109\ 534\pm0.000\ 047)\times10^{-31}$千克,就是通过这样的途径计算出来的。

测量电子的荷质比 e/m 的方法很多,如磁聚焦法、汤姆逊法及磁控管法等,本实验采用磁聚焦法及磁旋转法。由于实验思想巧妙,这就使得我们可以利用简单的实验设备,既观察到电子在磁场中的螺旋运动,又测出了电子的 e/m。

三、原理

1. 电子在匀强磁场中的运动

具有速度 $\boldsymbol{v}$ 的电子进入匀强磁场 $\boldsymbol{B}$ 中要受到洛仑兹力的作用。其关系为:

$$\boldsymbol{F}=-\mathrm{e}(\boldsymbol{v}\times\boldsymbol{B}) \tag{12.1}$$

将 $\boldsymbol{v}$ 分解为与 $\boldsymbol{B}$ 平行的分量 $\boldsymbol{v}_\parallel$ 和与 $\boldsymbol{B}$ 垂直的分量 $\boldsymbol{v}_\perp$。由(12.1)式知,电子沿着 $\boldsymbol{B}$ 的方向运动时不受力,故沿 $\boldsymbol{B}$ 的方向作匀速直线运动;电子在垂直于 $\boldsymbol{B}$ 的方向运动时,受到洛仑兹力的作用,大小为:

$$F=ev_\perp B \tag{12.2}$$

其方向垂直于 $\boldsymbol{v}_\perp$,也垂直于 $\boldsymbol{B}$。故该力只改变电子的运动方向,不改变电子速度的大小,结果使电子在垂直于 $\boldsymbol{B}$ 的平面内作匀速圆周运动。显然使电子作圆周运动的向心力就是洛仑兹力。于是有:

$$ev_\perp B=mv_\perp^2/R$$

即
$$e/m=v_\perp/BR \tag{12.3}$$

或
$$e/m=\omega/B \tag{12.4}$$

或
$$e/m=2\pi/BT \tag{12.5}$$

式中 m 为电子的质量;R 为电子作圆周运动的轨道半径;ω 为电子作圆周运动的角速度;T 为

电子旋转一周所用的时间——周期，且 $T=2\pi/\omega$。由上式可知，T 与 B 有关，与 $v_\perp$ 的大小无关。$v_\perp$ 的大小影响电子绕行的半径 R。

综上所述，电子在 $\boldsymbol{B}$ 的方向以 $v_\parallel$ 的速度作匀速直线运动，在垂直于 B 的平面上作匀速圆周运动，其合成结果是电子沿 B 的方向作螺旋运动。其螺距为：

$$h=Tv_\parallel=\frac{2\pi m}{eB}v_\parallel \tag{12.6}$$

2. 电子荷质比的测定

按上述分析，若测量电子的 e/m，需有一个发射和显示电子的装置和一匀强磁场。本实验采用如图 12.1 所示的静电式阴极射线电子示波管（以下简称示波管），由其电子枪产生近于水平方向的电子束射线。匀强磁场由螺线管产生。

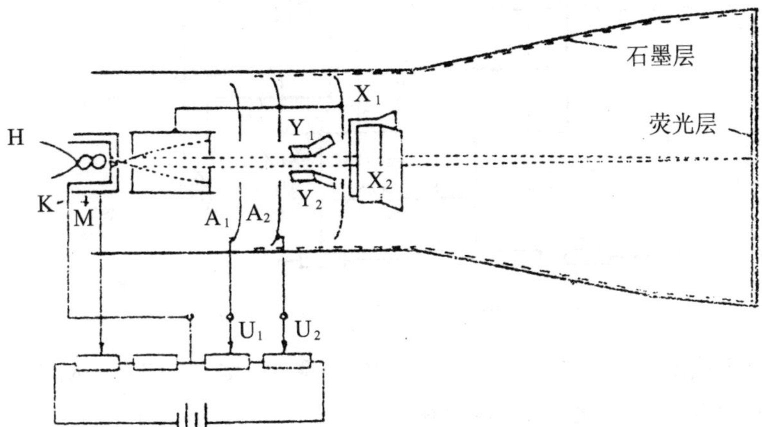

图 12.1

(1)示波管的构造及工作原理

如图 12.1，示波管由电子枪、偏转系统和荧光屏三部分组成。电子枪由灯丝 H、阴极 K、控制极 M、第一阳极 A_1 和第二阳极 A_2 组成。接通电源后，灯丝发热，阴极发射电子。控制极较阴极有较低的电位且可调。调节它和阴极之间的电位差，可以控制阴极发射电子束的强度，从而可改变荧光屏上光点的亮度。同时控制极电压和第一阳极电压构成一定的空间电位分布，使得从阴极表面不同点发出的电子在控制极附近形成一交叉点，如图 12.1 所示。第一阳极和第二阳极相对阴极电位较高，将使电子加速。同时 A_1、A_2 组成电聚焦系统，调节 A_1、A_2 上的电位，可使从交叉点发出的电子束正好聚焦在荧光屏上，形成清晰的亮点。A_1、A_2 系统的这种聚焦作用和凸透镜对光的聚焦作用相似，所以通常称之为电透镜。

偏转系统由垂直偏转板 Y_1、Y_2 和水平偏转板 X_1、X_2 组成，且两对偏转板是相互垂直的平行板。电子束在 Y_1、Y_2 板间的垂直电场作用下，将沿垂直方向偏转，荧光屏上光点作上下移动。同理 X_1、X_2 板间的电场将使荧光屏上光点沿水平方向移动。

荧光屏上所涂荧光物质在电子射线轰击下发出荧光。荧光物质不同，则所发光的颜色不同，且其“余辉时间”也不同。所谓余辉时间是指电子停止轰击后，荧光物质继续发光的时间。通常的荧光物质可分为长余辉、中余辉、短余辉数种。本实验所用示波管荧光屏所涂荧光物质为中余辉。

(2)磁场

本实验采用两端加补偿线圈的双层密绕螺线管。若每层线圈的匝密度都是 n，通过的电流

为 I，按照设计，螺线管中将有 20cm 长柱状均匀磁场区。区内磁感应强度为：

$$B=1.966\times 4\pi\times 10^{-7}nI \qquad (12.7)$$

式中 n 的单位为"匝/米"；I 的单位为"安培"，则 B 的单位为"特斯拉"。

(3)测量方法

方法一(电散焦磁聚焦法)：将示波管放在螺线管内的均匀磁场区，并使二者轴线平行(即使示波管轴线和磁场 $\boldsymbol{B}$ 的方向平行)。

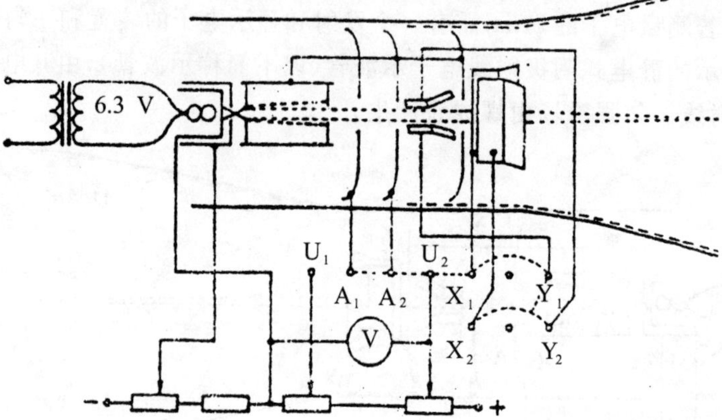

图 12.2

按图 12.2 虚线所示把 A_1、A_2、X_1、X_2、Y_1、Y_2 都联在一起，其相对于阴极 K 的电位为 U_2 (U_2 可由电压表读出)。电子通过 A_1 极后在等电位的空间运动，其平行于 $\boldsymbol{B}$ 方向的轴向速度 $v_{\parallel}$ 由下式确定：

$$\frac{1}{2}mv_{\parallel}^2=eU_2$$

即

$$v_{\parallel}=\sqrt{\frac{2eU_2}{m}} \qquad (12.8)$$

由于 v 与 B 之间的角度很小，故有 $v_{\parallel}\approx v$。当轴向直流磁场为零时，A_1、A_2 等电位，无聚焦作用，示波管中的电子束呈散焦状态，荧光屏上则呈现一弥散光斑，如图 12.3 所示。加上磁场后，不同速度 $v_{\perp}$ 的电子将以相同的角速度 ω 作旁切于中心轴线、且大小不同的螺旋线运动，如图 12.4为具有某一速度 $v_{\perp}$ 的电子的螺旋运动轨迹。由于 $v_{\parallel}\approx v$，则作螺旋运动的电子螺距 h 相同，所以从交叉点出发的电子束，经过 $1h$、$2h$、$3h$ 等后又重新会聚一起，这就是磁聚焦现象。

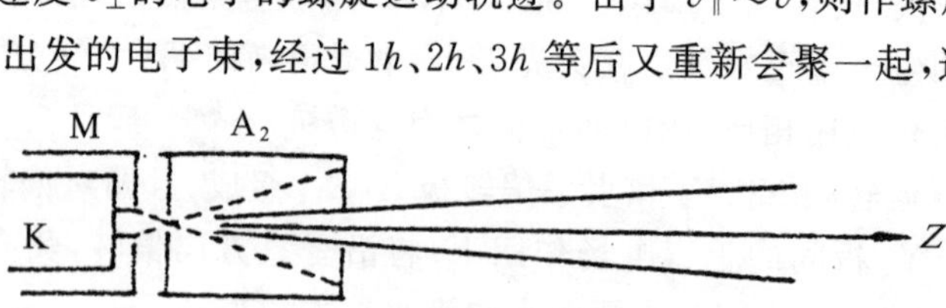

图 12.3

若自零逐渐增大磁场 B，屏上光斑逐渐缩小，当光斑缩成一点时(一次聚焦)，电子旋转恰好用了一个周期 T 的时间，故有：

$$v_{\parallel}T=h=L \qquad (12.9)$$

式中 L 为从电子束交叉点到荧光屏的距离(可从 M 极量起)，本实验用 L_m 表示。将(12.8)、(12.9)两式代入(12.5)式则有：

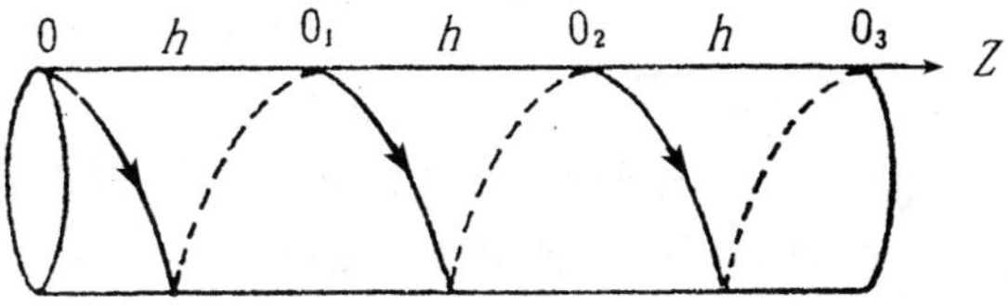

图 12.4

$$\frac{e}{m}=\frac{8\pi^2U_2}{L^2B^2} \tag{12.10}$$

至此 e/m 即可测出。考虑到电子间的斥力影响，应调节控制极电位，使光点尽量暗些，从而便于聚焦。

方法二（电偏转磁聚焦法）：将示波管阳极 A_1、A_2 分别加电压 U_1 和 U_2，同时调节 U_1 和 U_2 电位使电子束在荧光屏上聚成清晰的亮点，即实现了电聚焦。按图 12.5 联接线路，并给 Y 轴偏转板加上如图 12.5 所示的交流电压，此时荧光屏上便出现一条亮直线段（如为垂直方向）。Y 轴偏转板上的交流电压使得先后通过其板间的电子沿垂直方向获得不同的向上和向下的速度 $\boldsymbol{v}_{\perp}$。加上轴向直流磁场 $\boldsymbol{B}$ 后，电子将作左右旁切于示波管中心轴且大小不同的螺旋线运动。由荧光屏沿轴线看去其视图如图 12.6所示。在某一磁场 $\boldsymbol{B}$ 下，各 $\boldsymbol{v}_{\perp}$ 不同的电子角速度 ω 是相同的，在相同的时间内，扫过的角度是相同的，故落在荧光屏上我们看到的还是一条亮直线段。不过该直线段和 $B=0$ 时相比旋转了一个小的角度并略有缩短。这是因为磁场在增大到 B 的过程中，作螺旋运动电子的半径 R 和螺距同时缩小。R 变小，则亮线端缩短；螺距缩小，做螺旋运动的电子打在屏上的终端位置移动，从而导至亮线段发生旋转。于是随着磁场的增加，荧光屏上的亮直线段边旋转边缩短，最后聚焦为一点[①]，其过程如图 12.7 所示。这些电子也都同时绕过了一个螺距。

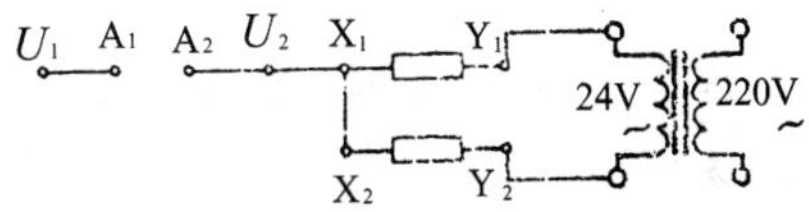

图 12.5

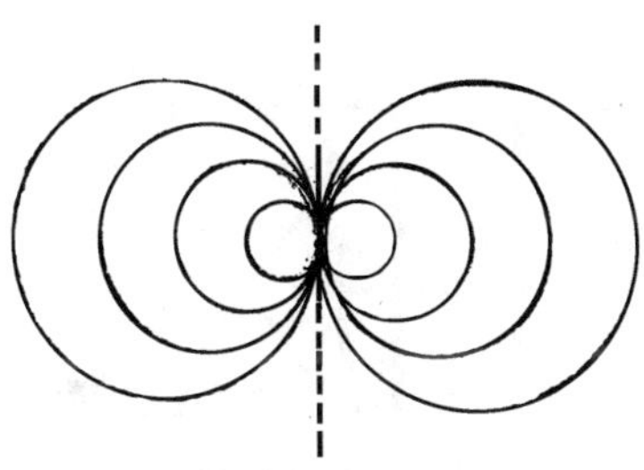

图 12.6

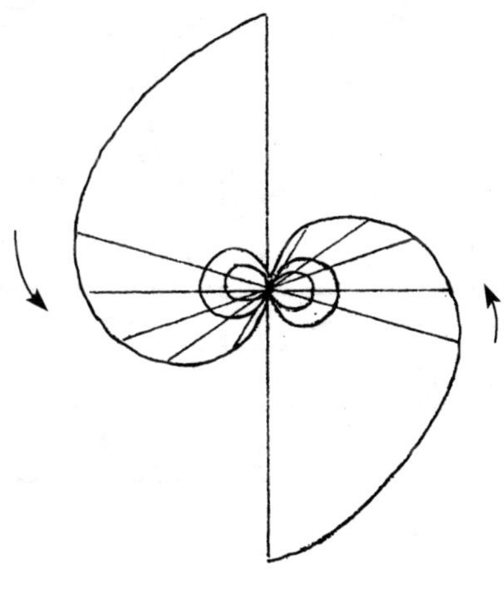

12.7

① 严格讲来不是一点而是一个短直线段。详见《大学物理》1987 年第 12 期“电偏转磁聚焦测电子 e/m 方法中有关问题的讨论”一文。

至此，可按(12.10)式求出电子的 e/m。较严格的推证指出，此 L 值应是自垂直偏转板前后边沿中间量至荧光屏的距离。本实验用 L_Y 表示。

方法三(电偏转磁旋转法)：联接线路同方法二。自零增大 B，屏上亮直线段边旋转边缩短，当亮直线段转至 90°时，将 B 反向(即将螺线管激磁电流反向)，若 B 反向前后出现的两条亮直线段重合或平行，说明电子束线只旋转了 1/2 周期($T/2$)的时间就走完 L_Y，于是据(12.6)式有：

$$L_Y = v_{\parallel} \times \frac{1}{2}T = \frac{\pi m}{eB}v_{\parallel}$$

将(12.8)式代入上式则有：

$$\frac{e}{m} = \frac{2\pi^2 U_2}{L_Y^2 B^2} \tag{12.11}$$

不难看出，此种调测方法不仅利于判断，还消除了地磁场及示波管内电极(镍材料)剩磁等固定磁场的影响。

四、仪器用具

螺线管，示波管，示波管电源，直流稳压电源，变压器，电流表，反向开关等。

五、实验内容

1. 电散焦磁聚焦法测电子的 e/m

参考图 12.8，按方法一联接线路。调 $U_2 = 1.00\text{kV}$，调节螺线管磁场的励磁电流正、反向各三次，使电子束在荧光屏上聚焦，记下每次聚焦时的电流，取其平均值，由(12.10)式算出电子的荷质比。式中 L 为 L_m，其值由实验室给出。

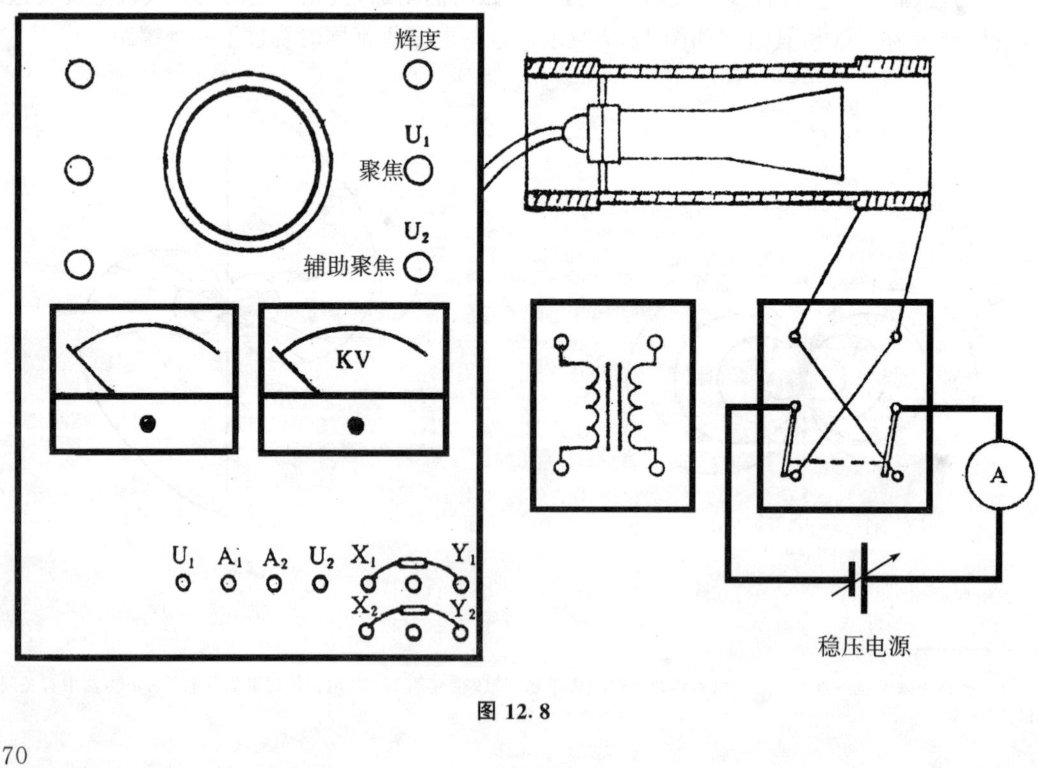

图 12.8

2. 电偏转磁聚焦法测电子的 e/m

参考图 12.8，按方法二联接线路，实验要求同上。式中 L 为 L_Y，其值由实验室给出。

3. 电偏转磁旋转法测电子的 e/m

参考图 12.8，联接线路同方法二。U_2 应为 1.00kV，按方法三的测量方法测量三次，取励磁电流的平均值，由(12.11)式算出电子的 e/m。

六、注意事项

1. 示波管须轻拿轻放。
2. 由于有高压，因此示波管电源及变压器的所有裸露部分均不得用手触及，以免触电。
3. 示波管电源电压不够稳定，调好测量状态必须立即读出 U_2 值。
4. 螺线管所用的电流较大，为避免发热应尽量快调快测，以缩短通电时间。
5. 为了消除地磁场等环境的影响，对于每种实验方法，都应将 $\boldsymbol{B}$ 倒换方向再测量一遍，将 $\boldsymbol{B}$ 换向前后的测量结果取平均作为最后测量结果。

七、考查题

1. (12.4)和(12.5)式中哪个物理量不易直接测量？实验中是将其转化成哪几个物理量进行测量的？
2. 在方法一中，当螺线管中电流 I 逐渐增加时，电子射线可以从一次聚焦到二次、三次聚焦。请想一想，荧光屏上的光斑将怎样变化，并解释之。
3. 在方法一和方法二测量电子荷质比实验中，对电子射线的聚焦判断正确与否，对实验结果会产生怎样影响？

八、思考题

1. 在我们的实验中如何判断螺线管的匀强磁场区长达 20cm 以上？
2. 若示波管的偏转板上只加直流电压，试说明如何测电子的 e/m(说明电路联接方法及简述操作过程，并说明观察到的现象及需记录的物理量和测量公式)。
3. 根据上述三种方法测量电子荷质比的实验，简单总结它们各自的特点。

实验13　示波器的使用

一、目的要求

1. 了解示波器的基本结构和工作原理。
2. 学会使用示波器观察电压信号波形。
3. 学会使用示波器测量电压信号的电压、频率及相位差。

二、引言

示波器是电子测量中一种最常用的仪器。它可以将人眼看不见的时变电信号以光的形式显示在示波管的荧光屏上，便于我们观察、分析和测量。示波器几乎可以测量表征电信号特征的所有参数，如电压、频率、相位、脉冲的幅值、宽度及上升时间等；对于能转换成电压信号的电学量（如电阻、电流等）、非电学量（如温度、压力、形变、光、声、磁场等）也能用示波器进行观察和测量；双踪示波器还可以同时观测两个电压信号波形，并能显示两个电信号之间的函数关系曲线等。示波器测量还具有频带宽、输入阻抗高、过载能力强、灵敏度高等特点。近些年来，随着科学技术的发展，数字测量技术和微计算机的融入，使示波器的性能不断提高，示波器的使用正朝着自动化和智能化方向发展。因此，示波器在科研、教学及应用技术等各领域有着十分广泛的应用。

本实验介绍通用的电子示波器（以下简称示波器），目的在于使同学们对这种示波器的基本结构和工作原理有一定的了解，并能正确使用它，为今后的应用打下基础。至于示波器的内部电路，则留待后面的电子线路课去学习。

三、示波器的基本结构和工作原理

1. 示波管及波形显示原理

（1）示波管（CRT）：示波管亦称阴极射线管，是示波器的核心部件。基本结构如图13.1所示，它由电子枪、偏转系统和荧光屏三部分组成。整个系统密封在被抽成真空的玻璃壳内，其作用是把被测电信号变成发光的图形。

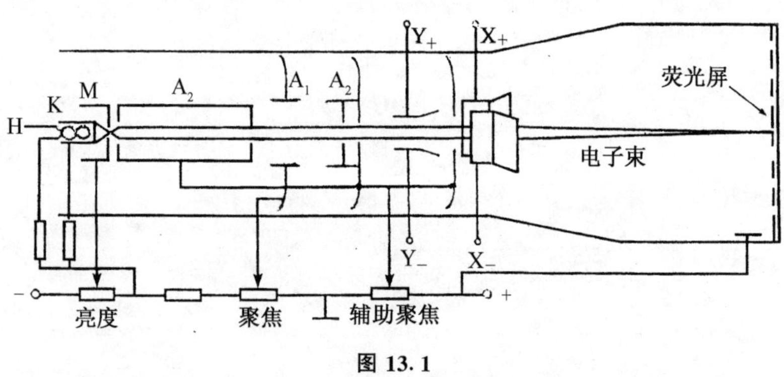

图13.1

①电子枪：电子枪的作用是发射电子，并形成很细的高速电子束，轰击荧光屏产生光点，故称电子枪。它由灯丝H、阴极K、控制栅极M及阳极A_1、A_2等构成。

灯丝通电后加热阴极，使阴极发射电子。由于阳极电位比阴极高得多，因此这些电子在阳极高电位的作用下，高速通过各极共轴孔形成一束电子射线射向荧光屏，并使屏上产生一个光点。光点的亮度取决于电子束强度。电子束的强度是由控制栅极来控制的。控制栅极相对于阴极为负电位，两者相距很近，其间形成的电场对电子有排斥作用。因此调节栅极电位的高低，就可以控制射向荧光屏的电子数量，从而改变屏上光点亮度。示波器面板上的"INTEN"(亮度)旋钮就是调节栅极电位的。如果用外来信号控制栅极的电压，亦可使屏上光点亮度随信号强弱而变化，这种工作方式称为"辉度调制"。一般示波器均有此项功能。在实验26中我们正是利用示波器的这项功能来观察铁磁物质的磁滞现象。当控制栅极及阳极的电位调节合适时，电子枪内电场对电子束有聚焦作用。因此调节阳极的电位，可使电子束正好聚焦在荧光屏上，形成清晰的小亮点。示波器面板上的"FOCUS"(聚焦)旋钮就是调节阳极A_1电位的。有的示波器还有"辅助聚焦"旋钮，实际是调节阳极A_2的电位。

②偏转系统：偏转系统由两对互相垂直的偏转板组成。其作用是用偏转板所加电压控制电子束在垂直和水平方向的偏转。靠近电子枪的一对为垂直(或Y)偏转板，可控制电子束沿垂直方向上、下运动；另一对为水平(或X)偏转板，用来控制电子束沿水平方向运动。示波管在设计时已做到：荧光屏上光点沿Y、X方向移动的距离，与Y、X偏转板所加电压成正比，这就是示波器可以通过光点偏转距离的测量来测知加在偏转板上电压大小的道理。

③荧光屏：荧光屏是示波器的显示部分。在示波管屏幕玻璃内侧涂有一层发光物质。当它受到高速电子束轰击时，可发出可见光，这样就可把人眼看不见的电子束的运动变成光点的运动，显示出被测电信号的信息。依发光物质的不同，发出的荧光要经过一定时间才熄灭，这个时间称为余辉时间。根据余辉时间的长短，示波管可分为短余辉、中余辉和长余辉，通用示波器一般采用中余辉示波管。正是由于荧光的余辉时间，加之电压频率足够高时，我们在荧光屏上才可以观察到光点的连续变化轨迹，而不是看到一个光点的运动。

(2)波形显示的基本原理

①电压信号波形的显示

在示波管中，经聚焦形成的电子束打在荧光屏上的光点位置取决于同时加在X、Y偏转板上的电压值。若X、Y偏转板上不加时变电压信号，荧光屏上显示的是一个静止的亮点；若只在Y偏转板上加一时变电压信号，如$u_y=U\sin\omega t$时，则屏上光点在垂直方向随时间作简谐振荡。当频率较低时，我们可以看到屏上光点上下移动。而当频率在几十赫兹以上时，屏上光点上下移动很快，由于余辉和视觉的滞留效应，眼睛看上去是一条竖直的亮线。亮线的长度正比于u_y的峰－峰值电压。

由上所述，要想在荧光屏上观察到正弦信号u_y，仅在Y偏转板上加u_y不行，必须在X偏转板上也加上信号，使电子束的光点在Y方向运动的同时，也能沿X方向运动，这样可以把垂直亮线沿X方向展开。由于u_y是随时间t变化的，因此使光点在X方向移动的电压u_x应该是随时间t线性变化的，满足这种要求的电压即是锯齿波电压。理想的锯齿波电压波形如图13.2所示。当仅把锯

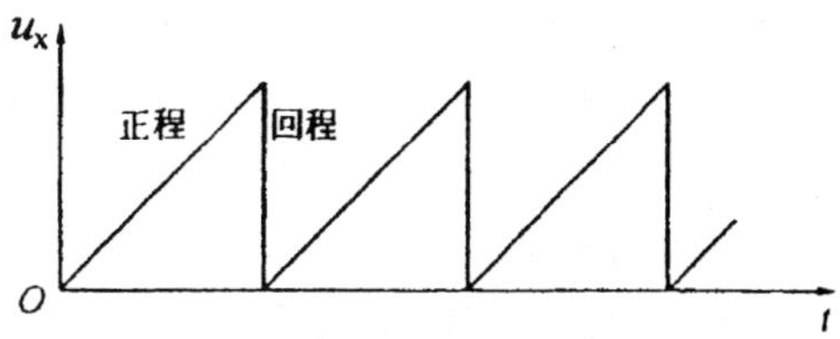

图13.2

齿波电压 u_x 加在 X 偏转板上时，屏上显示的是一条水平亮线。这样水平亮线就代表了时间轴，故称此亮线为“时间基线”。

当 Y 偏转板加上待观察的正弦信号 u_y，X 偏转板加上锯齿波电压 u_x 时，示波管内的电子束同时受到 Y、X 两方向电场的作用，屏上光点的瞬间位置就是 u_y、u_x 在该时刻的瞬时值所确定的位移的合成结果。若此时 u_y 和 u_x 的周期相同，即 $T_y=T_x$，于是荧光屏上显示的是 u_y 的一个周期的正弦波形。其合成过程可参考图 13.3。这种把屏上光点在垂直方向的振动沿水平方向展开的过程称为“扫描”。完成此过程的锯齿波电压叫做“扫描电压”。“时间基线”也称为“扫描线”。

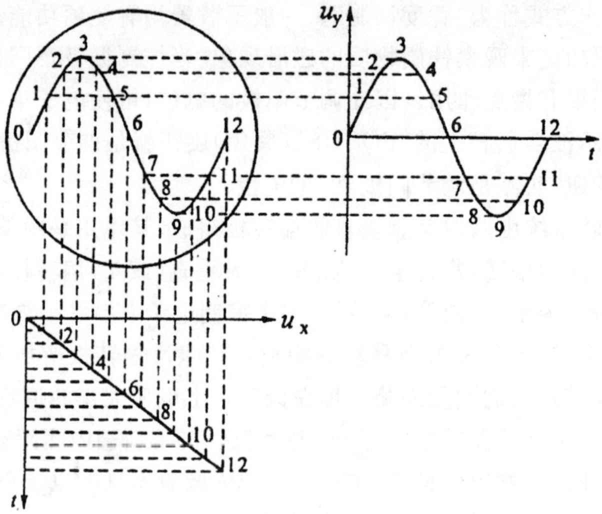

图 13.3

如果上述仅为单次扫描，屏上波形一闪即逝，无法观察。实际上在第一次扫描结束后，扫描电压迅速回到零点，接着开始第二个周期的扫描。由于 $T_y=T_x$，且第二周期的扫描同第一周期一样，都从 u_y 的同一相位点开始，因此第二次扫描周期中，光点移动的轨迹与前一周期重合。如此重复下去便可在荧光屏上看到 u_y 一个周期的稳定波形。

若 $T_x=2T_y$，类似上述讨论，每次扫描在荧光屏上都能显示出完全重合的两个周期的 u_y 波形，屏上则看到的是 u_y 两个周期的稳定波形。同理当 $T_x=3T_y$ 时，屏上会显示出 u_y 的三个周期的稳定波形。依此类推，欲显示 u_y 的 n 个周期的稳定波形应有：

$$T_x=nT_y \quad (n\in N) \tag{13.1}$$

可见，$T_x=nT_y$ 是荧光屏上稳定显示波形的条件。此条件实质上是保证每次扫描的起始点都对应待测信号电压 u_y 的同一相位点上。一般称扫描电压 u_x 和所观察的信号电压 u_y 保持 $T_x=nT_y$ 这种关系为“同步”。若用 f_x、f_y 分别表示 u_x 和 u_y 的频率，则由(13.1)式有：

$$f_y=nf_x \tag{13.2}$$

不难理解，若 $T_x\neq nT_y$，即不满足同步关系，每次扫描的起始点不在 u_y 的同一相位点上，因此每次扫描所得的波形是不重合的，屏上显示的波形是不稳定的。

综上讨论可知，扫描能使我们在荧光屏上观察到时变电压信号的波形，而同步使我们看到的时变电压信号波形是稳定的。

扫描电压产生于示波器内的扫描发生器。示波器面板上的“TIME/DIV”(时间/分度)旋钮就是调节扫描电压的周期 T_x(或频率 f_x)。可见调节旋钮“TIME/DIV”，使 $T_x=nT_y$，荧光屏上可以显示出我们所需数目的完整周期的 u_y 波形。但是待测信号 u_y 和扫描电压 u_x 是彼此独立的，环境及其他某些因素的影响，很难做到长时间保持 $T_x = nT_y$，即波形无法长时间稳定。为此，示波器内设置了触发同步电路部分。该电路的信号取自待测信号(或与待测信号有同步关系的信号)，并利用待测信号产生一个同步触发信号去控制扫描发生器，迫使 $T_x = nT_y$，以保证两者的同步关系。示波器面板上的“SOURCE”(触发源选择)按钮，就是用来选取与待测信号有同步关系的信号作为触发源去控制扫描发生器。调节旋钮“TRIG LEVEL”(触发电平)，选取合适的触发电平值，荧光屏上即可看到稳定的 u_y 波形。

前述为观察周期性连续信号的情形，扫描电压也是连续的，这种扫描方式称为连续扫描。在这种情况下，如果没有外加信号，荧光屏上显示出一条时间基线。连续扫描方式适用于观察正弦波、三角波、方波等周期性连续信号，但不适宜观测窄脉冲信号。利用触发扫描方式可以解决此问题。触发扫描的特点是没有被测信号时，扫描发生器处于等待工作状态，屏上无扫描线；当有被测信号时，扫描发生器才工作，屏上出现扫描线。触发扫描不仅可以观测脉冲信号波形，也可以观测连续信号波形。但由于无信号输入时，屏上没有扫描线，会给观测带来不便。

②李萨如图形的显示

在普通物理的振动和波一章中，我们知道，在同一平面上两个互相垂直的简谐振动，当它们的频率成简单整数比时，其合成运动的轨迹为李萨如图形。同样，当示波管的 X、Y 两对偏转板分别加上正弦信号且当两者的频率成简单整数比时，荧光屏上会显示出一系列不同的李萨如图形。设加在 X、Y 偏转板上的正弦信号的频率分别为 f_x 和 f_y，合成的几种不同的频率比的李萨如图形如图 13.4 所示。

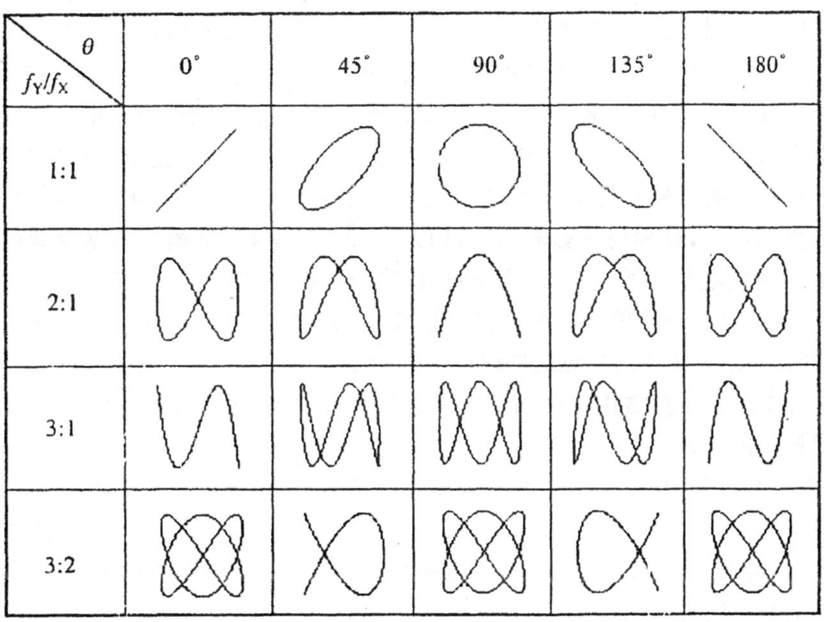

图 13.4

2. 单踪示波器的基本结构及工作原理

单踪示波器的基本结构框图如图 13.5 所示。它由示波管、Y 通道、X 通道、Z 通道、直流电源和标准信号等部分组成。Y 通道包括输入电路与前置放大、延迟线及末级放大器等；X 通道包括触发电路、扫描发生器及 X 放大器等。

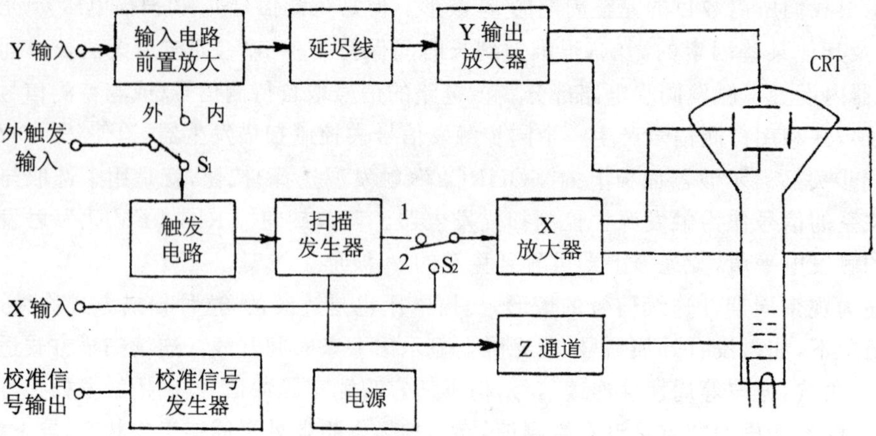

图 13.5

示波器的正常工作，需要机内各部分电路协调配合才行。下面根据上述示波器组成框图，简述其波形显示的工作原理如下：

待测信号由 Y 通道输入，输入电路对其进行阻抗和电压变换。前置放大器在输入电路提供的合适条件下，对信号进行适当放大，然后经延迟线、末级放大后，输出足够大的信号加在示波管的 Y 偏转板上，使电子枪发射的电子束按被测信号的变化规律在垂直方向产生偏转。X 通道中的扫描发生器产生锯齿波电压，经 X 放大器放大后（图 13.5 中开关 S_2 合 1）加至示波管的 X 偏转板上，使电子束在水平方向等速偏移。为了使屏上波形稳定，将被测信号的一部分（内触发方式）或外触发信号（外触发方式）送至触发电路，触发电路输出一个触发信号去启动扫描发生器，产生一个由触发信号控制其起点的扫描电压，以迫使待测信号与扫描电压同步。

当采用内触发方式时，扫描电压的产生受控于 Y 通道的待测信号。由于扫描电路须有一定的触发电平值才能启动，所以从接收触发信号到开始扫描有一段延迟时间，也就是说开始扫描的时间滞后于被测信号的起始时间，结果是屏上不能显示被测信号的起始部分。如果被测信号是连续的周期信号，这种现象影响不大；如果是脉冲信号，就可能看不见脉冲信号的前沿部分。延迟线的设置就是将通过 Y 通道的被测信号在屏上出现的时刻延迟在扫描开始时刻之后，从而保证屏上显示被测信号的全过程。如图 13.6 所示。图中 t_T 为扫描开始滞后于被观测脉冲的一段时间；t_d 为脉冲信号延迟的时间。

Z 通道的作用是在扫描正程时间产生增辉信号，使屏上光迹加亮，在扫描回程消隐光迹，以免出现回扫尾迹。

由此，电子束在 Y、X 两对偏转板间电场的作用下，打在荧光屏上即可描绘出一条被测信号真实而稳定的波形。

如图 13.5，当 S_2 合 2，Y、X 两通道分别输入正弦信号且两信号的频率成简单整数比时，屏上则可显示出李萨如图形。

3. 双踪示波器波形的显示

双踪示波器可以同时观测两个时变电压信号波形。其工作原理和单踪示波器相同。所不同的是，双踪示波器有两个信号输入通道，并由电子开关控制交替地接通两通道，按一定的时间分割，轮流将两通道的电压信号送到 Y 偏转板上。这部分的结构框图如图 13.7 所示。可以看出，当电子开关接通 Y_1 通道时，屏上显示的是 u_1 波形；当接通 Y_2 通道时，屏上显示的是 u_2 波形。这样屏上可轮流显示两通道的波形。而当频率较高时，由于荧光屏的余辉和人眼的滞留效应，我们看到的是同时显示的 u_1 和 u_2 波形。

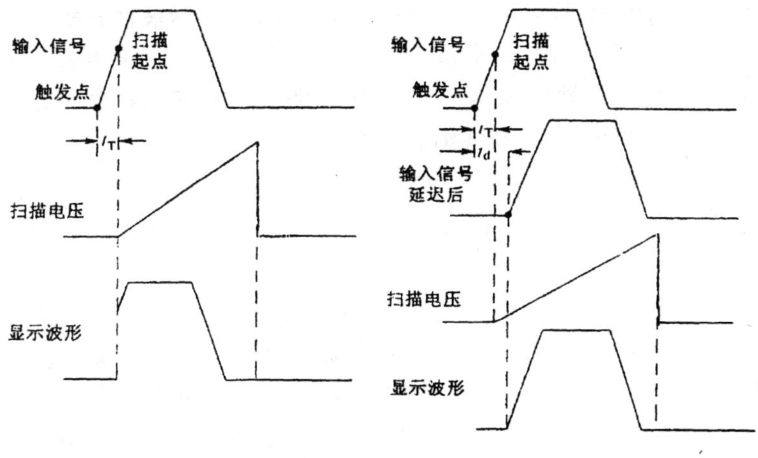

(a)没有延迟线时的情况　　(b)加入延迟线后的情况

图 13.6

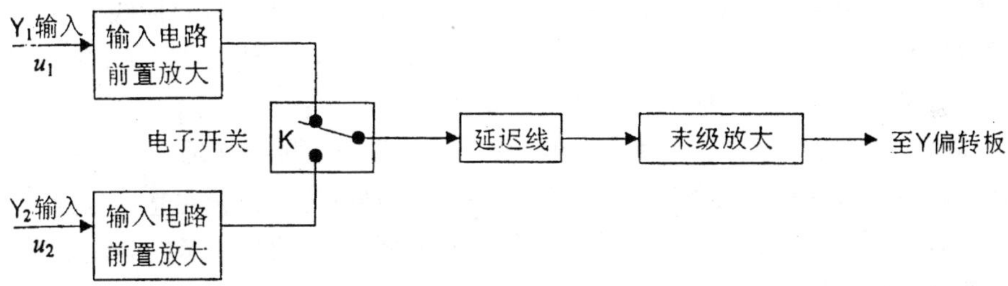

图 13.7

电子开关的工作方式有“交替”和“断续”两种。在交替工作时，若扫描电路第一次扫描时，屏上显示 Y_1 通道的波形 u_1，第二次扫描时，屏上显示 Y_2 通道的波形 u_2。如此不断地交替显示，于是屏上可同时看到 u_1 和 u_2 的波形；当电子开关工作在断续扫描时，假定扫描电路第一次扫描时，屏上显示 u_1 信号波形的一段，第二次扫描时，屏上显示 u_2 波形的一段，如此不断地交替显示，经过若干次扫描后，屏上即可显示出由若干段组成的连续的 u_1 和 u_2 的信号波形。电子开关的交替工作方式适合于显示频率较高的信号波形，而断续工作方式适合显示频率较低的信号波形。示波器面板上的“ALT CHOP”按钮即分别为电子开关交替和断续工作方式。

本实验使用的 SS－7802A 型双踪示波器除具有上述通用示波器的基本结构和各种示波测量功能外，还增加了数字测量与显示等功能，即把示波器测量时的工作状态、工作参数及被测量的读出值，用各种字符和数字显示在屏幕上，便于操作者随时了解其工作状态和测量结果。

四、仪器用具

SS－7802A 型双踪示波器，EE1641B 型信号发生器，电阻箱(0.1 级)，电容(0.1μF，0.2 级)，降压变压器及导线若干。

五、实验内容

1. 观测正弦电压信号波形

下面以本实验使用的 SS－7802A 型示波器为例说明具体操作步骤。

(1)不接入正弦信号，屏上调出扫描线

按下电源开关接通电源，选自动扫描模式(SS－7802A 型示波器开机后一般默认自动扫描方式)，片刻后屏上会出现扫描线。若屏上无扫描线，可按下 Y 通道中的"GND"按钮(接地，排除外界干扰)，仔细调节 Y 轴位移、X 轴位移及亮度等旋钮，找出扫描线并调至屏上适中位置，然后再调节聚焦及亮度钮，使扫描线细而清晰。

(2)接入正弦信号，调出 2～3 个周期的稳定波形

将信号发生器输出的正弦信号(调为 1KHz，$V_{P-P}=10.0V$)接到示波器的 CH1(或 CH2)接口。注意连接时示波器的"地"和信号发生器的"地"(均为黑色鱼夹)相连，它们的非地端(红色鱼夹)彼此相连。操作步骤如下：按下"GND"，取消接地；输入耦合方式选"AC"；调节该通道的电压分度或信号源的输出电压使屏上波形幅度适中；调节扫描时间旋钮使屏上出现正弦波形；按下触发源按钮，选取触发源为 CH1(或 CH2)，并调节触发电平旋钮使屏上波形稳定。最后再配合调节一下扫描时间旋钮，屏上即可出现 2～3 个周期的稳定波形。

(3)利用光标测量屏上正弦波形的峰－峰值电压(ΔV_{P-P})及周期 Δt(或频率 $1/\Delta t$)

①ΔV_{P-P}测量：按下"$\Delta V-\Delta t-$OFF"钮，选择 ΔV 测量，同时屏上出现上下两条水平的光标虚线；按下"TCK/C2"钮，设置待移动的光标线的光标(被设置的光标线左端有一短亮线"－"，同时屏右上方显示有 f:V－C1 或 f:V－C2)；旋转或按动 FUNCTION 旋钮可移动光标线至两待测点处，屏幕左下方即可显示出待测的 ΔV_{P-P}值。

②Δt 测量：测量过程和 ΔV_{P-P}测量类似。将正弦波调至与屏上横轴上下对称的位置上。进行 Δt 测量时，屏上出现左右两条竖直的光标虚线。可移动的光标设置在光标线的上端，同时屏右上方显示有 f:H－C1 或 f:H－C2。Δt 测量值及频率 $1/\Delta t$ 值均显示在屏左下方。

2. 观察市电小电压信号波形

市电即指 50Hz、220$\tilde{\mathrm{v}}$ 的日常用电，通过变压器降压后仅有几伏。将此电压信号接入示波器的 CH1 或 CH2 接口，观察其波形。重点观察触发源的选择及稳定波形的情况。

3. 用李萨如图形测频率

将频率为 f_x 和 f_y 的正弦信号分别接入示波器的 CH1 和 CH2 接口，在扫描状态下，屏上可同时显示两个正弦信号波形。按下水平显示部分的"X－Y"钮，当 f_y 和 f_x 成简单的整数比时，屏上则显示出李萨如图形。值得注意的是，若两个正弦信号是彼此独立的，由于两者频率上可能的微小变化及两者相位差的无法稳定使得合成的李萨如图形不是稳定不变的，而是在缓慢变化；只有当两者频率及相位差恒定不变时，屏上的图形才是稳定的。

利用李萨如图形可以测量某一信号的频率。设 f_x 待测，f_y 已知且可调。调节 f_y 使屏上波形相对稳定。可以证明，在某一瞬间若李萨如图和其相交的水平线及竖直线的最多交点数分别为 n_x 和 n_y，则有

$$\frac{f_x}{f_y}=\frac{n_y}{n_x} \tag{13.3}$$

由此式可求出待测信号频率 f_x。本实验 f_x 为市电频率，f_y 为信号源频率。

4. 测量相位差

①李萨如图法(椭圆法)

用李萨如图可以测量两信号间的相位差。将两频率相同、相位关系不变的正弦信号分别输至示波器的 CH1 和 CH2 接口，在"X－Y"工作状态下，屏幕上将显示一个稳定的椭圆，如图 13.8所示。调节 X 和 Y 通道的位移钮使椭圆的中心与荧光屏坐标原点重合。设加在 X、Y

偏转板的信号分别为 $u_1=\sin(\omega t+\theta)$ 和 $u_2=\sin\omega t$，不难证明，u_1 和 u_2 之间的相位差为：

$$|\theta|=\sin^{-1}\frac{2x_0}{2x_m}$$

或
$$|\theta|=\sin^{-1}\frac{2y_0}{2y_m} \tag{13.4}$$

式中 $2x_0$ 和 $2x_m$ 分别为椭圆与横轴交点间的距离及椭圆在横轴上的投影；$2y_0$ 和 $2y_m$ 分别为椭圆与纵轴交点间的距离及在纵轴上的投影，如图 13.8 所示。

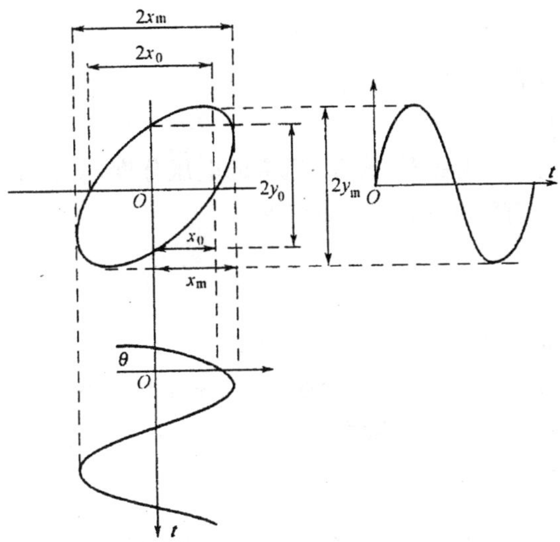

图 13.8

本实验要求测量图 13.9 所示 RC 电路的输入正弦信号 u_1 和输出信号 u_2 之间的相位差。其中所用频率 $f=1.59$KHz，电容 $C=0.1\mu$F，电阻 $R=1$KΩ。

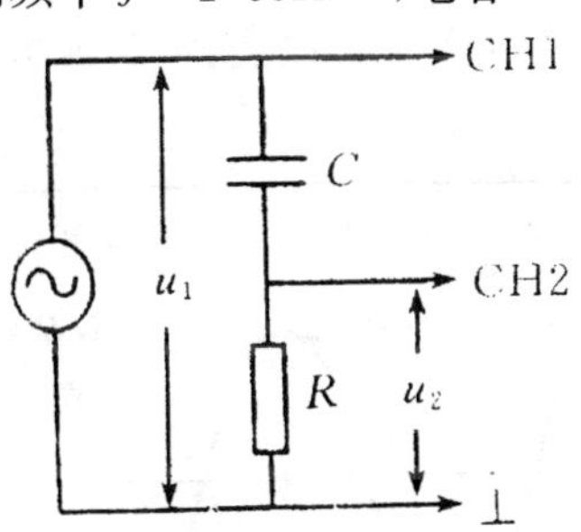

图 13.9

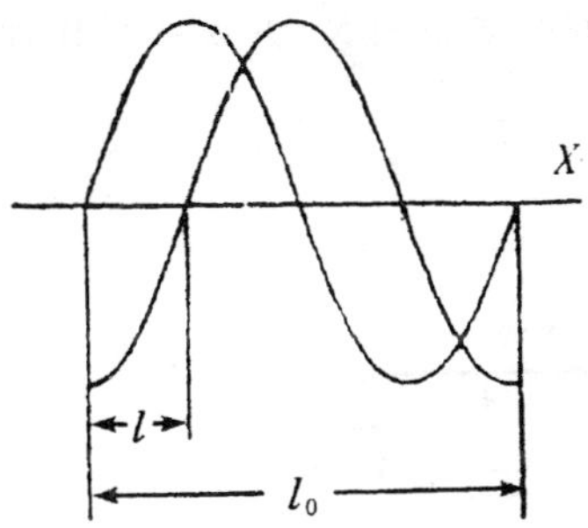

图 13.10

②双踪显示法

我们仍测量图 13.9 电路中 u_1 和 u_2 之间的相位差。将 u_1 和 u_2 分别输至示波器的 CH1 和 CH2 接口，在扫描状态下，屏上调出位置均关于横轴对称的两电压波形，如图 13.10 所示。不难求出两电压信号波形之间的相位差为：

$$\theta=\frac{l}{l_0}\times 2\pi \quad 或 \quad \theta^0=\frac{l}{l_0}\times 360° \tag{13.5}$$

式中 l_0 为波形一个周期的长度，l 为两波形的位移。

六、注意事项

1. 示波器及信号发生器各按钮、旋钮要轻按、轻旋，电缆输入线轻弯勿折。

2. 荧光屏上的光点或波形不可过亮，光点不可长久停留一处，以免烧损荧光屏。波形也不得长久超出屏外。

3. 示波器输入电压不许超过额定值。

七、考查题

1. 简述时变电压信号波形的测量步骤。

2. 简述李萨如图形的测量步骤。

3. 用椭圆法测相位差时，改变 Y_1 或 Y_2 通道的电压分度，从而改变屏上椭圆的形状，这对应用(13.4)式测量相位差有没有影响？为什么？

八、思考题

1. 推导或解释测量频率的公式(13.3)的来历。

2. 在示波管外，X 偏转板附近套有一段螺线管，试定性简述，为什么调螺线管的直流电流可以使屏上的扫描线顺时针或逆时针微微旋转，从而使其与屏上水平线平行(这就是示波器面板上扫描线调节钮的作用原理)？

3. 衰减器原理如图 13.11 所示，试证明当 $R_1C_1=R_2C_2$ 时，分压系数为：$\frac{u_2}{u_1}=\frac{R_2}{R_1+R_2}$，与 u_1 的频率 f 无关。由此可知对非正弦波电压衰减时也不产生波形畸变。此电路称为"脉冲分压电路"。

4. 图 13.12 是本实验所用的 SS－7802A 型示波器屏幕上显示的数字及符号。试说明屏幕上各字符代表的意义，并说明操作什么按钮或旋钮时会使屏上字符改变、消失或数值发生变化？

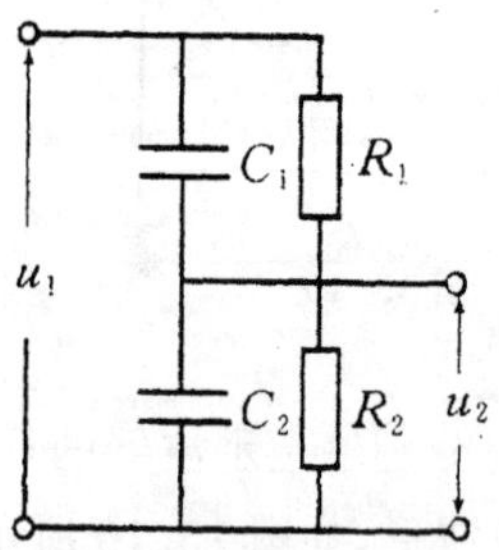

图 13.11

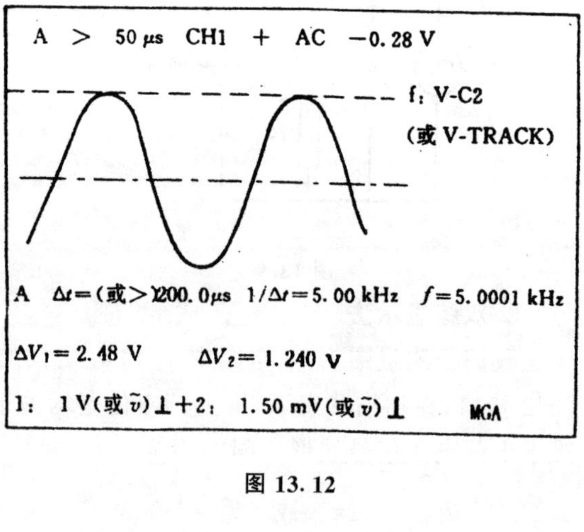

图 13.12

附1：SS—7802A型示波器面板各旋钮或按钮的名称及使用说明

SS—7802A 型示波器的面板图如图 13.13 所示。下面根据面板图内各部分序号说明各区域内旋钮或按钮的名称及使用方法。

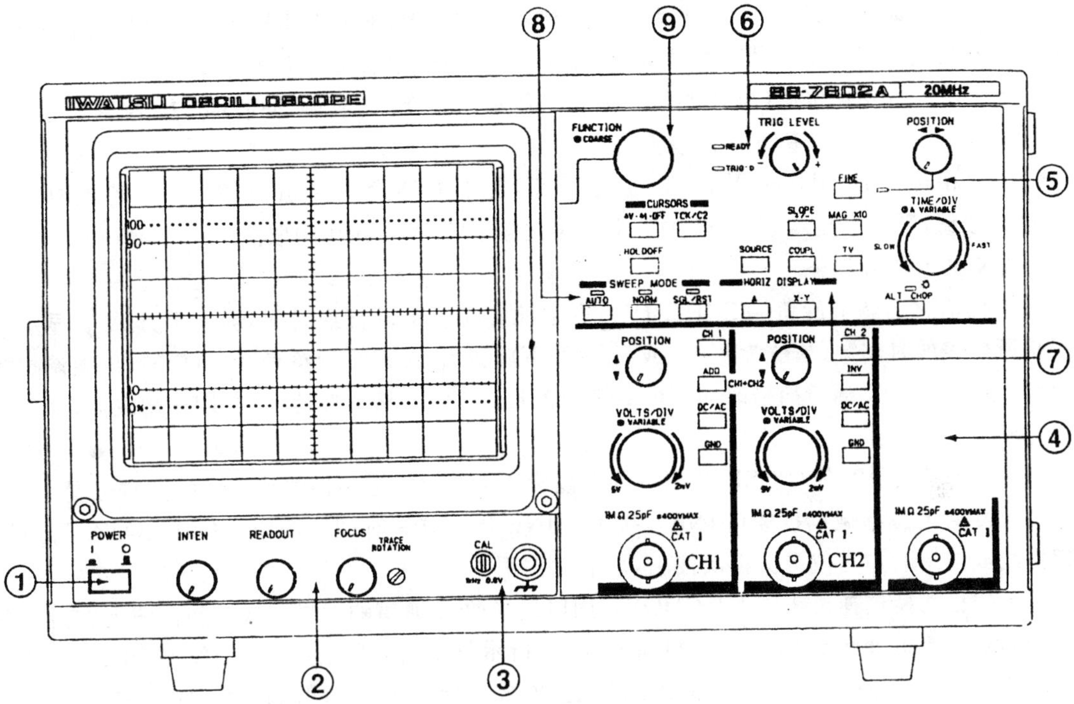

图 13.13

①电源开关(POWER)：按下，仪器接通 220Ṽ 交流电源，再次按下关闭电源。

②屏幕调整部分

· 亮度旋钮(INTEN)：用于调节屏上光迹亮度。

· 文字显示旋钮(READOUT)：用于调节屏上显示的文字亮度。

· 聚焦旋钮(FOCUS)：用于调节屏上光迹的清晰程度。

· 扫描线旋转调节(TRACE ROTATION)：调节扫描线的水平程度。

③电压校准信号及接地端

· 校准信号接口(CAL)：输出 1KHz、0.6V 方波校准信号。

· 接地端(⊥)：信号接地端。

④Y 通道调节部分

· 信号输入接口(CH1 和 CH2)：被测信号由此接口输入。

· 通道选择按钮(CH1 和 CH2)：长方形按钮，按下相应通道工作，被选中的通道在屏幕左下方显示“1：”或“2：”。

· 电压分度调节旋钮(VOLTS/DIV VARIABLE)：调节 Y 通道的电压分度，其值显示在屏幕左下方相应通道序号右面，随调节发生变化。按下旋钮再调节，屏幕左下方相应通道右侧显示为“1：>”或“2：>”，用于电压分度微调，注意此时不能对该通道信号电压进行定量测量。再次按下该旋钮取消电压分度微调，符号“>”消失。

·Y 通道位移旋钮(POSITION):调节屏上扫描线或波形在垂直方向的位置。

·输入耦合选择按钮(DC/AC):用于选择直流耦合或交流耦合。当选择交流耦合“AC”时,输入信号经隔直电容进入输入电路,可以隔除输入信号中的直流成分,屏上仅显示交流成分,在屏幕左下方相应通道电压分度值右侧显示 $\tilde{V}$;若选择直流耦合“DC”,输入信号直接进入输入电路,屏上显示输入信号的交直流成分,相应通道电压分度值右侧显示 V。

·通道接地按钮(GND):按下后相应通道输入端接地,屏上不能显示输入信号波形。此时屏幕下方相应通道电压符号右侧显示⊥,再次按下取消此作用接地符号消失。

·显示信号相加按钮(ADD):按下后屏上显示 Y_1+Y_2 的波形,同时屏下方通道 2 显示为“+2:”。再次按下此按钮此作用取消。

·倒相按钮(INV):按下后,Y_2 波形反相,屏下方通道 2 显示为“2:↓”。若此时按下“ADD”按钮,则屏上显示 Y_1-Y_2 的波形。再次按下“INV”,此作用取消。

⑤X 通道调节部分

·扫描时间调节旋钮(TIME/DIV):调节此旋钮可粗调扫描时间,屏左上方 A 后显示出每格所代表的时间数(单位为 s、ms 或 μs)。按下旋钮后(A 后显示符号>)再旋转,可微调扫描速度。注意此时 X 通道扫描时间不能做定量测量。若再次按下此旋钮,微调作用取消,屏上符号“>”消失。

·X 通道位移旋钮(POSITION):调节该旋钮可改变屏上扫描线或波形的左右位置。

·X 通道位移微调按钮(FINE):按下,FINE 指示灯亮时调节旋钮“POSITION”,可微调扫描线或波形的左右位置。再次按下,取消此作用。

·扫描切换选择按钮(ALT CHOP):用以选择两 Y 通道的扫描方式。当按钮上方指示灯灭时,两 Y 通道处于交替(ALT)扫描方式;当指示灯亮时,两通道处于断续(CHOP)扫描方式。一般被测信号频率高时,选择“ALT”扫描方式,频率低时选择“CHOP”扫描方式。

·扫描扩展按钮(MAG×10):按下按钮,扫描速度扩大 10 倍,屏幕中心波形向左右展开,屏右下方显示 MAG。再次按下按钮此作用取消,符号 MAG 消失。

⑥触发部分

·触发源选择按钮(SOURCE):选择触发信号来源。视所观察信号的情况可分别选择 CH1、CH2、LINE、VERT 及 EXT。LINE 是以电源频率作触发源,VERT 是交替取自 CH1、CH2 信号作触发源,EXT 为外触发。每按一下,改变一次,选中的触发源符号显示在屏幕左上方。

·触发沿选择按钮(SLOPE):选择触发沿为“+”(上升沿)或“—”(下降沿)。选中的触发沿符号显示在屏幕的上方。

·触发信号耦合方式选择按钮(COUPL):触发信号与触发电路之间的耦合方式共有四种,即交流耦合(AC)、直流耦合(DC)、低频抑制(LF-R)和高频抑制(HF-R)。选择时视待测信号情况而定。

·触发电平调节旋钮(TRIG LEVEL):用来调节屏上波形稳定。当 READY 灯由亮变暗,TRIG′D灯亮时,屏上波形稳定。TRIG′D 灯灭时,屏上波形无法稳定。

·视频触发模式(TV):视频触发模式有 BOTH、ODD、EVEN 及 TV-H。(略)

⑦水平显示(HORIZ DISPLAY):

·扫描显示按钮(A):按后显示 Y_1 或 Y_2 或 Y_1、Y_2 的波形。

·X—Y 显示按钮(X—Y):按下后,CH1 通道的信号加到 X 轴,CH2 通道信号等加到 Y

轴。用于观测李萨如图形或磁滞回线。

⑧扫描模式按钮(SWEEP MODE):

· 自动扫描按钮(AUTO):按下按钮,进入自动扫描方式,即不管有无触发信号,屏上均显示出扫描线。这种扫描方式适合观测频率在 50Hz 以上的信号。

· 常态扫描按钮(NORM):按下按钮,进入常态扫描方式。这种扫描方式没有触发信号时,屏上无扫描线,适宜观测频率低于 50Hz 的信号。

· 单次扫描按钮(SGL/RST):按下选择单次扫描状态,且处于等待状态,READY 灯亮,单扫后灯灭。

⑨功能选择

· 光标切换按钮(ΔV－Δt－OFF):按下按钮,可依次选择 ΔV(电压差测量)、Δt(时间间隔测量)或 OFF(关闭)。当选择 ΔV 测量时,屏幕上显示上下两条水平的光标虚线;当选择 Δt 测量时,屏幕上显示两条竖直的光标虚线。

· 光标线选择按钮(TCK/C2):按下按钮可选择两条光标线中的一条或两条。当 ΔV 测量时,可依次选择 V－C1,V－C2,V－TRACK;当 Δt 测量时,可依次选择 H－C1,H－C2,H－TRACK。这里"C1"、"C2"分别表示第一条和第二条光标线,"TRACK"表示同时选择两条光标线。被选中的光标线在其端部有一小段亮线,作指示用。同时在屏右下方也有显示,如 ΔV 测量时,选中第一条光标线,则显示 f:V－C1。

· 光标线移动旋钮(FUNCTION COARSE):旋转此旋钮,可精细调节被选中的光标线的位置。反复按动旋钮可快速移动光标线的位置。两条光标线调整的最后位置即是屏上波形待测点之间的电压差 ΔV 或时间间隔 Δt(同时也给出 1/Δt 数据)。待测量数据均显示在屏左下方。

· 释抑调节按钮(HOLDOFF):按下此按钮,调节光标线移动旋钮可调节释抑时间。

实验 14　数字存储示波器的使用

一、目的要求

1. 掌握数字存储示波器(Digital Storage Oscilloscope,缩写为 DSO)的基本原理和使用方法。
2. 学会用 DSO 观察稳压二极管的伏安特性曲线,并测其动态电阻。
3. 学会用 DSO 测量电解电容器的电容。

二、引言

在示波器的使用实验中,我们对通用的电子示波器的原理及使用方法有了一定的理性认识和感性认识。本实验的目的是在此基础上,更深一步地掌握 DSO 的基本原理和使用方法。

DSO 是将示波器、微机及数字测量技术融为一体的反映现代科学技术发展的仪器,已广泛用于科研、教学等电测量工作中。本实验所用美国 Agilent 公司的 54622A 型 DSO 除具有通用电子示波器的功能之外,还具有延迟扫描、多种触发、多种采集及显示等功能,是一种深存储器示波器,这对各种信号的存储、显示及分析带来很大的方便;该示波器可以对两通道采集的信号进行相加、相减或相乘,也可以对任一通道采集的信号或数学函数(如 1 * 2、1－2、1＋2)进行积分、微分或傅立叶变换(FFT),并显示测量结果;此外,该示波器还可以利用其 I/O、GPIB 接口与其他控制器或 PC 机相连,组成自动测量系统等等。总之,DSO 是一种功能齐全、测量精度高的电测仪器,掌握并能熟练使用它对电测量工作会带来很大的益处。

三、原理

1. DSO 的工作原理

DSO 的基本原理示意框图如图14.1所示。它由控制部分、取样存储及读出显示三部分组

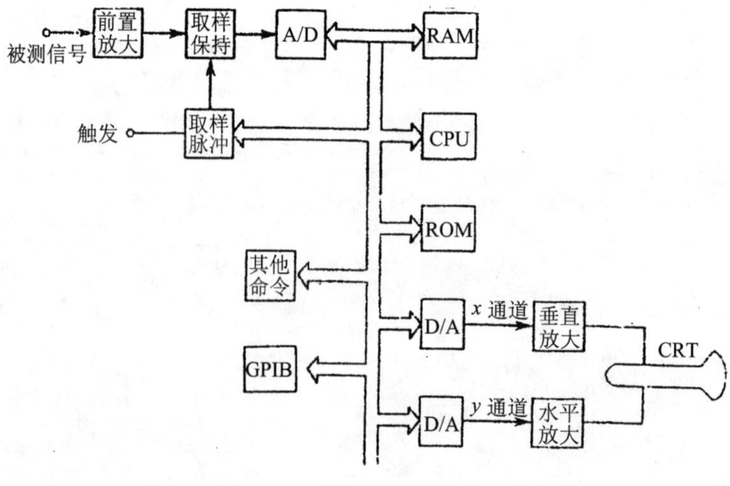

图 14.1

成。它们通过数据总线、地址总线和若干控制线相互联系和交换信息。

控制部分由微处理器CPU和只读存储器ROM等组成。CPU控制所有接口、随机存储器RAM的读写以及地址总线和数据总线的使用。在只读存储器ROM中，存有操作功能的全部指令。工作时，CPU根据面板上各按钮的设置，调出并执行ROM中的对应指令，指挥仪器工作。

取样存储部分由取样保持电路、A/D变换器及随机存储器RAM等组成。在此工作阶段，被测模拟输入信号先经过适当地放大或衰减，然后经过"取样"和"量化"两个过程的数字化处理，将模拟信号转换成数字化信号。取样是把模拟信号的连续量变成离散量，是在触发信号的作用下和CPU的控制下由取样保持电路完成的；量化则是把取样所得的离散量经过A/D变换器转换成二进制数字码，即"1"、"0"码。最后在CPU的控制下，数字化的信号被依次写入到存储器RAM中。

读出显示部分主要是由X通道、Y通道及示波管CRT组成。在显示时，通过CPU将数字信号数据从RAM中按地址顺序依次读出，送至Y通道的D/A变换器，复原为模拟信号，经垂直放大器放大后，驱动CRT的Y偏转板。与此同时，CPU将存储器的地址数据按顺序依次送至X通道的D/A变换器，产生一个线性上升的阶梯波扫描电压，经水平放大器放大后，驱动CRT的X偏转板。由此在CRT屏幕上实现以稠密的光点包络重现模拟输入信号。

屏幕上显示的每一个点都代表DSO捕获的一个数据字，点的垂直屏幕位置取决于RAM定位的数据值，点的水平屏幕位置取决于该数据的所在地址。

在CPU的控制下，CRT屏幕显示信号波形的同时，还能用数字显示各种给定值和测量结果。此外，CPU可对波形数据进行各种运算处理，可通过记录器作硬拷贝，也可通过接口GPIB将波形数据送至计算机，进行复杂的运算和分析处理，或送至其他设备，组成自动测量系统。

2.稳压二极管动态电阻的测量

稳压二极管的伏安特性曲线如图14.2所示。曲线上任一点P处的电压与电流的比值称为该状态下的静态电阻；该点处的微小电压改变量与相应的电流改变量之比称为该状态下的动态电阻。

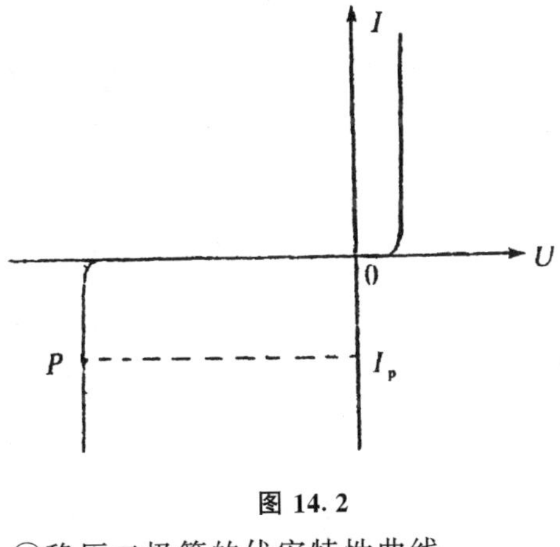

图14.2

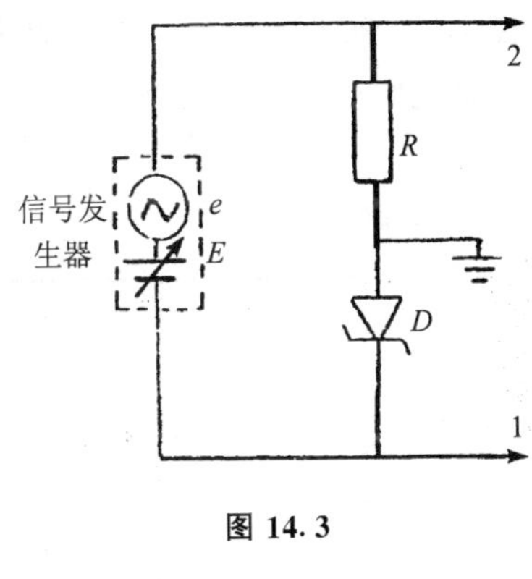

图14.3

①稳压二极管的伏安特性曲线

按图14.3连接电路，其中信号发生器的频率为f(本实验为100Hz)。将稳压二极管D及电阻R两端电压分别输至DSO的1和2通道(即X、Y通道)。DSO设置为XY模式、两通道的输入耦合方式设置为"DC"，这样便可在荧光屏上调出稳压二极管的伏安特性曲线。其形状与图14.2成左右反转对称，即电压轴正方向指向左方。

由于噪声的干扰，调出的波形线往往较粗，此时可按下 DSO 前面板的“Acquire”（采集模式）键及其菜单中的“Averaging”（平均化）软键使波形线变细而清晰。

②测动态电阻

参看图 14.2，测量稳压二极管工作电流为 I_p 状态下的动态电阻 $\tilde{r}_{\sim}$。

稳压二极管工作电流 I_p 的设置：将信号发生器的交流电压调为零；按下 DSO 前面板的“Autoscale”（自动定标）键，使 DSO 由 XY 模式恢复为扫描状态；按下“Save/Recall”（保存/调用）键及其菜单中的“Default Setup”（默认设置）软键，将示波器设置为工厂默认配置，即 Auto 扫描模式、边沿触发、输入耦合方式为“DC”及通道 1 源为触发源等，此时屏上会出现扫描线；按下“Acquire”及其菜单中的“Averaging”软键，使扫描线变细并清晰；然后旋转垂直位置旋钮将 2 通道的扫描线调至屏幕中心或一合适位置，再调节信号发生器的直流电压，使该扫描线向下移动 h 格，并使 h 格所表示的电压数值与 R 之比恰等于 I_p，于是 I_p 设置完毕（注意 2 通道的垂直灵敏度的选择，本实验选为每格 5V，显示在屏上状态行中）。

测动态电阻：信号发生器的直流电压旋钮保持不动（即 I_p 值保持不变），两通道的输入耦合方式改置为“AC”；自零缓慢增大信号源输出的交流电压，当屏上稳压二极管两端的正弦波形将要发生畸变时，按下 DSO 前面板的“Quick Meas”（快速测量）键，测出稳压二极管 D 和 R 两端的正弦波电压的峰－峰值 $\tilde{U}_D$ 和 $\tilde{U}_R$，于是回路中交流电流的峰－峰值为 $\tilde{I}=\dfrac{\tilde{U}_R}{R}$，故由下式可求出该状态下的动态电阻：

$$\tilde{r}_{\sim}=\frac{\tilde{U}_D}{\tilde{I}}=\frac{\tilde{U}_D}{\tilde{U}_R}R \tag{14.1}$$

3. 电解电容器的动态测量值

电解电容器工作时一般都是在极板间加有一定直流电压 U 基础上再叠加一较小的交流电压 u。电容器极板上有直流电压条件下测出的交流电容称为该电容的动态测量值。

测量电路如图 14.4 所示。将 R 和 C 的端电压分别输至 DSO 的 1 和 2 通道。关于电容器直流电压 U 的设置及电容动态测量值的测量步骤和上述在 I_p 下测量稳压二极管的动态电阻相类似，这里不再赘述。

用示波器测出电容 C 和电阻 R 两端交流电压的峰－峰值 $\tilde{U}_C$ 和 $\tilde{U}_R$，已知交流信号的频率为 f，则该电解电容器的动态测量值为：

$$C=\frac{\tilde{U}_R}{2\pi f\tilde{U}_C R} \tag{14.2}$$

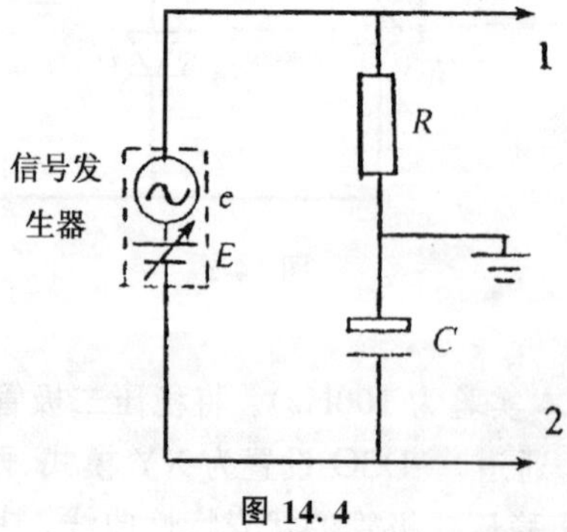

图 14.4

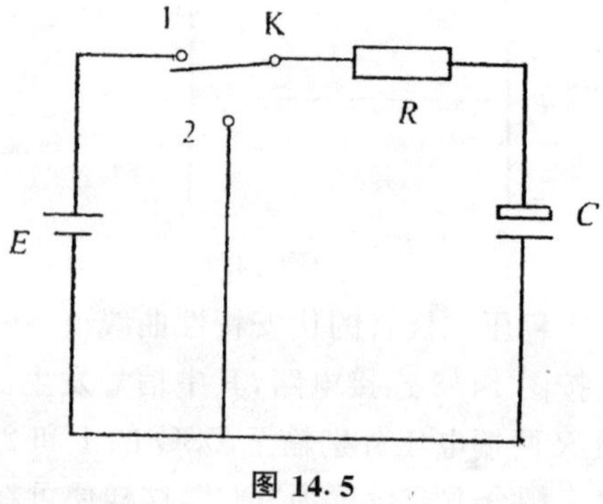

图 14.5

4. 电解电容器的静态测量值

利用直流电源对电解电容进行充、放电测出的电容值即为该电容的静态测量值。

如图 14.5，当开关 K 合“1”时，电源 E 通过 R 对 C 进行充电。充电完毕，将开关 K 合至“2”端，电容 C 则通过 R 放电。充、放电过程中电容上的电压 u_C 随时间 t 的变化规律为：

$$u_C=E(1-e^{-\frac{t}{\tau}}) \qquad (充电) \tag{14.3}$$

$$u_C=Ee^{-\frac{t}{\tau}} \qquad (放电) \tag{14.4}$$

式中 $\tau=RC$，称为该电路的时间常数。它决定了电容充、放电时间的快慢，τ 越大，充、放电持续的时间越长。

对于充电过程，由(14.3)式知，当 $t=\tau$ 时，电容上的电压升到 $u_C=(1-1/e)E\approx0.632E$；对于放电过程，由(14.4)式知，当 $t=\tau$ 时，电容上的电压降到 $u_C=E/e\approx0.368E$。这样可利用 DSO 测出电容器在充、放电过程中，电压升至 $0.632E$ 或降到 $0.368E$ 时所对应的时间便可得到时间常数 τ 值，再由 $\tau=RC$，R 已知，即可求出电容 C 的静态测量值。

下面以电容 C 放电为例说明用 DSO 测量 τ 值的具体过程。

按如图 14.5 连接电路。将电容 C 的端电压输至 DSO 的 1 通道(2 通道不用，可关闭)。开关 K 先合至“2”的位置。依次按下“Autoscale”键、“Save/Recall”键及其菜单中的“Default Setup”软键，屏上出现扫描线。再按下“Acquire”键及其菜单中的“Averaging”软键，使扫描线变细并清晰。旋转垂直位置旋钮，并将扫描线调至接近屏下端；调节扫描速度旋钮选取一合适的扫描速度数值(该值显示在屏上状态行中，本实验选为 10.0s)；调节延迟时间旋钮，将触发点指示器移至屏上左端一格处左右；按下“Single”键进行单次采集，待光点从屏上左下方出现并向右很快运动到和触发点指示器同一垂直位置处时(或过一点)，将开关 K 由“2”合至“1”，对电容 C 进行充电，屏上光点迅速升至屏左上方一位置处，然后水平前进，表示充电已完成。其后将 K 由“1”再合至“2”，C 则通过 R 进行放电，屏上光点随着时间的推移缓慢下降，同时屏上保留着光点运动的轨迹，如图 14.6 所示。

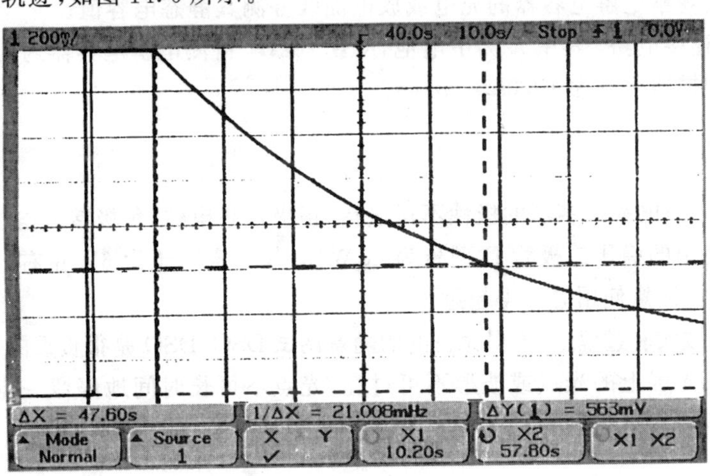

图 14.6

利用“Cursors”(游标)键测出 E 值及 $0.368E$ 所对应的时间(即 τ 值)，由此可求出 C 的静态测量值。

四、仪器用具

54622A 型数字存储示波器，信号发生器，交流电阻箱，稳压二极管(型号为 2CW13)，电解电容器(约 4700μF)，甲电池，开关及导线若干等。

五、实验内容

1. 观察示波器"DC"、"AC"两种输入耦合方式的区别

在《示波器的使用》实验中，已介绍了"DC"、"AC"两种输入耦合方式，但没安排具体实验内容。本实验过程中有"DC"、"AC"两种耦合方式的切换问题，为了增加一些感性认识，有必要从实验上了解一下两种耦合方式的区别。

①观察方波：将信号源 10Hz 方波信号同时输入 1、2 通道，两通道的垂直灵敏度相同，但 1、2 通道分别用"DC"和"AC"耦合方式，观察荧光屏上两种波形的区别。

②观察正弦波：将信号源的输出改为正弦波信号，其他不变，观察荧光屏上两个波形高度的差别。

③将信号源频率改为 1kHz，其他不变。当信号源输出为正弦波时，观察荧光屏上两个波形的高度有无差别；当信号源输出为方波时，观察荧光屏上两个波形的高度和形状有无差别。

2. 测稳压二极管的动态电阻

按图 14.3 连接电路。$R=500\Omega$，信号源的频率 $f=100\text{Hz}$。

①观察稳压二极管的伏安特性曲线。

②测量稳压二极管工作电流 $I_{\text{p}}=-10\text{mA}$ 状态下的动态电阻。

3. 测量电解电容器的动态电容值。

按图 14.4 连接电路。其中 $R=500\Omega$，$f=100\text{Hz}$。测量电解电容器极板上的直流电压为 10.0V 时的动态电容值。

4. 用示波器观察电解电容器的充电或放电曲线并测其静态电容值。

按图 14.5 连接电路。其中 E 为甲电池，R 置 10kΩ。待测电解电容器约为 4700μF，注意测量时示波器的扫描速度调为 10.0s。

六、注意事项

1. 连接电路时，电解电容器的极性不得接错，正极接高电位，负极接低电位。

2. 本实验使用的稳压二极管 D 型号为 2CW13，其稳定电压为 6V 左右，允许通过的最大电流 $I_{\max}=30\text{mA}$，注意使用时不得超过。

3. 实验前后或实验过程中，不得无目的的随意调试 DSO，DSO 是很贵重的仪器，要爱护它。

4. 示波器荧光屏上的光点或波形不可过亮，光点不可长时间地停留一点，以免烧损荧光屏。波形也不得长久超出屏外。

七、考查题

1. 示波器的两种输入耦合方式"AC"、"DC"的电路结构和功用有什么不同？若将正弦波或方波以两种耦合方式分别输入 1 或 2 通道，荧光屏上的波形有无差别？为什么？

2. 简述稳压二极管动态电阻的测量步骤。

3. 简述由电解电容器的放电曲线测量其静态电容值的步骤。

八、思考题

1. 图 14.7 是电容桥电路。由于信号发生器和示波器(DSO)公用市电电源,因此示波器荧光屏上除显示所使用频率 1kHz 正弦信号波形外,还可能叠加显示较弱的市电 50Hz 干扰信号波形。为方便电桥调节,一般使屏上波形处于稳定状态。试问:当电桥离平衡状态较远时,如何调节 DSO 使波形稳定?当电桥调节到比较接近平衡状态时,又如何调节 DSO 使哪种频率的波形稳定?

2. 图 14.8 表示用三个降压变压器从市电对称三相四线制电网获得的低压(每相只有几伏)三相电。若用 DSO 测量每两相电压间的相位差,试设计一种测量方案,并说明如何调节 DSO 进行测量。

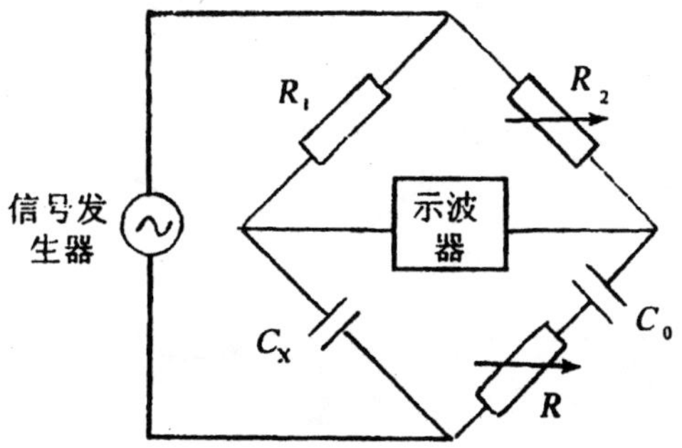

图 14.7

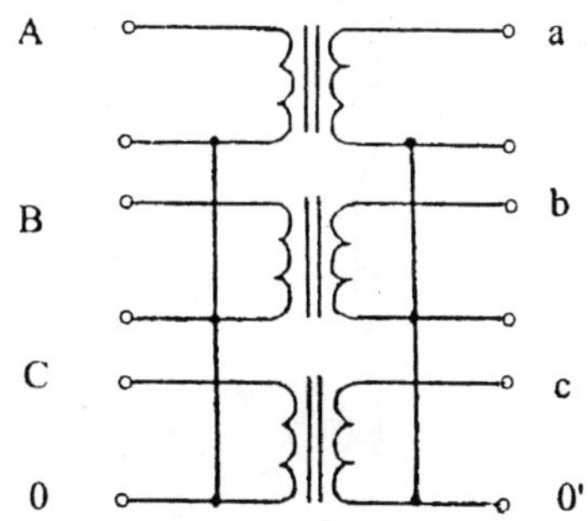

图 14.8

附:54622A 型 DSO 的面板各旋钮、按键及所属软键的名称和简要使用说明

54622A 型 DSO 的面板图如图 14.9 所示:

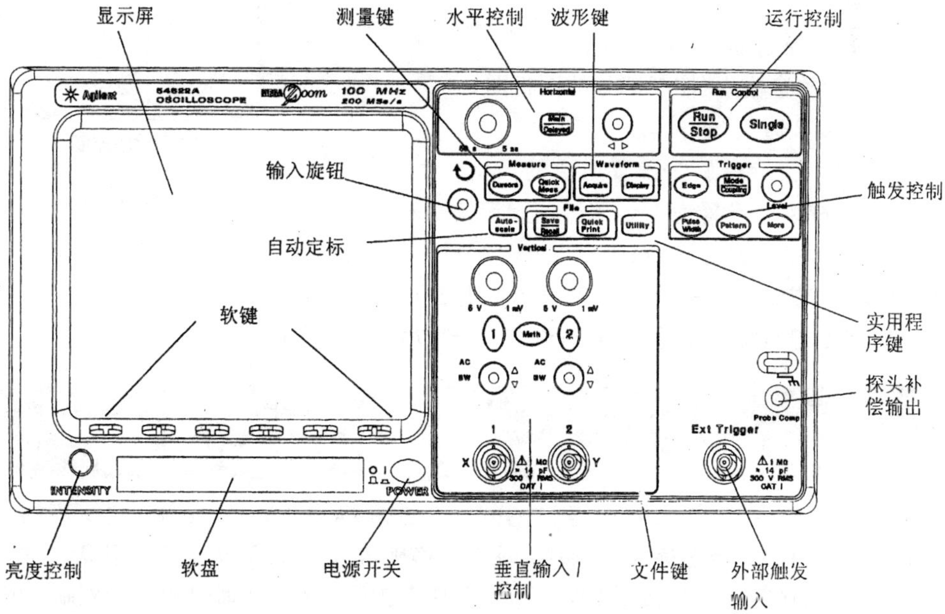

图 14.9

下面根据 DSO 面板上各部分的名称加以简要说明。

1. 显示屏

DSO 的显示屏除显示所观测的波形外，还显示有关波形和仪器控制设定值的细节。如图 14.10所示。

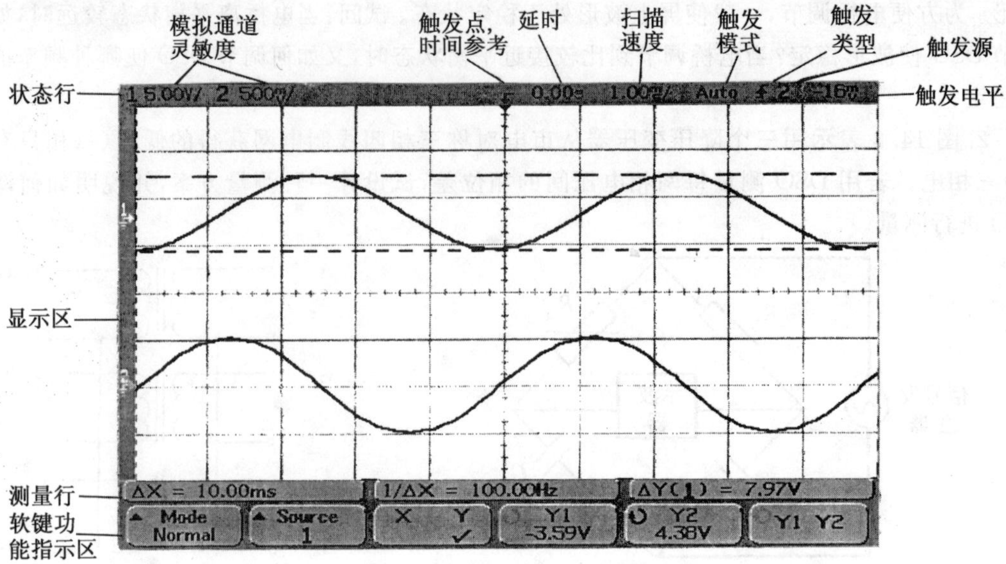

图 14.10

状态行显示垂直、水平通道及触发设置信息；显示区显示有波形、通道识别符、接地电平指示以及触发指示器和时间参考指示器等；测量行一般显示自动测量结果或光标测量结果；软键可依功能提示为前面板键设置其他参数。

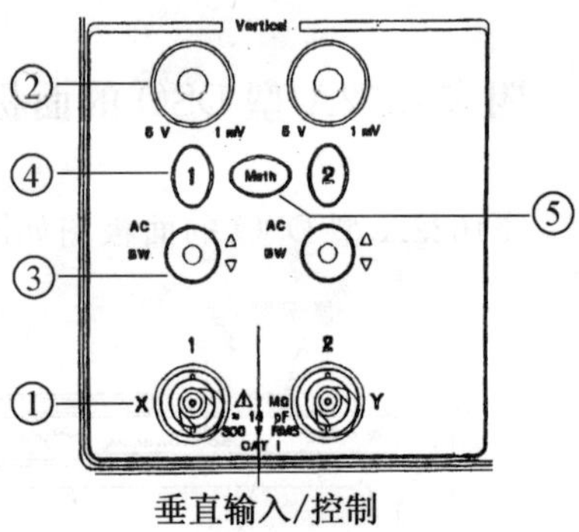

图 14.11

2. 垂直输入/控制部分(Vertical)

图 14.11 为垂直输入/控制部分的面板图。

①1 通道(或 2 通道)输入信号接口。

②垂直灵敏度：旋转旋钮设置通道的灵敏度(伏/格)。在探头衰减系数设置为 1∶1 时，该旋钮按“1－2－5”的数字顺序，将灵敏度从 1mV 变为 5V，结果显示在屏上状态行中。

③垂直位移：旋转旋钮可上下移动显示屏上的波形。

④1 键(或 2 键)：按下 1 键，该通道键亮，软键功能区显示 1 通道的菜单如下：

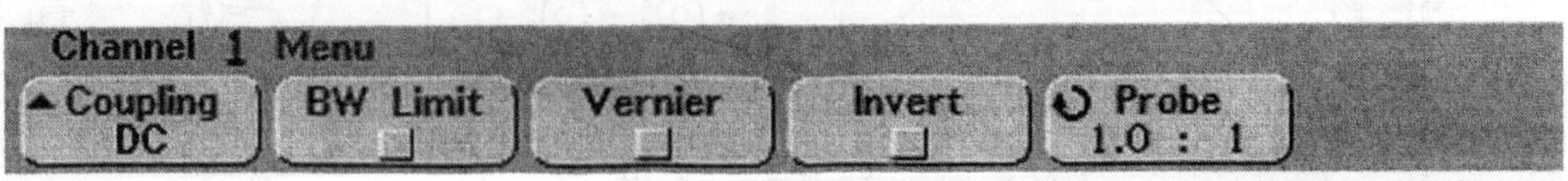

· Coupling(耦合)：按下该软键，选择输入通道耦合“AC”(交流)、“DC”(直流)或“Ground”(硬件接地)。若选择“AC”耦合，垂直位移旋钮旁的“AC”状态灯被点亮。

· BW Limit(带宽限制)：按下 BW Limit 软键开启或关闭所选通道的带宽限制。当带宽限制开启后，垂直位移旋钮旁的“BW”状态灯被点亮，此时通道最大带宽约为 20MHz。对低于以上频率的波形，开启带宽限制可消除波形中不必要的高频噪声。如果把该通道配置为触发源，带宽限制也能限制触发信号通路。

• Vernier(微调):按下该软键,开启或关闭所选通道的微调。当微调开启后,调节垂直灵敏度旋钮可微调通道灵敏度,此时仍保持已经完全校准的通道灵敏度。屏上状态行同时显示出微调值。

• Invert(反向):按下 Invert 软键,将所选通道反向。

• Probe(探头):如果通道 1 或通道 2 上接有 AutoProbe 自感应探头(10074C),按下该通道键后,示波器将自动把探头配置到正确的衰减系数。如果该通道未连接自感应探头,按下该通道键后,可调节输入旋钮设置正确的衰减系数。衰减系数按 1—2—5 的顺序从 0.1∶1 到 1000∶1。所选衰减系数显示在 Probe 软键上。要得到正确的测量结果,必须正确设置探头的校正系数。

⑤Math(数学函数):按下“Math”键,软键功能区显示如下数学函数菜单:

• 按下 1 * 2 软键,通道 1 和 2 采集的信号电压值逐点相乘,屏上显示相乘结果。如图 14.12为通道 1 和 2 均为方波时相乘的例子。

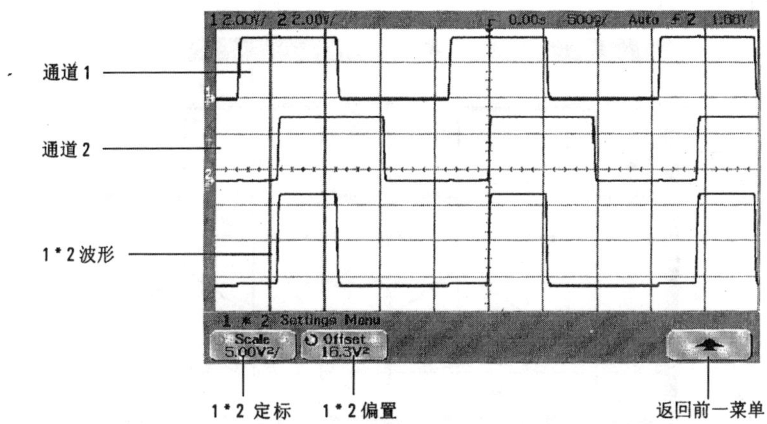

图 14.12

• 按下 1—2 软键,通道 1 和 2 采集的信号电压值逐点相减,屏上显示相减结果。若选择 1＋2,可先在通道 2 菜单中选择“Invert”,然后按下“Math”菜单中的 1—2 软键即可。

• 按下 $\int v\mathrm{d}t$ 软键,计算所选源的积分。如图 14.13 为对通道 1 的方波积分的例子。

• 按下 dv/dt 软键,计算所选源对时间的导数。由于微分对噪声非常敏感,因而在“Acquire”菜单中的采集模式设置为“Averaging”,以减小噪声的影响。

数学函数 $\int v\mathrm{d}t$ 和 dv/dt 的源可以是通道 1 或通道 2,也可以是数学函数 1 * 2、1—2 和 1＋2。

上述数学函数分别有对应的垂直定标系数和偏置值。由于通道的单位为电压 V,所以数学函数 1 * 2 的垂直定标系数为 V^2/div,偏置值为 V^2;1—2 或 1＋2 的垂直定标系数为 V/div,偏置值为 V;$\int v\mathrm{d}t$ 的垂直定标系数为 V S/div(伏・秒/格),偏置值为 V S;dv/dt 的垂直定标系数为 V/S/div(伏/秒/格),偏置值为 V/S。

数学函数的垂直定标系数及偏置值的大小在 DSO 内一般都是自动设置的。为便于查看和测量考虑,也可手动调整数学函数的垂直定标系数及偏置值。

如调整数学函数 1＊2 的垂直定标系数及偏置值的大小,可在"Math"菜单中依次按下 1＊2 及"Settings"(设置)软键,屏下面可显示如图 14.12 下面所示的菜单。按下"Scale"(定标)或"Offset"(偏置)软键,旋转输入旋钮即可调整 1＊2 的垂直定标系数及偏置值。同理可调整数学函数 1－2 或 1＋2 的垂直定标系数及偏置值。注意所选数学函数的偏置值是其波形到屏显中心网格的距离所表示的值。

数学函数 $\int v\mathrm{d}t$ 和 $\mathrm{d}v/\mathrm{d}t$ 的垂直定标系数及偏置值的调整方法相同。下面以 $\int v\mathrm{d}t$ 的垂直定标系数和偏置值的调整方法为例加以说明。

在"Math"菜单中,依次按下 $\int v\mathrm{d}t$ 及"Settings"软键,屏下面可显示如图 14.13 下面的菜单。按下"Source"(源)软键,选择积分函数的源:按下"Scale"和"Offset"软键,旋转输入旋钮可调整积分函数的垂直定标系数及偏置值。其偏置值仍是波形到屏显中心网格的距离所表示的值。

· 按下"Math"菜单中的"FFT"软键。则可对通道源或数学函数 1－2、1＋2 或 1＊2 进行快速傅立叶变换计算。(略)

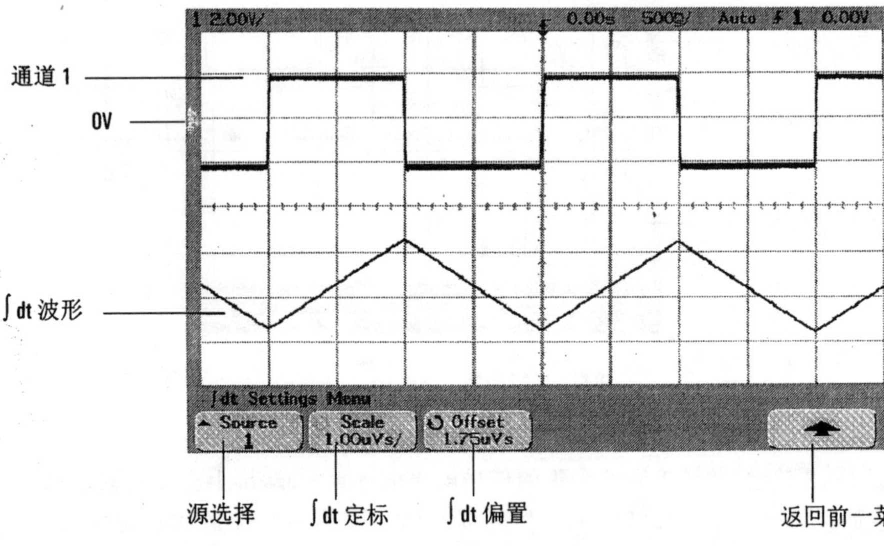

图 14.13

3. 水平控制(Horizontal)

按下图 14.9 中"水平控制"区的"Main/Delayed"(主扫描/延迟扫描)键,软键功能区显示如下菜单:

· 按下"Main"软键,选择主扫描模式(示波器的默认值也为主扫描模式)。旋转"扫描速度"旋钮(Horizontal 部分左侧的大旋钮)可改变扫描速度(时间/格),该旋钮以 1－2－5 的步

进序列将扫描速度从 5ns 改为 50s，其值显示在状态行中。旋转“延迟时间”旋钮(Horizontal 部分右侧小旋钮，符号◂▸)设置延迟时间。改变延迟时间将水平移动扫描。延迟时间值表示时间参考点和触发点相距多远，此值显示在屏上状态行中。时间参考点(▽)和触发点(▼)符号在网格顶部示出。延迟时间默认值为 0s，此时触发点指示器和时间参考点重叠。当屏上波形稳定时，利用该部分的旋钮可对波形进行平移和缩放。

• 按下“Vernier”(微调)软键，开启时基微调。旋转“扫描速度”旋钮可微调扫描速度，且仍保持完全校准的扫描速度。其值显示在状态行中。再次按下“Vernier”软键微调关闭。

• 按下“Time Ref”(时间参考)软键，选择时间参考。时间参考是屏上延迟时间的参考点。时间参考点可设置在屏的左边沿或右边沿或屏中央网格，默认位置是中央网格。

旋转“扫描速度”旋钮将相对于时间参考点扩展或压缩屏上波形。

• 按下“Delayed”软键，选择延迟扫描模式。延迟扫描是对主扫描的扩展。启用延迟扫描时，显示屏被分成上下两半。屏顶部行的中间示出延迟扫描图标▦。显示屏的上半部分是主扫描窗口，下半部分是延迟扫描窗口。延迟扫描窗口是主扫描的扩展部分。被扩展的主显示区域被加亮，并由垂直标识标出它的两端。这些标识示出在显示屏下半区所扩展的主扫描部分。如图 14.14所示。

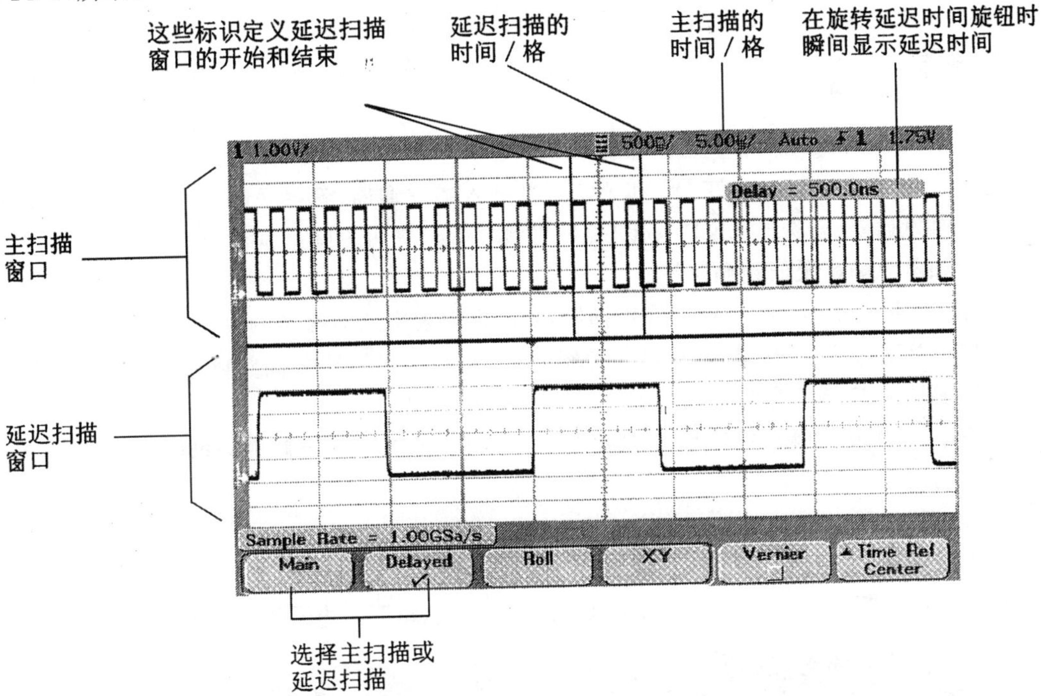

图 14.14

利用延迟扫描窗口放大部分波形，可以细致地以高分辨率来分析所观测的信号。

旋转“扫描速度”旋钮可以改变延迟扫描窗口的扫描速度。同时屏上状态行中的扫描速度被加亮。旋转“延迟时间”旋钮，屏上右上角瞬间示出延迟值。

• 按下“Roll”软键，选择滚动模式。滚动模式引起波形在屏幕上从右向左缓慢移动。它只能在 500ms/div 或更慢的时基设置下工作。如果当前时基设置超过 500 ms /div 的限制值，在进入滚动模式时，将被设置为 500ms/div。

在滚动模式中没有触发，屏幕上的固定参考点是屏幕右端，并引用当前时间作为参考，已产生的事件滚动到参考点的左面。

·按下"XY"软键，选择XY模式。在XY模式下，时基关闭，通道1为X轴输入，通道2为Y轴输入，外触发为Z轴输入。用于观测李萨如图形或磁滞回线等。

4.触发控制部分(Trigger)

(1)选择触发模式和耦合菜单等

按下前面板触发(Trigger)部分的"Mode/Coupling"(模式/耦合)键，显示如下菜单：

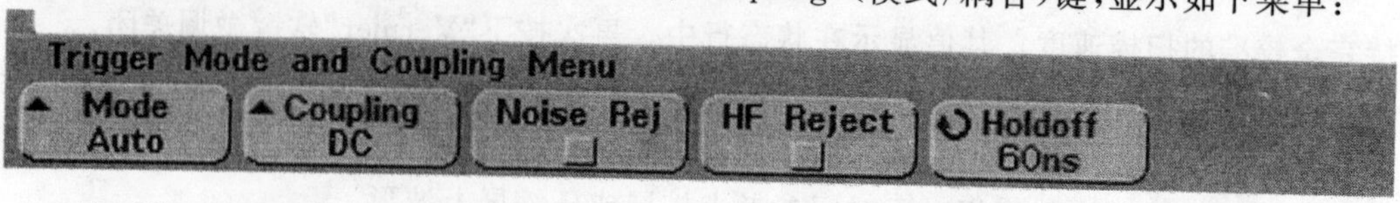

·按下"Mode"软键，选择触发模式。

若选择"Normal"，即选择常规触发模式。该模式显示符合触发条件的波形，否则示波器不触发，显示屏也不更新。对于低频信号或不需要自动触发的情况，应使用此触发模式。在此模式下，按下"Run/Stop"(运行/停止)键或"Single"键开始采集，示波器行为相同。若选择"Auto"，即选择自动触发模式。该模式显示符合触发条件的波形。当不符合触发条件时强制示波器触发。除低频信号和未知信号电平外，均可使用自动触发模式。若选择"Auto Level"，即选择自动电平触发模式。自动电平触发模式与自动触发模式类似，但它还带有自动触发电平调整。示波器监视信号电平，如果触发电平超出信号范围，它就把触发电平自动调回信号中间。该模式常用于外部触发等。

·按下"Coupling"(耦合)软键，选择触发耦合。

选择DC(直流)耦合，允许DC和AC信号进入触发通路；选择AC(交流)耦合，允许AC信号进入触发通路；若选择LF Reject (低频抑制)耦合，则可去除触发波形中任何不需要的低频成分。如电源频率及低频噪声等。

·按下"Noise Rej"软键，选择噪声抑制，可降低触发电路对噪声的灵敏度。

·按下"HF Reject"软键，选择高频抑制。可去除触发波形中的高频成分、高频噪声等。如来自AM或FM广播电台或过快的系统时钟的噪声。

·按下"Holdoff"(释抑)软键，选择释抑。旋转输入旋钮可调节触发释抑时间，以获得稳定显示复杂的波形。

(2)触发类型

①边沿触发

按下前面板"Trigger"部分的"Edge"(边沿)键，显示如下的边沿触发菜单：

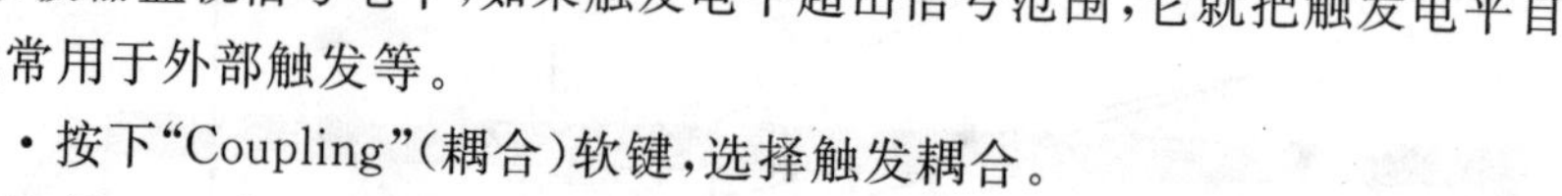

·按下软键"1"，选择通道1信号作为触发源。

·按下软键"2"，选择通道2信号作为触发源。

·按下Ext(外部)或Line(电源)软键，选择外触发源或电源作触发源。Ext或Line共用同一软键，通过切换该软键选择我们所需要的触发源。外触发信号由前面板的"Ext Trigger"接口输入。

·按下斜率"↗↘"软键，选择所选触发源的上升沿"↗"还是下降沿"↘"。即确定触发是在输入信号的上升沿还是下降沿上产生。

选择好触发源和斜率后，旋转前面板触发电平“Level”旋钮，调整所选模拟通道的触发电平或外触发电平(Line 的触发电平不可调节)，以稳定所观测的信号波形。

所选触发源、斜率及触发电平值均显示在屏幕状态行的右侧。

②Pulse Width(脉冲宽度)触发键，(略)。

③Pattern(码型)触发键，(略)。

④按下 More 键，旋转面板右侧的“输入旋钮”可选择 Duration(持续时间)触发、I^2C(互连IC 总线)触发、TV 触发等功能，(略)。

5.运行控制部分(Run Control)

①Run/Stop(运行/停止)键

按下“Run/Stop”键(点亮为绿色)，示波器处于连续运行模式，执行连续采集。再次按下“Run/Stop”键(点亮为红色)，示波器停止运行和采集。此时屏上右上角状态行中触发模式位置上显示“Stop”。

②Single(单次)键

按下“Single”键，只执行一次采集，然后停止。

6.自动定标(Autoscale)

①检查示波器的基本工作情况

将探头一端与示波器通道 1 或通道 2 相接，另一端与示波器前面板右下方的“Probe Comp”(探头补偿)相接。

按下前面板 File 部分的“Save/Recall”(保存/调用)键，然后按下其菜单中的“Default Setup”(默认设置)软键，使示波器配置为默认设置。最后按下“Autoscale”键，示波器在正常工作情况下，屏上会显示出峰－峰值幅度大约为 5 格，周期约为 4 格的方波。

②用 Autoscale 自动显示信号

为快速配置示波器，按下“Autoscale”键显示所连接的信号。Autoscale 功能是通过分析与外部触发及通道输入相连的所有波形，自动配置示波器，以最佳状态显示输入信号。Autoscale 查找、开启和定标任何具有频率大于等于 50Hz、占空比大于 0.5%、峰－峰值电压大于 10mv 的重复波形的通道，所有不符合上述要求的通道将被关闭。

若撤销 Autoscale 操作，按下 Autoscale 菜单中的“Undo Autoscale”(撤销自动定标)软键即可。

7.波形(Wareform)的采集与显示

①Acquire(采集模式)键：按下“Acquire”键，屏上显示如下菜单：

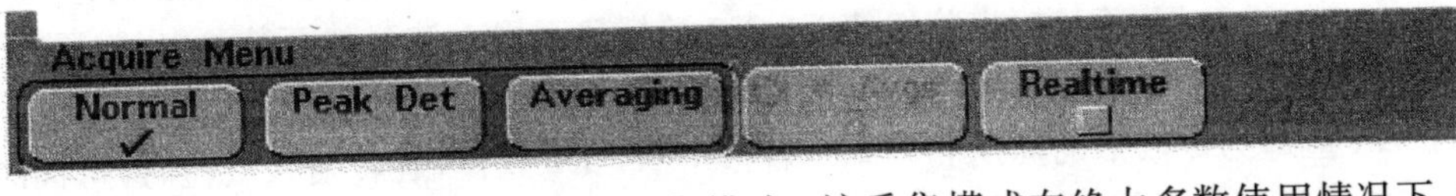

· 按下“Normal”(常规)软键，选择常规采集模式。该采集模式在绝大多数使用情况下，能得到最好的波形图像。

· 按下“Peak Det”(峰值检测)软键，选择峰值检测采集模式。该采集模式显示任何宽度大于 5ns 的信号脉冲。将峰值检测和无限余辉结合使用，是查找伪信号和毛刺的有效办法。峰值检测采集模式只可在 1ms/div 或更低的扫描速度下使用。

· 按下“Averaging”软键，选择平均化模式。该模式能平均化多次触发，以减小噪声并提高分辨率。平均化的触发数显示在“#Avgs”(平均化)软键中。旋转输入旋钮可设置平均数。设置的平均数越高,就能越好地减小噪声并提高分辨率。

·按下“Realtime”(实时)软键,选择实时模式。在实时模式,示波器在一次触发事件期间采集所有的波形样本。一般只有当扫描速度不低于200ns/div时,才有必要使用实时模式。原因是使用这些量程时,每个触发收集到的样本数都不足1000,而实时模式能生成每个触发的完整波形。

使用实时模式可以捕捉偶然触发、不稳定触发或复合变化波形。

②Display(显示模式)键:按下“Display”键,显示如下菜单:

·按下“∞Persist”(无限余辉)软键,开启无限余辉。无限余辉用新的采集更新显示,但它并不擦除先前的采集结果。新的采集用正常亮度显示,而先前的采集则用最小亮度显示。不保留显示区边界之外的波形余辉。任何时候改变波形设置,先前的采集将被擦除。可用无限余辉测量噪声和抖动,查看恶劣情况下的变化波形,寻找时序违规或找出偶然事件等。

·按下“Clear Display”(清除显示)软键,擦除显示。

·按下“↻ Grid”(网格)软键,旋转面板的输入旋钮,可设置屏上网格的亮度。设置范围从0%(关闭)到100%(满亮度)。Grid软键中示出网格的亮度值。Grid的默认值为20%。

·按下“Vectors”(矢量)软键,矢量开启。在矢量开启模式下,Vectors在相继的波形数据点间绘制连线,给予数字化波形以模拟的感觉。在用高扫描速度(<200ns/div)查看变化波形时,应关闭矢量,以防止造成错误连线。

8. 测量(Measure)

①Cursors(游标)键:在示波器显示稳定波形的情况下,按下Cursors键,显示如下菜单:

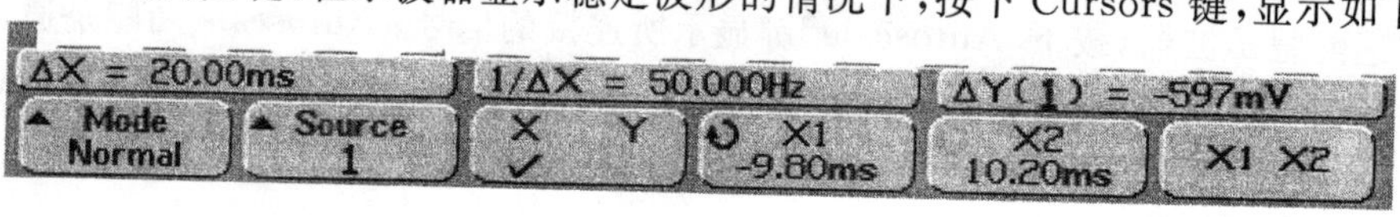

·按下“Mode”软键,选择Normal工作模式。Normal模式显示ΔX(X1和X2游标间的差)、1/ΔX和ΔY(Y1和Y2游标间的差)值。常用于电压和时间间隔的测量。

·按下“Source”软键,选择游标测量的模拟通道或数学函数源。

·按下“X Y”软键,选择用于测量的X游标或Y游标。若选择X游标测量,则按下“X Y”软键中的X,屏上出现两条竖直的亮虚线。X1游标和X2游标分别为垂直短、长亮虚线。分别按下X1和X2软键,旋转输入旋钮使X1、X2游标移至屏上波形的两待测点处,屏上测量行上即可显示出ΔX和1/ΔX之值。如果屏上为$u \sim t$波形,X1、X2之间的距离恰为一个周期时,ΔX及1/ΔX值即为该波形的周期和频率。若按下X1 X2软键,旋转输入旋钮时,可同时移动X1 X2游标,ΔX值将保持不变。当示波器工作在XY模式时,X游标显示通道1的数值(电压或电流)。若选择Y游标测量,则按下“X Y”软键中的Y,屏上出现上下两条水平的亮虚线。Y1和Y2游标分别为水平短、长亮虚线。测量方法同X游标测量类似。对于屏上的$u \sim t$波形,ΔY之值为两待测点之间的电压值。在XY模式下,Y游标显示通道2的数值(电压或电流)。同样ΔY值显示在屏上测量行中。

②Quick Meas(快速测量)键:利用快速测量键可对通道源或运行中的数学函数进行自动

测量。按下“Quick Meas”键，显示自动测量菜单如下：

• 按下“Source”软键，选择要进行快速测量的通道或运行数学函数。只有显示的通道或数学函数能用于测量。如果选择了一个无效的源通道进行测量，仪器将默认使用列表中最近的一个使源有效的通道执行测量。按下菜单中的“Frequency”、“Period”或“Peak－Peak”即可测量所选通道或运行数学函数的频率、周期或峰—峰值。测量结果显示在测量行中。如果要测量的波形部分未显示，或不能为测量显示足够的分辨率，测量结果将显示“No Edges”(无边沿)、“Clipped”(被削波)、“Low Signal”(低信号)、“＜值”或“＞值”或类似的消息，说明测量结果不可靠。

• 按下“Clear Meas”(清除测量)软键，停止测量，并清除软键上方的测量结果。当再次按下“Clear Meas”软键时，默认的测量将是频率和峰－峰值电压。

要关闭“Quick Meas”，只要再次按下“Quick Meas”键，至该键不再被点亮。

9. 文件(File)的存储与调用

利用该部分按键和软键可以把屏上波形轨迹及设置保存到软盘或内部存储器中。

(1)Save/Recall(保存/调用)

把信号接入示波器，并获得稳定的显示。按下“Save/Recall”键，显示如下菜单：

①自动保存波形轨迹和设置至软盘。

将软盘插入示波器软驱。按下“Press to AutoSave”(按下进行自动保存)软键，屏上当前的设置和波形轨迹将以自动产生的文件名(QFILE _ nn)保存在软盘中。文件名在软键上方的行中示出。每次把新文件保存到软盘时，QFILE _ nn 文件名中的 nn 数目从 00 开始自动加 1。从软盘菜单查看时(前面板 Utility 键)，轨迹文件的扩展名为 TRC，设置文件的扩展名为 SCP。

②波形轨迹和设置保存到内部存储器或覆盖现有软盘文件。也可将波形轨迹和设置保存到软盘上的新文件。

按下“Save/Recall”菜单中的“Save”软键，显示保存菜单如下：

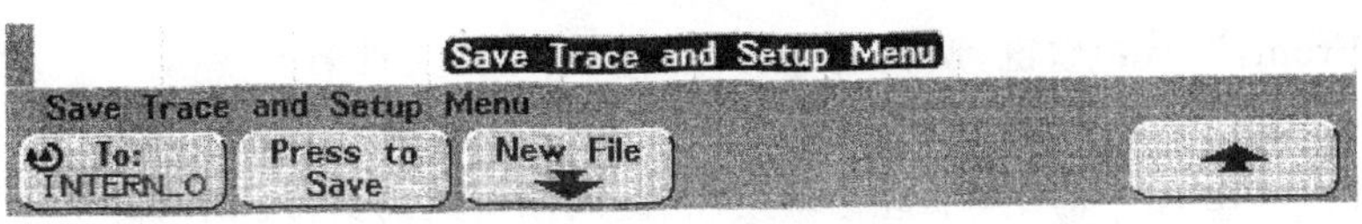

按下“To:”(至)软键，或旋转输入旋钮选择要覆盖的软盘文件或内部存储器。示波器内部非易失性存储器的保存名称为 INTERN _ n(n 为 0，1 或 2)的文件；软盘保存 QFILE _ nn 和其他用户定义文件。选择内部存储器或现有软盘文件保存时，现有的文件将被覆盖。当选择了要覆盖的文件名称，按下“Press to Save”(按下进行保存)软键，当前设置及波形轨迹保存到文件中。

如果不希望覆盖现有文件，按下“New File”软键，建立新的文件名。参考如下菜单：

旋转输入旋钮选择新文件名中的字符。当选择“New file name＝”行中和“Spell”软键中高亮部分字符为新文件名中第 1 个字符时，可按下“Enter”软键即可。旋转输入旋钮移到下一个字符位置，继续按下“Enter”软键即被选用，依次类推。注意新文件名最长为 8 个字符。新文件名只能写入软盘，不能写入内部存储器。

要从新文件名中删除字符，按下“Enter”软键，直至要删除的字母被高亮显示，然后按下“Delete Character”(删除字符)软键即可删除。

当完成了新文件名的字符输入，按下“Press to Save”软键，则波形轨迹和设置以新文件名保存在软盘中。轨迹文件和设置文件的扩展名固定为 TRC 和 SCP。

③按不同格式保存屏幕图像至软盘

按下“Save/Recall”菜单中的“Formats”(格式)软键，显示格式菜单如下：

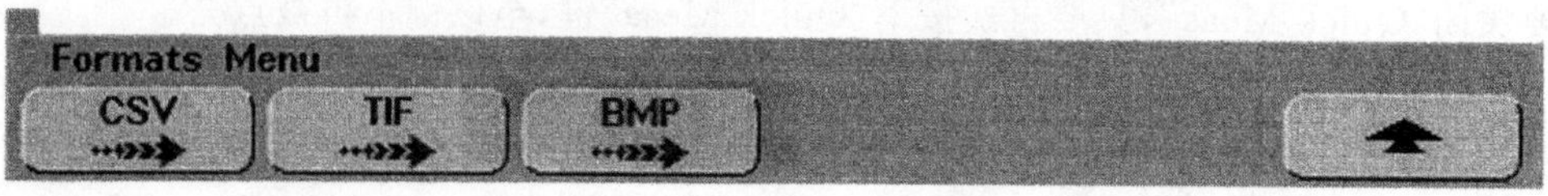

按下菜单中的“CSV”或“TIF”或“BMP”软键，可链接(···➤)到 Utility－＞Print Confg(打印配置)菜单，打印配置自动设置为所选格式，再按下前面板的“Quick Print”键，则将屏幕图像按所选格式传输到软盘。

· TIF：指包括状态行和软键在内的完整屏幕图像的标记图像文件格式。

· BMP：指包括状态行和软键在内的完整屏幕图像的位图格式。

· CSV：用逗号分隔的变量，显示通道的值和数据波形值，适合于电子表格分析。

④调用波形轨迹和设置

按下“Save/Recall”菜单中的“Recall”软键，显示如下调用菜单：

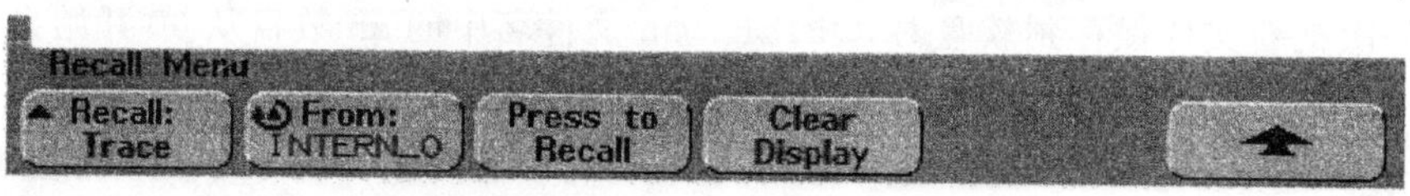

· 按下“Recall”软键，选择调用信息。Trace(轨迹)，示波器 Setup(设置)或 Trace and Setup (轨迹和设置)。

· 按下“From：”(从：)软键，旋转输入旋钮选择调用的文件名。

INTERN _ n 是示波器内部非易失性存储器文件，列表中所有其他文件都保存在软盘上。

· 按下“Press to Recall”(按下进行调用)软键调用所选的文件。调用的轨迹以最小亮度显示。

· 按下“Clear Display”软键，可清除调用轨迹的显示。

⑤默认设置

· 按下“Save/Recall”菜单中的“Default Setup”(默认设置)软键即可把示波器恢复设置为工厂默认配置。主要的默认设置为：

水平：主模式，100μs/div 定标，0s 延迟，中心时间参考。

垂直：通道 1 开启，5V/div 定标，DC 耦合，0V 位置，1MΩ 阻抗，如果 AutoProbe 探头未接到通道，探头系数为1.0。

触发：Edge（边沿）触发，Auto扫描模式，0V电平，通道1源，DC耦合，上升沿斜率，60ns释抑时间。

显示：矢量开启，20%网格亮度，无限余辉关闭。

其他：采集模式为Normal，Run/Stop为Run，游标和测量为关闭。

(2)Quick Print（快速打印）

· 按下“Quick Print”键，把包括状态行和软键在内的全部显示内容打印到并行打印机或传输给仪器的内置软盘。有关打印机的设置、打印和软盘操作参见“实用程序键”。

· 按下“Quick Print”键中的“Cancel Print”（取消打印）软键，可停止打印。

10. 实用程序键(Utility)

按下“Utility”键，显示如下实用程序菜单：

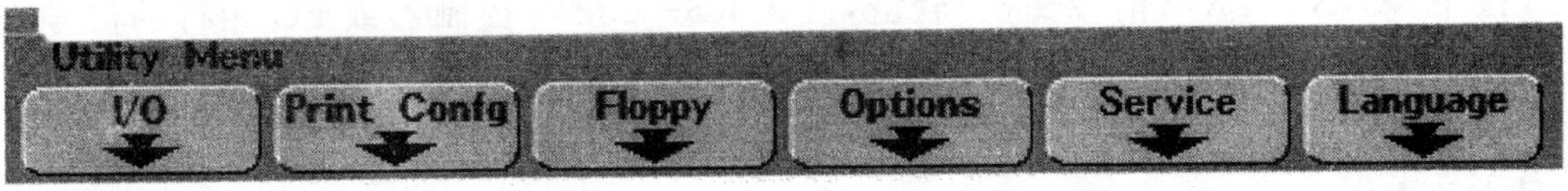

①配置打印机

用并行打印机电缆将示波器与打印机相连。

按下上述菜单中的“Print Confg”（打印配置）软键，显示打印配置菜单如下：

· 按下“Print to:”（打印至:）软键，选择打印机接口。若选择“Parallel”（并行），把打印文件打印到接在示波器后面并行端口的打印机上；若选择“Disk”，把打印文件发送到仪器的内置软盘上。打印文件被命名为PRINT _ nn. xxx，其中xxx是输出格式(BMP、TIF或CSV)。

· 按下“Format”（格式）软键，选择打印格式。如果打印接口设置到“Parallel”，打印机格式可选为DeskJet、LaserJet、Epson或Seiko DPU414（便携式）；如果打印接口设置为“Disk”，软盘格式设置为TIF image、BMP image或CSV data。

· 按下“Factors”（系数）软键，选择定标系数。示波器的定标系数包括垂直、水平、触发、采集、数学函数及显示设置。若想把定标系数包含于打印结果中，可选择“Factors”软键。

②使用软盘

按下Utility菜单中的“Floppy”（软盘）软键，显示菜单如下：

· 把软盘文件装入示波器

按下“File:”（文件）软键，或旋转输入旋钮选择软盘上的文件，然后按下“Load File”（装入文件）软键，即可将所选软盘上的文件装入示波器。

可以载入示波器的文件：QFILE _ nn. SCP设置文件，QFILE _ nn. TRC轨迹文件以及使用示波器前面板“Save/Recall”键建立的其他用户定义的设置或轨迹文件；本地语言文件包(LANGPACK. JZP)；系统软件文件(*.BIN和*.JZP)。

· 删除软盘上的文件

要删除软盘上的文件,按下“Delete File”(删除文件)软键即可。

③设置示波器 I/O 端口,使用控制器或 PC

将示波器与控制器或 PC 用 RS－232 电缆线连接好。

按下“Utility”菜单中的“I/O”(输入/输出)软键,显示如下 I/O 菜单:

· 按下“Controller RS－232”(控制器)软键,将控制器接口设置为 RS－232。示波器后面板上连接器的 RS－232 配置为:数据位－8;停止位－1;奇偶校验位－无。

· 按下“XON DTR”(信号交换)软键,设置 RS－232 与控制器或 PC 相符的信号交换。RS－232信号交换可设置为:

XON XON/XOFF,这是一种软件信号交换;DTR 数据终端就绪,一种硬件信号交换。默认信号交换是 DTR。要想通过 RS－232 接口将波形数据从示波器下载到 PC 机,应安装 agilent公司提供的“IntuiLink Data Capture”程序。

· 按下“Baud 9600”软键,设置 RS－232 波特率。RS－232 波特率可设置为:9600、19200、38400 或 57600。默认的波特率是 9600。

④设置时钟

按下 Utility 菜单中的“Options”(选择)软键,然后再按下“Clock”软键,显示时钟菜单如下:

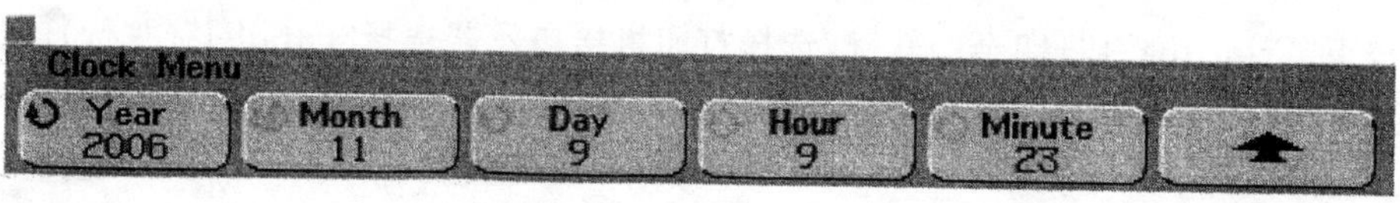

依次按 Year(年)、Month (月)、Day (日)、Hour (小时)或 Minute (分钟)软键,并旋转输入旋钮设置所要的数字。设置的当前日期和时间标记将出现在打印的硬拷贝以及软盘的目录信息中。

11. 探头补偿输出

在使用模拟探头时,探头特性应和示波器相匹配,否则可能导致测量误差。为此,必要时要对探头进行补偿。补偿操作如下:

将模拟探头从通道 1 连接到前面板右下角的“Probe Comp”(探头补偿)信号。按下“Autoscall”键,屏上会出现方波信号。若方波信号过补偿或补偿不足,应用一个非金属工具调整探头上的微调电容器,以获得最平坦的方波信号。

(* 54622A 型 DSO 功能较多,限于本实验的教学要求,这里只简单介绍这些,详细部分及其他多种功能请参考原版说明书。即“Agilent 54621A/22A/24A Oscilloscopes and Agilent 54621D/22D Mixed－Signal Oscilloscopes User's Guide”。)

实验15　线性多用表

一、目的要求

1. 了解运算放大器的基本特性。
2. 掌握线性多用表的工作原理及测量方法。

二、引言

前面的实验中，我们使用过电压表、电流表及欧姆表等。我们知道，为了不影响被测电路的状态，希望电压表具有尽量高的内阻，电流表具有尽量低的内阻。同时希望交流表及欧姆表的刻度是线性的。但是普通的电压表内阻不够高，电流表内阻不够低，这些缺点均可给测量结果带来一定的系统误差。而利用通用型运算放大器构成的线性多用表可以做到电压挡内阻很高、电流挡内阻很低，且电压、电流、电阻挡刻度均可实现线性化，因此这类线性仪表正在受到人们的重视。

三、原理

1. 运算放大器

放大器是能够放大电信号的电路，运算放大器顾名思义就是作运算用的放大器。给它配以适当的反馈网络，便可对信号进行比例、加法、减法、积分、微分等数学运算。由于它具有出色的高性能而在实际中得到了广泛的应用。

运算放大器(以下简称运放)的电路符号如图15.1所示。它有两个输入端，即同相输入端和反相输入端，分别以符号"＋"和"－"表示。信号电压从同相端输入时，输出电压信号与输入电压信号相位相同；信号从反相端输入时，输出信号与输入信号相位相反。运放工作在线性区时，输出电压 U_0 和输入电压 (U_+-U_-) 成线性关系，可写成等式：

$$U_0=A_0(U_+-U_-) \tag{15.1}$$

式中 A_0 称为运放的开环电压放大倍数，即运放不加反馈时，输出电压与从两输入端输入的电压之比。运放的另一重要参数是它的输入电阻 r_i，即从输入端向"运放"看进去的等效电阻，亦即从运放两输入端间输入的信号电压与其在输入端所产生的电流之比。A_0 和 r_i 这两个量一般都很大(如OP07运放，$A_0=10^5$，$r_i=10^7\Omega$)，在分析由运放组成的电路时，为简化计算，可将其理想化，即认为理想的运放 $A_0\to\infty$，$r_i\to\infty$ 等，由此可推知理想运放工作在线性区时的两个重要特性：

①当 $A_0\to\infty$，U_0 为有限值的情况下，由(15.1)式知 $U_+=U_-$，即运放的两个输入端电位近似相等。参看图15.2，若同相输入端接地，则反相输入端的 Σ 点近似为地电位，常称 Σ 点为"虚地"点。应当指出，"虚地"并非真正的地，不能把 Σ 点看成与地短路，否则信号就不能输入到运放中去了。

② 由于 $U_+=U_-$，$r_i\to\infty$，故流入放大器的输入电流 $I_+\to0$，$I_-\to0$。

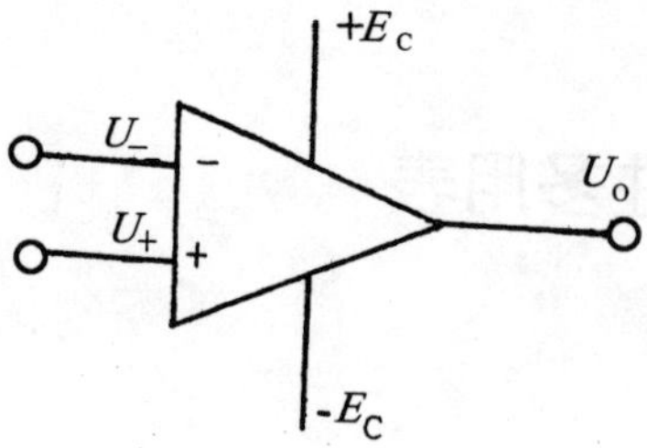

图 15.1

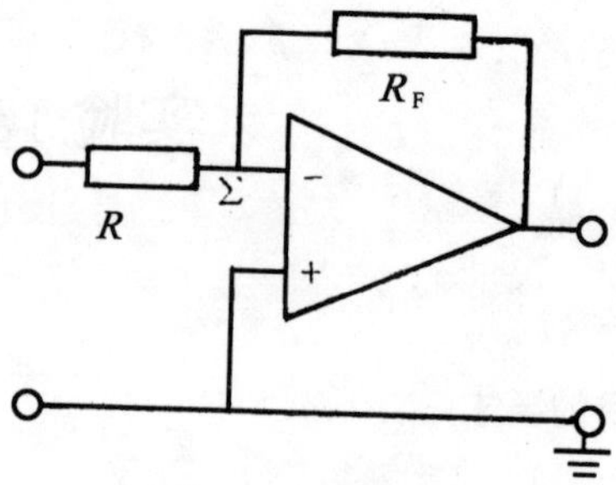

图 15.2

一般实际的运放工作在线性区时，其参数很接近理想情况，因此也基本上具备上述两个特点。运用这两个特点可大大简化运放应用电路的分析，而不必考虑运放内部的电路结构，得到的结果与实际运放相差甚小。

2. 直流电压表

由运放构成的直流电压表电路如图 15.3 所示。R_F 跨接在运放输出端与反相输入端之间，称为反馈电阻；U_X 为待测电压，U_O 为指示电压表。为提高电路的输入电阻，即直流电压表的内阻，运放工作在同相输入状态。下面根据理想运放的特性来分析该电路的输入电阻以及输出电压与输入电压(待测电压)间的关系。

按输入电阻的定义，该电路的输入电阻应为 $R_i=U_X/I_i$。由于 $I_i\to 0$，故 $R_i\to\infty$，考虑到$I_i\to 0$ 有 $U_-=U_+=U_X$，不难推出输出电压 U_O 和输入电压 U_X 满足下列关系：

$$U_X=\frac{R}{R+R_F}U_O \tag{15.2}$$

(15.2)式表明，U_O 与 U_X 的关系仅取决于外接电阻 R_F 和 R，而与运放内部参数无关。若已知输出电压 U_O 及电阻 R_F 和 R，便可知待测电压 U_X 的大小。改变 R_F 和 R 的大小，便可变换电压表的量程。

对于理想的运放，当输入电压为零时，输出电压也为零。然而对于实际的运放，即使输入端接地，也会有一个很小的直流输出电压。这主要是由于运放的输入失调电流、失调电压及输入偏置电流影响所致(后续电子线路课会讲到)。在对输出电压进行精确测量时，应设法消去其影响，因此采取了如图 15.3 所示的措施：一是在同相输入端接入一平衡电阻 R'，并使 $R'=R/\!/R_F$(忽略输入信号源内阻)，以减小偏置电流的影响；二是在运放失调调零管脚连接一调零电位器 W，实验时先使 $U_X=0$，再调节 W 可使输出电压为零，从而抵消了失调参数的影响。下面所述各电表电路也均采取上述措施，道理相同。

3. 直流电流表

由运放构成的直流电流表电路如图 15.4 所示。I_X 为待测电流，U_O 为指示电流大小的电压表。为减小该电路的输入电阻，即电流表的内阻，运放工作在反相输入状态。根据“虚地”的概念分析易知，该电路的输入电阻 $R_i\to 0$，输入电流与输出电压的关系为：

$$I_X=-\frac{U_O}{R_F} \tag{15.3}$$

(15.3)式表明，若已知输出电压 U_O 及电阻 R_F，便可知待测电流 I_X 的大小。改变 R_F 的大小即可改变电流表量程。

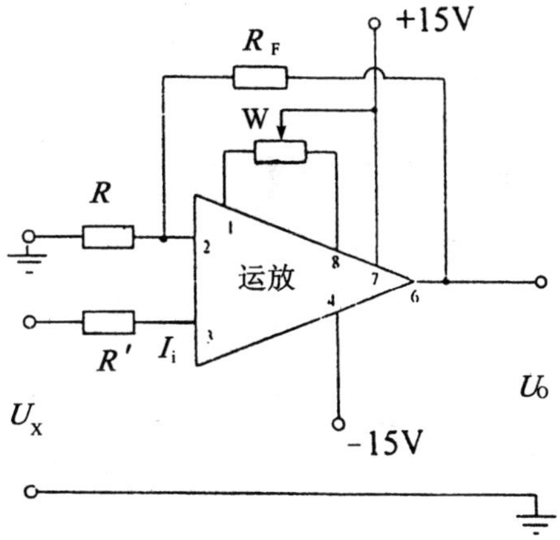

图 15.3

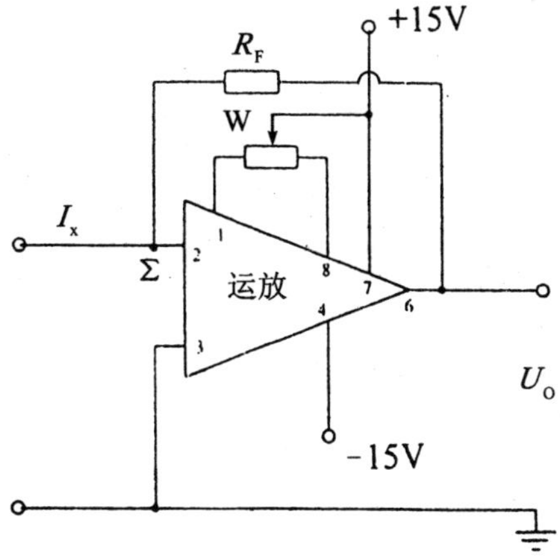

图 15.4

4. 电阻表

利用运放构成的电阻测量电路如图 15.5 所示。其中反馈电阻为待测电阻 R_X，E 为直流电源，U_O 为指示电阻大小的电压表。当 E 固定不变时，根据 Σ 点为"虚地"的概念有 $I_R=E/R$ 且不变；又由于运放输入电阻 $r_i\to\infty$，流入运放的电流为零，故有 $I_R=I_X$。在 U_O 不超过运放线性范围的前提下，I_R 将不随 R_X 的改变而改变，因此有：

$$R_X=-\frac{R}{E}U_O \tag{15.4}$$

可见 $R_X\propto U_O$，R_X 值便可由所接电压表指示出来，且刻度是线性的。改变 R、E 值，可改变电阻表的量程。

5. 交流电压表

图 15.6 为一种交流电压表测量电路。u_X 为待测交流电压，指示交流电压大小的是直流电流表。为提高电路的输入电阻，仍采用运放同相输入状态。分析方法同直流电压测量电路，不再赘述。反馈回路采用二极管 $D_1\sim D_4$ 组成桥式全波整流电路，整流电路的作用是将交流正弦信号变换为全波整流信号。当输入 u_X 为交流正半周信号时，输出电压也是正半周信号，此时二极管 D_1、D_2 导通，电流 I 正向流过电流表头；若输入 u_X 是交流负半周信号时，输出也是负半周信号，此时二极管 D_3、D_4 导通，电流 I 仍正向流过表头。可见，输入 u_X 是双向交流信号，而流过表头的电流为单方向全波整流信号。但由于惯性，电流表针指示的是整流信号的平均值 I，若 $u_X=\sqrt{2}V_X\sin\omega t$，不难推出 I 和正弦交流电压信号有效值 V_X 的关系为：

$$V_X=\frac{R}{0.9}I \tag{15.5}$$

可见 $V_X\propto I$，因此在电流表表头上采用线性刻度即可指示被测交流电压的大小，改变 R 和表头量程可改变交流电压表的量程。

四、仪器用具

线性集成电路实验装置，直流电压表 2 块，直流电流表 1 块，电阻箱 4 个，信号发生器 1 台，交流毫伏表 1 块。

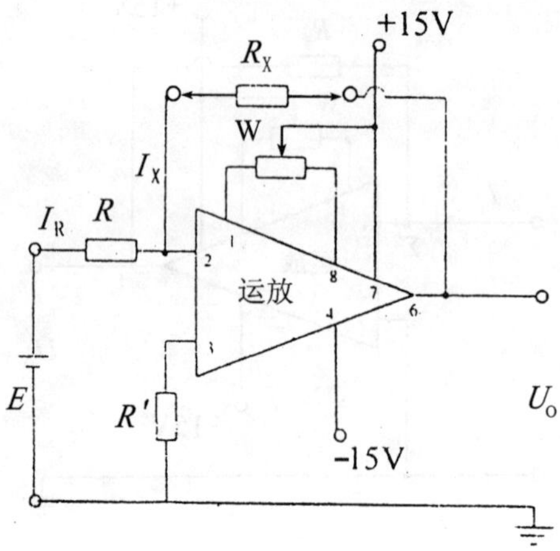

图 15.5

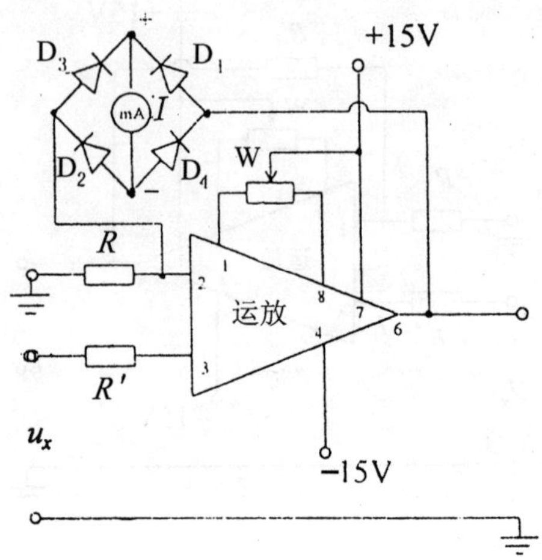

图 15.6

五、实验内容

1. 按图 15.7 设计并组装量程为 0.2V 的直流电压表。指示电压表的量程为 2V，$R_F=900\Omega$，试计算 R＝？调节电表零点和满度后测出输出电压 U_O 与输入电压 U_X 的关系曲线。

2. 按图 15.8 设计并组装量程为 5mA 的直流电流表。指示电流大小的为直流电压表，量程为 2V。试计算 R_F＝？调节电表零点和满度后，测出输出电压 U_O 和输入电流 I_X 间的关系曲线。

3. 按图 15.9 设计并组装量程为 1 000Ω 的电阻表，指示电阻大小的为直流电压表，量程为 2V。E 为 1V，试计算 R＝？调节电表零点和满度并测出输出电压 U_O 和 R_X 的关系曲线。

4. 按图 15.6 设计并组装量程为 3V 的线性交流电压表。指示电压大小的是直流电流表，量程为 5mA，试计算 R＝？调节电表零点和满度并测出输出电流 I 和输入电压 V_X 的关系曲线。

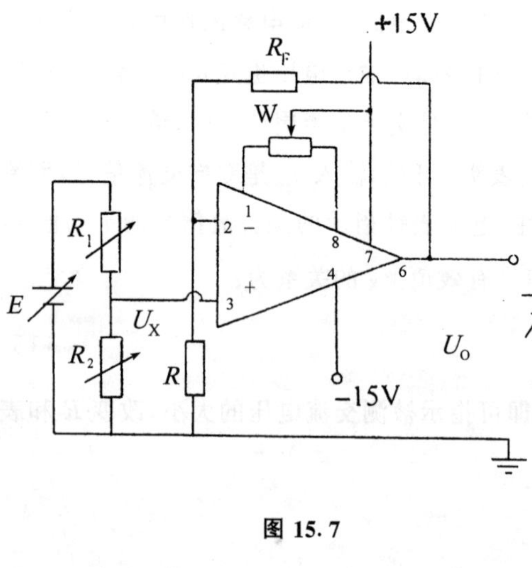

图 15.7

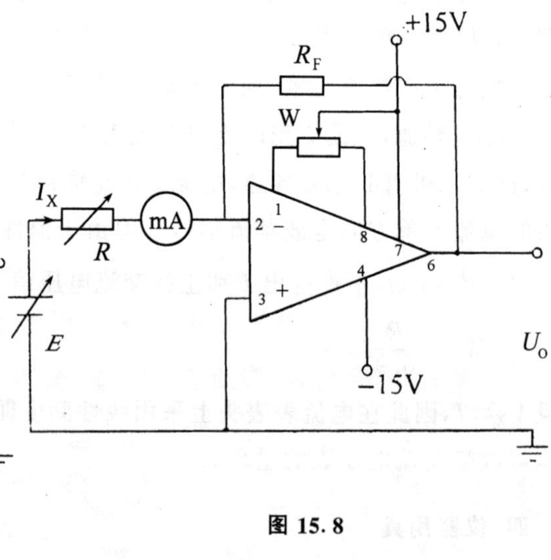

图 15.8

六、注意事项

1. 组装各电表电路时，接线要细心，避免出错。

2. 在对各电表电路输入端短路、输出端调零时，勿将实验板上的电源短路。

3. 实验时要仔细、认真，以免损坏仪表和实验电路。

七、考查题

1. 根据理想运放的两个重要特点，分析一下电压表和电流表为什么分别采用正相、反相的输入方式。

2. 图 15.10 为一反相输入运放电路。若 $U_O=10V$，$A_0=10^5$，试求 Σ 点电位。由此理解 Σ 点为"虚地"点的原因。

3. 试分析由运放构成的线性多用表和普通万用表的优缺点。

4. 如何调节各电表的零点及满度值？

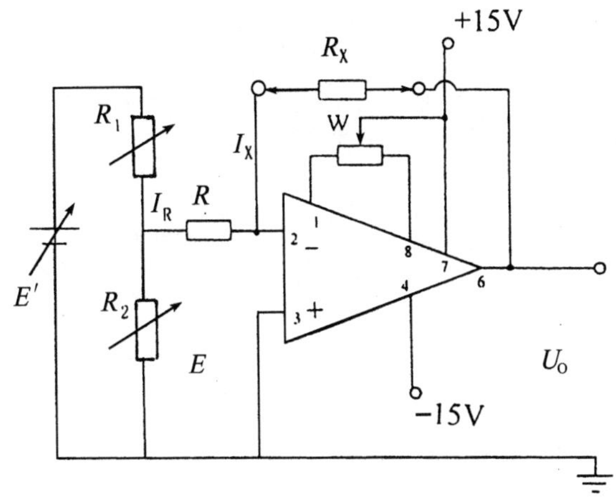

图 15.9

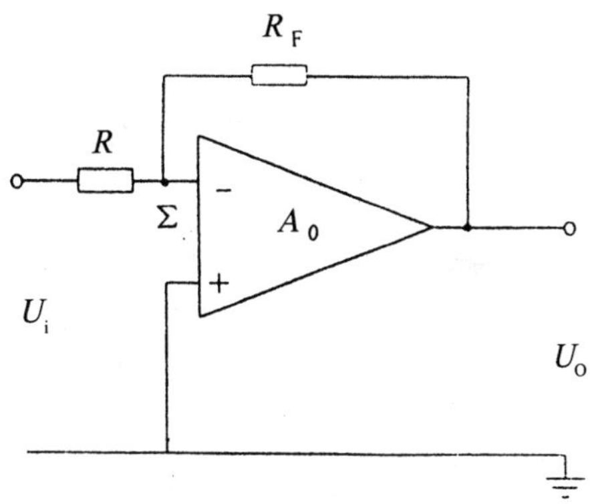

图 15.10

八、思考题

1. 在交流电压表电路中，输入正弦交流电压的有效值 V_X 与输出整流电流的平均值 I 满足(15.5)式，试证明之。

2. 如图 15.11(a)、(b)均为 100mV 量程的电压表，但毫安表表头内阻 R_g 具有 0.004 的温

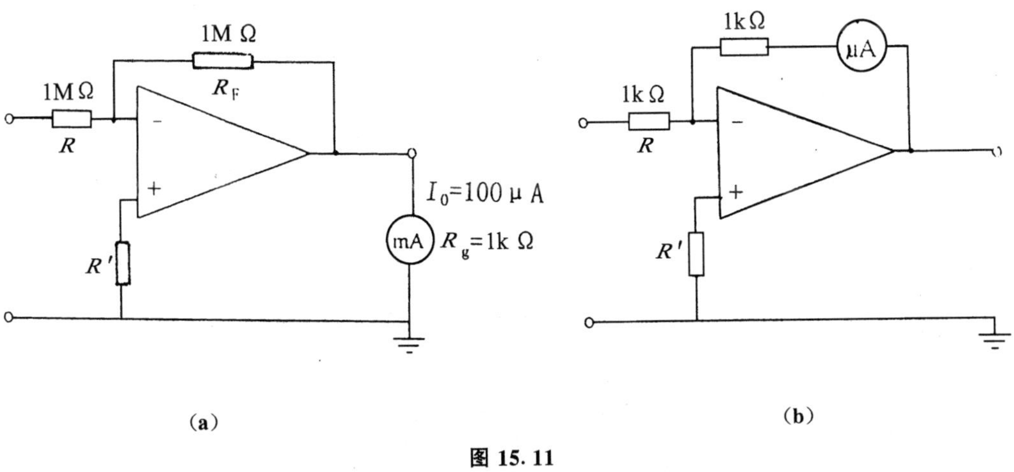

图 15.11

度系数，试分析哪一种电路能消除电压表电路的温度系数？

3. 试设计一线性交流电流表，画出电路图，并证明输入电流为正弦信号，即当

$$i_X = \sqrt{2} I_X \sin\omega t$$

时，输出整流电流的平均值 I 和输入正弦电流信号的有效值 I_X 满足 $I = 0.9 I_X$ 之关系。

实验 16　冲击法测高阻和电容

一、目的要求

1. 了解冲击电流计的测量原理和动圈的运动规律。
2. 掌握冲击电流计在开路状态下冲击常数的测量方法。
3. 掌握用冲击法测量高电阻和电容。

二、引言

冲击电流计是灵敏电流计的一种特殊形式，它的结构与灵敏电流计相似，如图 16.1 所示。而区别在于，冲击电流计的动圈比较宽，有的在动圈系统上装一个厚边圆盘，因此动圈系统的转动惯量较大，转动周期亦长。

由于动圈系统的转动周期长，动作迟缓，所以通常不用冲击电流计测量微弱的直流电流，而用它来测量短暂时间 τ 内脉冲电流 i 所迁移的电量 Q($Q=\int_0^\tau i\mathrm{d}t$)，即脉冲电量。

用冲击电流计测量电量，灵敏度相当高，例如我们实验中使用的 AC4/3 型冲击电流计，大约 3×10^{-9}库仑的电量就可使冲击电流计的光标移动 1mm。

冲击电流计除直接测量电量外，还可以间接测量与电量有关的物理量。如电容 C、互感 M、磁感应强度 B 等。可见冲击电流计在电磁测量中用途相当广泛，已形成专门的测量方法——冲击法。

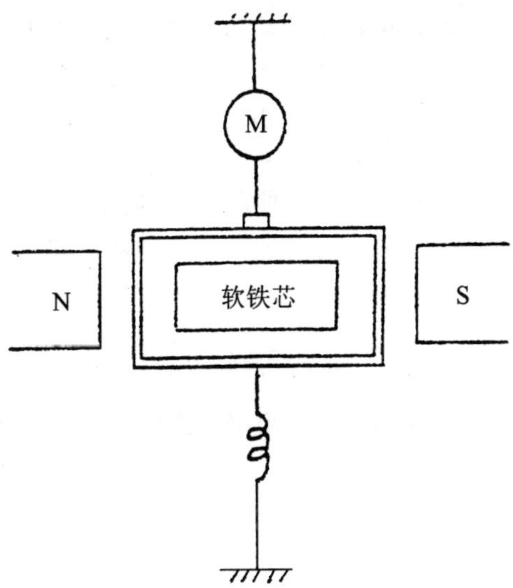

图 16.1

三、原理

1. 冲击电流计的测量原理

下面通过分析冲击电流计动圈的运动过程，来阐明冲击电流计是如何测量脉冲电量的。

①脉冲电流对冲击电流计动圈的冲击

同分析灵敏电流计一样(参看实验 5)，当有脉冲电流 i 通过冲击电流计时，动圈的运动方程为

$$J\frac{\mathrm{d}^2\alpha}{\mathrm{d}t^2}+P\frac{\mathrm{d}\alpha}{\mathrm{d}t}+D\alpha=nBSi \tag{16.1}$$

其中等号右端表示脉冲电流 i 对动圈产生的作用力矩，n、S 分别为动圈的匝数和所围面积，B 为动圈竖直边所在区域的磁感应强度。等号左边第一项为动圈的转动惯量 J 和角加速度的乘

积；第二项表示动圈在转动中所受的阻尼力矩，P 为阻尼系数，等于电磁阻尼系数 P_B 和空气阻尼系数 P_A 之和；其中

$$P_B=\frac{(nBS)^2}{R_g+R} \tag{16.2}$$

左边第三项表示动圈偏离平衡位置 α 时所受悬丝的恢复力矩，D 为悬丝的扭转系数。

需要指出，当脉冲电流 i 在极短的时间 τ（τ 远小于冲击电流计的自由摆动周期）内通过冲击电流计动圈时，可认为动圈还来不及偏转，则(16.1)式中阻尼力矩和恢复力矩忽略不计，于是在 τ 时间内动圈的运动方程(16.1)便简化为

$$J\frac{d^2\alpha}{dt^2}=nBSi \tag{16.3}$$

对(16.3)式在脉冲作用时间 $0\sim\tau$ 内积分有

$$\frac{d\alpha}{dt}\Big|_{t=\tau}=\frac{nBS}{J}Q \tag{16.4}$$

其中 $Q=\int_0^\tau i\mathrm{d}t$，即为脉冲电流 i 在 τ 时间内所迁移的电量。(16.4)式告诉我们，脉冲电流对冲击电流计动圈的冲击结果，使得动圈在 τ 时刻获得一与电量 Q 成正比的角速度。

②受冲击的动圈的偏转运动

冲击电流计的动圈在脉冲电流的冲击下在 τ 时刻后开始运动。但在 τ 时刻后脉冲消失，所以动圈在以后的运动过程中仅受阻尼力矩和恢复力矩的作用，运动方程(16.1)式便化为

$$J\frac{d^2\alpha}{dt^2}+P\frac{d\alpha}{dt}+D\alpha=0 \tag{16.5}$$

为讨论问题方便起见，我们把脉冲电流作用完毕的 τ 时刻作为计算动圈运动的时间起点，这样(16.5)式可有如下形式的初值问题：

$$\alpha|_{t=0}=0$$

$$\frac{d\alpha}{dt}\Big|_{t=0}=\frac{nBS}{J}Q$$

(16.5)式的解将因阻尼状态不同而有三种情况：

(i) $P^2<4JD$

$$\alpha=A_1\sin b_1t\cdot\exp(-at) \tag{16.6}$$

(ii) $P^2>4JD$

$$\alpha=A_2\mathrm{sh}b_2t\cdot\exp(-at) \tag{16.7}$$

(iii) $P^2=4JD$

$$\alpha=A_3t\cdot\exp(-at) \tag{16.8}$$

式中 $a=\frac{P}{2J}$，$b_1=\sqrt{\frac{4JD-P^2}{2J}}$，$b_2=\sqrt{\frac{P^2-4JD}{2J}}$，$A_1=\frac{2nBS}{\sqrt{4JD-P^2}}Q$，$A_2=\frac{2nBS}{\sqrt{P^2-4JD}}Q$，$A_3=\frac{nBS}{J}Q$。

(16.6)～(16.8)三式中偏转角 α 和时间 t 的关系如图16.2中曲线Ⅰ、Ⅱ、Ⅲ所示。曲线Ⅰ表明动圈在此条件下作振幅按指数规律衰减的周期振动，称作“欠阻尼运动状态”；曲线Ⅱ表明动圈回零时作非周期性衰减运动，且以缓慢速度回到零点，称作“过阻尼运动状态”；曲线Ⅲ说明动圈回零时也以非振动的方式作衰减运动，但却以较短的时间回到零点，这就是“临界阻尼

运动状态”。此时动圈的外路电阻称为“临界外阻”。

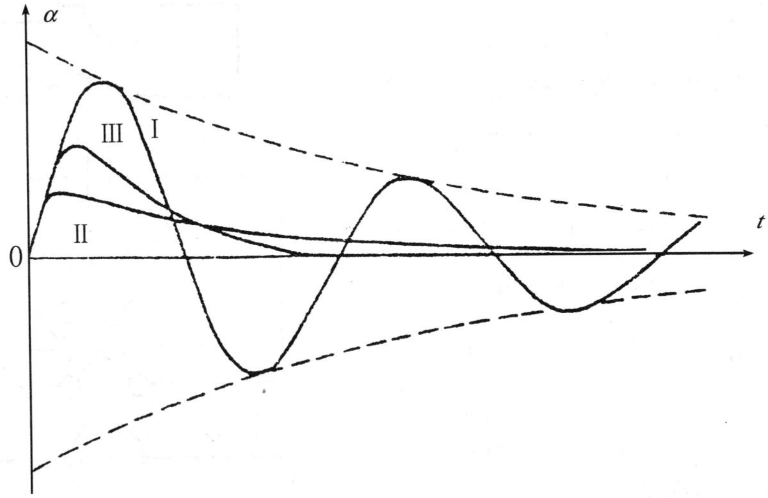

图 16.2

③脉冲电量 Q 的测定

用冲击电流计测量脉冲电量时，我们所关心的是动圈第一次偏转的最大角位移 α_m（称冲掷角）。由(16.6)～(16.8)三式及 A_1、A_2、A_3 定义式可以看出，无论冲击电流计的动圈处于哪种阻尼状态，其动圈的冲掷角 α_m 都与通过它的脉冲电量 Q 成正比，即 $\alpha_m \propto Q$。

实际使用中的冲击电流计，借助于调节好的光杠杆装置，把动圈的冲掷角 α_m 按比例转换为标尺上光标的最大偏转距离 d_m，因此又有 $d_m \propto Q$ 之关系，写成等式：

$$d_m = S_d Q \tag{16.9}$$

或
$$Q = C_d d_m \tag{16.10}$$

式中 C_d 称为“冲击常数”，单位 C/mm（库仑/毫米）。实验中调整好的 AC4/3 型冲击电流计的冲击常数 C_d 约为 $2\times10^{-9}\sim4\times10^{-9}$C/mm。$S_d = 1/C_d$ 称为“电量灵敏度”，单位为 mm/C。

这里我们应注意到，冲击常数不是一个固定不变的常数，阻尼状态不同，冲击常数也不同。冲击电流计的外路电阻 R 越大，阻尼就越小，冲击常数 C_d 也越小。所以我们每次使用冲击电流计时，都要由实验测出 C_d 值，并且测定该常数时的动圈回路电阻要和工作时完全一致。这样测出 C_d 值及冲击电流计光标第一次偏转的最大距离 d_m，由(16.10)式就可确定通过冲击电流计的脉冲电量了。

在下面测高阻和电容的实验中，我们看到冲击电流计工作在开路状态。即相当于(16.2)式中 $R\to\infty$ 的情况，此时 $P_B = 0$，阻尼系数 P 仅等于空气阻尼系数，其值很小，满足 $P^2 < 4JD$ 的条件，动圈作欠阻尼运动。动圈处于开路状态时的振动周期称为“自由振动周期”，用 T_0 表示。由(16.6)式及 b_1 的定义式可知：

$$T_0 = 2\pi\sqrt{\frac{J}{D}}$$

本实验所用的 AC4/3 型冲击电流计的自由振动周期 T_0 为 20 秒左右。

2.冲击法测高阻

测量电路参考图 16.3。其中 G 为冲击电流计，C_0 为一已知的标准电容，K_1 为高绝缘开关。将待测高阻 R_X 与已知电容 C_0 并联。测量时将开关 K_1 合至“1”，电容 C_0 立即充电至 $Q_0=$

C_0U_0。而后将 K_1 拉开立于中央，同时用秒表记录 C_0 通过 $R(R=R_X/\!/R_C, R_C$ 为 C_0 漏高阻)放电的时间 t。放电到一定时间，把开关 K_1 迅速合至"2"，则由冲击电流计光标偏转的最大距离 d 可知 C_0 的剩余电量 $Q=C_dd$。电容的放电公式为

$$Q=C_0U_0\exp(-\frac{t}{RC_0}) \tag{16.11}$$

将 $Q=C_dd$ 代入(16.11)式，整理可得：

$$\ln d=\frac{-t}{RC_0}+\ln\frac{C_0U_0}{C_d} \tag{16.12}$$

实验时每次都固定充电电压 U_0，而对应 C_0 的不同放电时间 t 测出相应的 d 值，作 $\ln d-t$ 曲线，由该直线的斜率可算出 R 值：

$$R=-\frac{1}{C_0}\cdot\frac{1}{\frac{\Delta\ln d}{\Delta t}} \tag{16.13}$$

将 R_X 从线路中拆掉，按上述同样方法可测出一组 d、t 值，作 $\ln d-t$ 曲线，由其斜率可算出 R_C。于是待测高阻 R_X 可由下式求得：

$$R_X=\frac{1}{\frac{1}{R}-\frac{1}{R_C}} \tag{16.14}$$

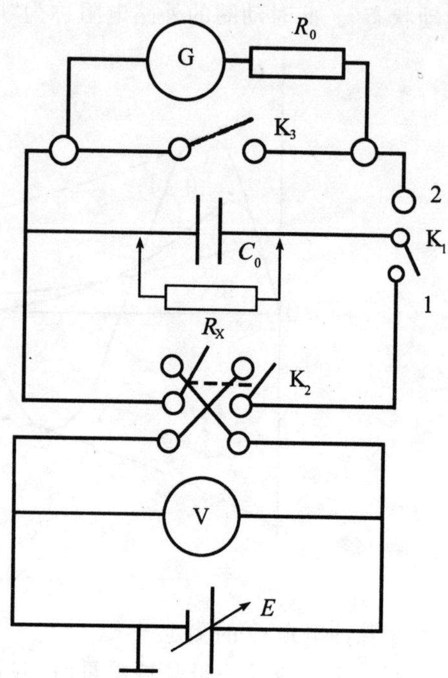

图 16.3

3. 冲击法测电容

测量电路如图 16.4 所示，其中 C_X 为待测电容。测量时可先后接入 C_0 和 C_X，采用和实验内容 1 相同的测量方法，可得出下面的式子：

$$Q_0=C_0U_0=C_dd_0 \tag{16.15}$$

$$Q_X=C_XU_X=C_dd_X \tag{16.16}$$

式中 U_0、U_X 分别为 C_0、C_X 的充电电压，d_0、d_X 分别为充电后的 C_0、C_X 通过冲击电流计放电而使冲击电流计光标偏转的最大距离。由(16.15)和(16.16)两式我们有：

$$C_X=\frac{C_0U_0}{U_X}\cdot\frac{d_X}{d_0} \tag{16.17}$$

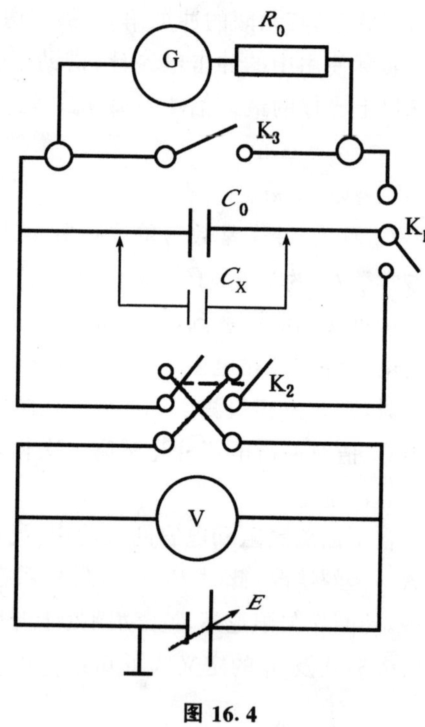

图 16.4

本实验待测电容 C_X 接近于 C_0 值，故可取 $U_0=U_X$，于是(16.17)式简化为：

$$C_X=\frac{d_X}{d_0}C_0 \tag{16.18}$$

这种测量方法是在 C_0 和 C_X 保持充电电压相同的条件下，都通过冲击电流计放电，并由冲击电流计偏转的大小算出待测电容 C_X 之值。这就是所谓的比较法测电容。此法的优越性在于

不需要知道电压、冲击常数、动圈内阻等参数，这就消除了一系列的系统误差。

四、仪器用具

冲击电流计，电压表，标准电容，高绝缘开关，直流稳压电源，停表，反向开关，单刀开关，待测高阻，待测电容等。

五、实验内容

1. 测定冲击电流计在开路状态下的冲击常数 C_d

测量电路如图 16.3 所示。本实验中 C_0 的漏阻为 $10^{10}\Omega$ 量级的高电阻。冲击电流计动圈联有这么大的电阻可使其极近似于工作在开路状态。

测量时将开关 K_1 合至"1"，C_0 所充电量为：

$$Q_0=C_0U_0 \tag{16.19}$$

充电电压 U_0 由电压表读出。再将开关 K_1 迅速合至"2"，C_0 所充电量 Q_0 通过冲击电流计 G 迅速放掉。设此时冲击电流计光标偏转的最大距离为 d，则由(16.10)和(16.19)两式得到冲击电流计在开路状态下的冲击常数：

$$C_d=\frac{C_0U_0}{d} \tag{16.20}$$

实验时适当调节标尺的水平方位，对应不同的充电电压 U_0，测出相应的 d 值。若二者成良好的线性关系，即可作 Q-d 曲线，并由直线斜率求出 C_d。

注意：每读完一个 d 值，立刻将 K_3 闭合，这样光点回零最快，因为此时所串 1kΩ 电阻 R_0 使冲击电流计处于临界状态附近。

2. 冲击法测高阻

测量电路如图 16.3 所示。测量步骤自拟。

3. 冲击法测电容

测量电路如图 16.4 所示。测量步骤自拟。

六、注意事项

1. 在教师指导下调好冲击电流计：①标尺上有清晰的光点。②调节标尺的水平状态，使得 Q-d 成正比关系。

2. 线路切勿接错，以免损坏冲击电流计。

3. 每次测量前，不必把冲击电流计的光点恰好调在零点上，但必须等光点停稳后才能通电进行测量。

4. 稳压电源的外壳需接地，以免杂散电磁场干扰冲击电流计的测量。

5. 实验完毕，将开关 K_3 闭合，以保护冲击电流计。

七、考查题

1. 冲击电流计的主要测量对象是什么物理量？

2. 用冲击电流计测量电量为什么要考虑 Q-d 的正比关系？又为什么必须注意冲击电流计的阻尼状态？

3. 实验中冲击常数是怎样定义的？其大小与冲击电流计的外路电阻有什么关系？与内部

磁感应强度 B 又有什么关系？

4. 怎样测量冲击电流计在开路状态下的冲击常数？

5. 图 16.3 中的 K_2、K_3 作用如何？实验过程中如何使用？

八、思考题

1. 通过实验中读取偏转量 d 的从容程度及测量原理，说明测量电量时，为什么要求冲击电流计的转动周期必须足够长？

2. 作 $\ln d$-t 曲线求斜率时，怎样理解 $\ln d$ 是一无量纲的量？$\ln d$-t 曲线和 $\ln Q$-t 曲线的斜率是否一致？为什么？

3. 如何用冲击法由 0.1μF 的已知电容来测 0.01μF 左右的未知电容？画出测量电路并简述测量原理。

4. 参看图 16.5，简述如何测量冲击常数与 G 回路总电阻的关系曲线。

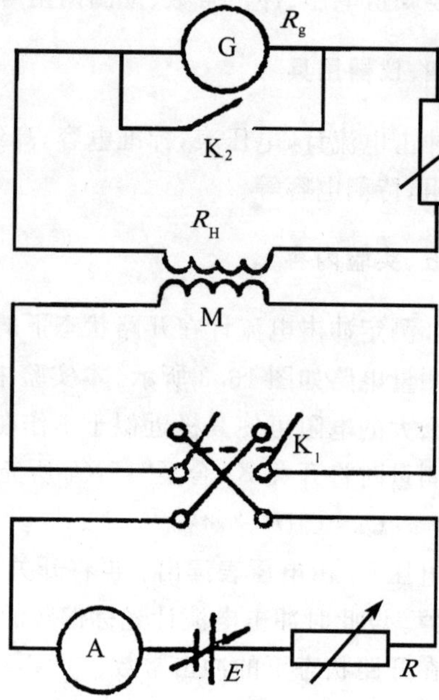

图 16.5

附录：AC4/3 型冲击电流计的调整

实验中所用的 AC4/3 型冲击电流计及其光照系统（如图 16.6 所示），被垂直安装在墙壁上，下部为标尺和光源等部分，上部为冲击电流计。上下部分之间的距离要求在设计的范围内。

调整过程可按如下步骤进行：

1. 旋电流计的底座螺丝 M_1、M_2 使底座上的水平指示泡置中心位置，以使电流计动圈在磁铁和软铁芯的缝隙磁场中处于对称位置，并能自由摆动。

2. 调电流计的制动钮（图中未画出），放开动圈，使其自由转动。

3. 调节标尺 F 使其左右位置基本对称且在 X 方向处于水平状态，以保证 $d \propto Q$ 的要求。

4. 接通电源 A，并前后左右旋动 A，使 A 发出的光束照在反射镜 C 上。然后微旋 C 上螺丝使光束通过透镜 L_2 照在固连于动圈上的反射镜 E 上。

5. 微旋电流计上盖 H，使反射镜 E 面向正前方，反射光束照到 C 上。同时配合微调 C 使 C 反射回来的光束照到标尺 F 上，便可在标尺上看到光斑。

6. 上下整体移动光源 A 和透镜 L_1 系统，使光斑上的准线 b 清晰可见。再配合调节 A 和 L_1 之间的上下距离，使标尺上的光斑照度均匀。

7. 如果光标在标尺上移动时，其方向不与标尺平行，可绕 Z 轴方向微旋反射镜 C 架。

实际上实验中所用的冲击电流计，由于反复使用，已基本处于调好状态。若需要调节的话，可按上述 3 以后的步骤进行调整（1、2 两步已于实验前由实验室老师调好）。切勿无目的地乱调，以免损坏电流计。

冲击电流计的光标一般停在标尺上的零点附近，无须一定调节在零点位置上。必要时可调节电流计上盖 H,使之停在所需要的位置上。

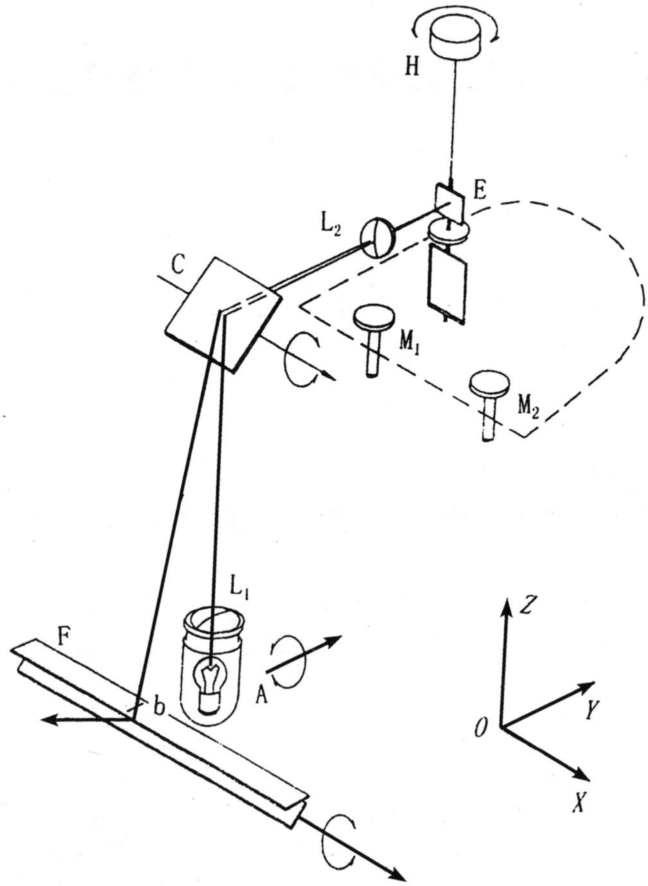

图 16.6

实验 17　冲击法测螺线管内的磁感应强度

一、目的要求

1. 掌握用冲击电流计测量磁感应强度的原理和方法。
2. 了解螺线管内轴向磁场的分布情况。

二、引言

冲击法是静态磁测量的传统方法，是以冲击电流计为积分器的单脉冲积分法，属于测量磁通量改变的积分式感应法。该方法准确可靠，测量范围宽。本实验即利用冲击法测量通电螺线管内的轴向磁场。

螺线管是人们常用的产生磁场的装置。其产生的磁场虽然较弱(在 10^2 高斯以下)，但优越性是比较均匀，容易控制调节，也易做成特殊分布的磁场，因此在应用上一直占有很重要的地位。

三、原理

1. 冲击法测量螺线管内部的磁感应强度

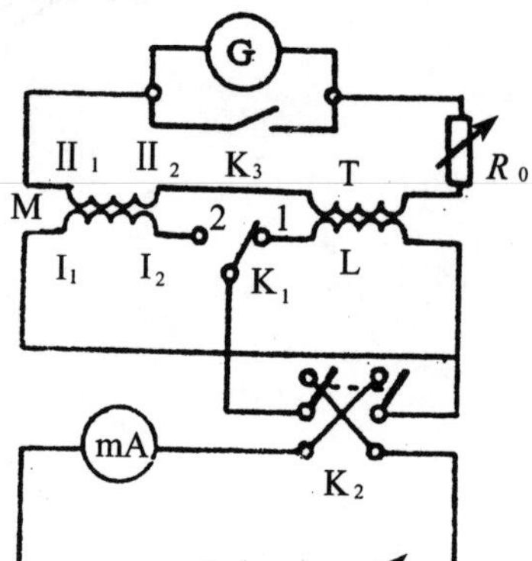

图 17.1

在实验 16 中，我们详细地讲述了冲击电流计的结构和工作原理。我们知道，冲击电流计是一个测量电量的仪器，不能直接测量磁感应强度。若想测量磁感应强度，需设法把待测磁感应强度化为电量 Q 来测量。为此本实验采用图 17.1 所示电路来测量螺线管内的磁感应强度。其中 G 为冲击电流计；M 为一已知的标准互感；L 为待测螺线管；T 为探测线圈，置于螺线管内欲测 B 值的位置上，其轴线和螺线管轴线重合。冲击电流计的外路电阻(互感次级阻值、T 阻值及 R_0 三者之和)较小，故又称冲击电流计工作在闭路状态。

测量时开关 K_1 合“1”的位置上，给螺线管通以激磁电流 I_B，然后将换向开关 K_2 突然拉开，螺线管所在回路电流由 I_B 变为零，置于螺线管内的探测线圈内部磁通匝链数变化为：

$$\Delta\Psi = WSB \tag{17.1}$$

其中 W、S 分别为探测线圈 T 的匝数和面积，B 为 L 内 T 所在位置的磁感应强度。变化的磁通使 T 内产生感应电动势：

$$\varepsilon_T = -\frac{d\Psi}{dt} \tag{17.2}$$

同时 G 回路(由 T、互感次级、R_0 及 G 联成的回路)中产生的感应电流 i 使回路总自感 L 产生的自感电动势为：

$$\varepsilon_L = -L\frac{\mathrm{d}i}{\mathrm{d}t} \tag{17.3}$$

设 G 回路的总电阻为 R，于是可写出回路电压方程：

$$-\frac{\mathrm{d}\Psi}{\mathrm{d}t} - L\frac{\mathrm{d}i}{\mathrm{d}t} = iR \tag{17.4}$$

对(17.4)式在 i 的脉冲作用时间 $0\sim\tau$ 内积分：

$$-\int_0^\tau \frac{\mathrm{d}\Psi}{\mathrm{d}t}\mathrm{d}t - \int_0^\tau L\frac{\mathrm{d}i}{\mathrm{d}t}\mathrm{d}t = \int_0^\tau iR\mathrm{d}t \tag{17.5}$$

其中 $-\int_0^\tau \frac{\mathrm{d}\Psi}{\mathrm{d}t}\mathrm{d}t = -[\Psi(\tau)-\Psi(0)] = WSB$；$-\int_0^\tau L\frac{\mathrm{d}i}{\mathrm{d}t}\mathrm{d}t = -L[i(\tau)-i(0)] = 0$；$\int_0^\tau Ri\mathrm{d}t = R\int_0^\tau i\mathrm{d}t = RQ_B$，$Q_B$ 为通过冲击电流计的电量。这样(17.5)式化为：

$$Q_B = \frac{WSB}{R} \tag{17.6}$$

若 Q_B 引起冲击电流计光点偏转的最大距离为 d_B，则有 $Q_B = C_d d_B$。将此式代入(17.6)式可求得螺线管内欲测位置的磁感应强度的表达式为：

$$B = \frac{RC_d}{WS}d_B \tag{17.7}$$

若再测出冲击常数 C_d，则 B 即可算出。

2. 定冲击常数 C_d

将图 17.1 中的开关 K_1 置“2”端，给互感初级通以一定的电流 I_M。突然拉开换向开关 K_2，这时互感 M 的次级将有互感电动势 ε_M 产生：

$$\varepsilon_M = -M\frac{\mathrm{d}i_M}{\mathrm{d}t} \tag{17.8}$$

式中 M 为互感系数，$\mathrm{d}i_M/\mathrm{d}t$ 为互感初级电流的变化率。与此同时，G 回路的感应电流 i' 在回路总自感 L' 上产生自感电动势：

$$\varepsilon_{L'} = -L'\frac{\mathrm{d}i'}{\mathrm{d}t} \tag{17.9}$$

于是 G 回路的电压方程为：

$$-M\frac{\mathrm{d}i_M}{\mathrm{d}t} - L'\frac{\mathrm{d}i'}{\mathrm{d}t} = Ri' \tag{17.10}$$

将上述在脉冲电流 i' 的作用时间 $0\sim\tau'$ 内积分，并整理得：

$$Q_M = \frac{MI_M}{R} \tag{17.11}$$

式中 $Q_M = \int_0^{\tau'} i'\mathrm{d}t$ 为通过冲击电流计的脉冲电量。若 Q_M 引起冲击电流计的光点偏转的最大距离为 d_M，则可定出冲击常数 C_d：

$$C_d = \frac{Q_M}{d_M} = \frac{MI_M}{Rd_M} \tag{17.12}$$

由于电量 Q_M 和(17.6)式中的 Q_B 所通过的 G 回路总电阻相同，阻尼状态不变，故冲击常数 C_d 也相同。将(17.12)式代入(17.7)式，即可确定螺线管内欲测位置的磁感应强度：

$$B = \frac{MI_M}{WS}\cdot\frac{d_B}{d_M} \tag{17.13}$$

四、仪器用具

冲击电流计G，标准互感M，螺线管L(内附探测线圈T)，电阻箱2个，电流表，稳压电源，开关3个。

五、实验内容

1. 将冲击电流计调至临界阻尼状态并测出临界外阻。

按图17.1联接线路。K_1 置“2”端，R_S 调为数十欧姆，适当调节M初级电流(数十毫安)，拉开 K_2(或合上 K_2)，观察冲击电流计光点运动。当电阻箱 R_0 取某值时，光点回零运动呈临界阻尼状态，此时冲击电流计回路中互感次级、探测线圈和电阻箱 R_0 的总电阻即为临界外阻。

2. 测螺线管中部磁感应强度与激磁电流的关系曲线(探测线圈置于螺线管中部)。

如图17.1，K_1 置“2”端，给M初级通以不同的电流 I_M，将 K_2 突然拉开，测出相应的冲击电流计光点的冲掷距离 d_M。若 $I_M—d_M$ 为过原点直线，即可由其斜率 $\Delta I_M/\Delta d_M$ 代替(17.13)式中的 I_M/d_M，即为：

$$B=\frac{M}{WS}\cdot\frac{\Delta I_M}{\Delta d_M}d_B \tag{17.14}$$

若 d_M 不与 I_M 成正比，则需调节冲击电流计标尺的水平状态，重新测量。

然后将 K_1 置“1”端，对应不同的激磁电流 I_B，将 K_2 突然断开，测出相应的光点的冲掷距离 d_B，由(17.14)式即可算出螺线管中部不同激磁电流下的 B 值。作 $B—I_B$ 曲线。根据 $B—I_B$ 直线的斜率计算螺线管中部每安培激磁电流所产生的磁感应强度，并与理论值进行比较(螺线管长30.0cm，直径6.2cm，匝密度为33.0匝/cm)。

3. 测螺线管内磁感应强度 B 沿轴线 X 的分布。激磁电流 I_B 选定为 $50mA$ 或 $100mA$，作出 $B—X$ 曲线(X 为探测线圈T的位置坐标)。测法自拟。

4. 作为冲击电流计的闭路应用，测量上述螺线管和探测线圈间的互感系数 M_X(T置于螺线管中部)。测量方法自拟。

六、注意事项

1. 在教师的指导下调好冲击电流计：①标尺上有清晰的光点。②调节标尺的水平状态使得 $I_M—d_M$ 成正比关系，不得自行乱调。

2. 线路切勿接错，以免损坏冲击电流计。

3. 每次测量前，不必把冲击电流计的光点恰好调在标尺的零点上，但必须等光点停稳后才能通电进行测量。

4、稳压电源的外壳需接地，以免杂散电磁场干扰冲击电流计的测量。

5. 所有测量都必须使冲击电流计完全工作在同一状态下，因此除了冲击电流计调好不准再动外，冲击电流计回路电阻不得改动，光点的偏转方向需要保持一致。

6. 实验完毕，将开关 K_3 闭合，以保护冲击电流计。

七、考查题

1. 在本实验中，如何判断冲击电流计是否工作在临界状态？

2. 如果实验中 d_B 的偏转方向与 d_M 的偏转方向相反，应如何改变线路接法使它们的方向一致？

3. 如何测量螺线管中的磁感应强度沿轴线的分布？简述测量步骤。

八、思考题

1. 实验中所用的毫安表是由微安表并联分流电阻制成的。若分流电阻配置阻值不准，用这块毫安表在我们的实验中测电流，对磁感应强度 B 的测量有无影响？对测量螺线管内某处每安培激磁电流产生的磁感应强度 B/I_B 有无影响？为什么？

2. 试考虑如何用冲击电流计测定条形永久磁铁端面附近的磁感应强度，画图说明之。

3. 参考图 17.1，试述如何用等偏法（冲击电流计光点偏转相同）测量螺线管及其内部的探测线圈之间的互感系数 M_X，并说明该方法之优点。

4. 如图 17.2，M_0 为可调互感，M_X 为螺线管和探测线圈组成的互感。简述用抵偿法测 M_X 的原理。

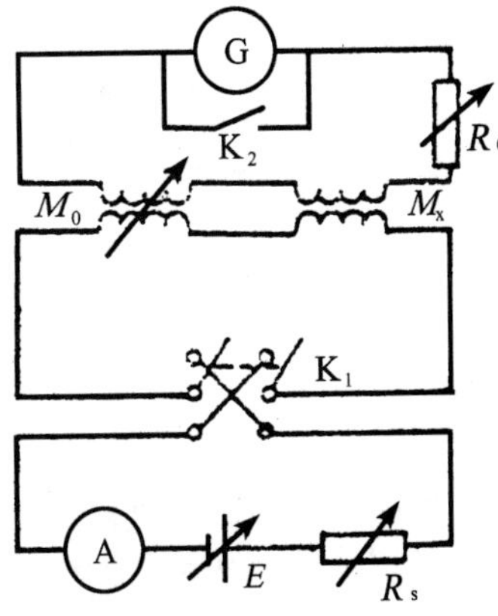

图 17.2

实验 18　冲击法测量铁磁材料的静态磁化特性曲线

一、目的要求

1. 了解铁磁材料的静态磁化特性。

2. 掌握用冲击电流计测量铁磁材料静态磁化曲线的原理和方法。

二、引言

铁磁材料是指在外磁场作用下呈现强烈磁性反应的一类物质。如硅钢、铸钢、铁、钴、镍和其合金以及铁氧体等，按其矫顽力大小有硬磁材料和软磁材料之分。

铁磁材料应用广泛。硬磁材料由于剩磁和矫顽力较大，常用做永久磁铁，是制造各种电表、扬声器、录音机等不可缺少的材料；软磁材料则由于磁导率和磁感应强度大，易磁化和去磁等特点，常用于制造电机、变压器等。某些软磁材料如镁锰铁氧体等在计算机和自动控制中被广泛用作记忆元件、开关元件和逻辑元件。凡此种种，铁磁材料的这些用途都与它们的磁化特性有关，因此了解和掌握铁磁材料的磁化特性对设计、生产制造以及正确使用相关产品具有非常重要的意义。

铁磁材料的磁化特性常用磁感应强度 B 和磁场强度 H 的关系曲线来描述。由于影响铁磁材料磁化特性的因素很多，如材料的杂质含量、晶体结构、加工处理方式、外界温度、内部的压力以及磁化历史等等，因此至今尚未能从理论上找到一个定量描述磁化特性曲线的分析表达式，所以铁磁材料的 B-H 关系曲线只能通过实验手段加以确定。实验测量方法有多种，如冲击法、电子积分法、计算机采集测量法等。本实验介绍用冲击法测量铁磁材料在直流磁化情况下的 B-H 关系曲线，即原始磁化曲线、静态磁滞回线及技术磁化曲线，统称为静态磁化曲线。

三、原理及测量方法

测量电路如图 18.1 所示。其中闭合圆环 A 为一均匀、各向同性的待测铁磁材料。上面均匀而又紧密地绕满了匝数为 N 的激磁绕组，这样就形成了一个为铁磁材料所充满的螺绕环。同时圆环上还缠绕了一个匝数为 W 的测试绕组，如图 18.2 所示。限流电阻 R 具有多抽头及刷形开关 K 的结构，如图 18.3 所示。由于 K 的刷形触头较宽，从一个触点拨到

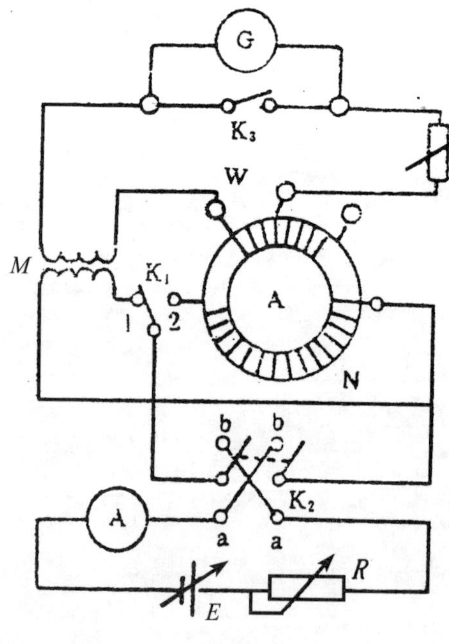

图 18.1

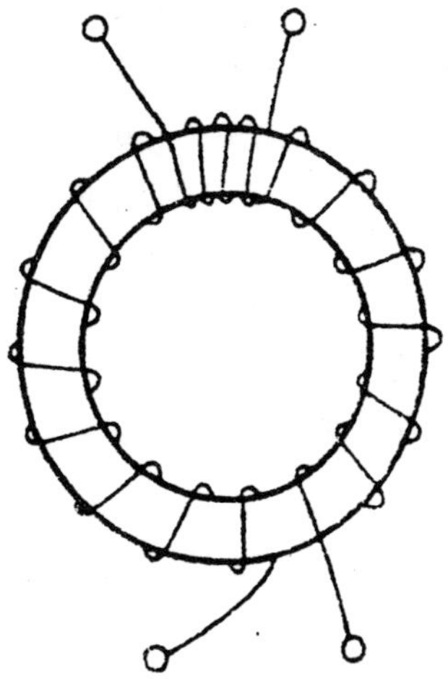

图 18.2

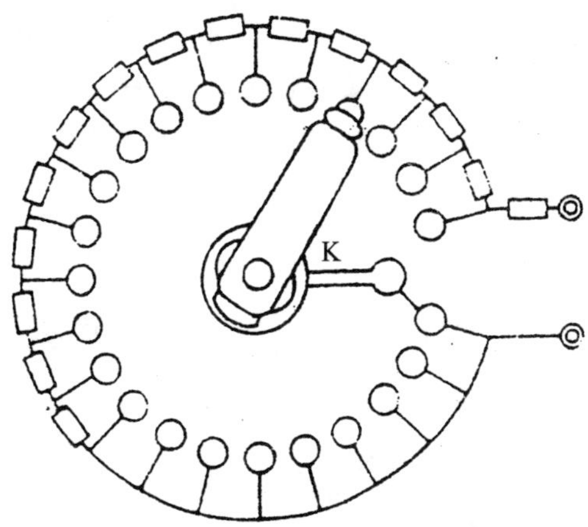

图 18.3

另一个触点的过程中由于短路而不会刷空，这就保证了 R 阻值单调地阶跃变化，从而使激磁电流也单调地阶跃变化，这正是本实验测量中所需要的。

1.原始磁化曲线

对一块未被磁化过的铁磁材料(即磁化场 $H=0$ 时，材料中磁感应强度 $B=0$)，若自零单调地增大磁化场 H，测出相应的 B，作 B-H 关系曲线即可得到如图 18.4(a)所示的原始磁化曲线。

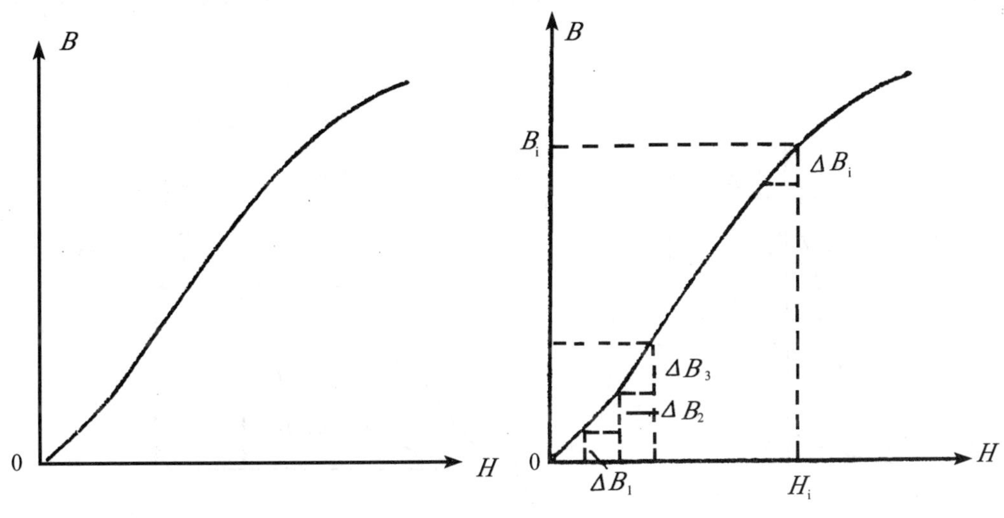

(a)　　　　(b)

图 18.4

测量方法如下：

测量前首先将待测铁芯退磁，使其恢复到 $H=0$ 时 $B=0$ 的原始状态。其过程如下：如图 18.1，将 K_3 闭合使 G 短路，K_1 置“2”端，R 旋至最小值，通过调 E 使磁化电流至额定值(由实验室给出)。利用反向开关 K_2 不断地倒换方向，使铁芯反复磁化，达到预定的最大磁化状态。随即逐渐减少磁化电流(即增大限流电阻 R)，并对每个磁化电流值 K_2 都倒换方向数次，从而使铁芯反复减弱磁化，直到最后磁化电流减至最小。断开反向开关 K_2，即可认为被测铁芯退磁完毕，可准备测量。

断开 K_3 使冲击电流计处于工作状态。合 K_2，记下冲击电流计光点的偏转量 Δl_1 和此时的磁化电流 I_1。而后保持 K_2 闭合不动，依次阶跃地减小 R，记下冲击电流计的偏转量 Δl_2、Δl_3……，同时记下相应的磁化电流 I_2、I_3……，若螺绕环中所通激磁电流由 I_{i-1} 跳变到 I_i 时，冲击电流计的最大偏转量为 Δl_i，则铁芯中磁感应强度的改变量 ΔB_i 由实验 17 中的(17.13)式可知：

$$\Delta B_i=\frac{MI_M}{WSl_M}\cdot\Delta l_i \qquad (i=1,2,3,\cdots) \tag{18.1}$$

式中 S 为铁芯截面积；M 为已知的标准互感系数；I_M、l_M 可通过冲击常数的测定来确定。这样

$$B_i=\sum_1^i\Delta B_j \qquad (j=1,2,\cdots,i) \tag{18.2}$$

与 B_i 相对应的磁化场 H_i 可根据螺绕环所通激磁电流的大小确定：

$$H_i=\frac{N}{L}\cdot I_i \qquad (i=1,2,3,\cdots) \tag{18.3}$$

式中 L 为螺绕环铁芯的平均周长，N 为初级圈数。

诸多(H_i、B_i)点联起来就可得到如图 18.4 所示的原始磁化曲线。

2. 静态磁滞回线

用足以使铁磁材料达到饱和磁化的磁化场 H_m 往复磁化多次而得到的 B-H 封闭曲线称为“饱和磁滞回线”。如图 18.5 所示。从图可以看出，当磁化场由 H_m 降为零时，磁感应强度 B 并不为零，而是保留一定的剩磁 B_r。可见铁磁材料的磁化过程是不可逆的。要消除剩磁，需加一反方向的磁化场 H_c。H_c 称为该材料的矫顽力，矫顽力大的为硬磁材料，矫顽力小的为软磁材料。

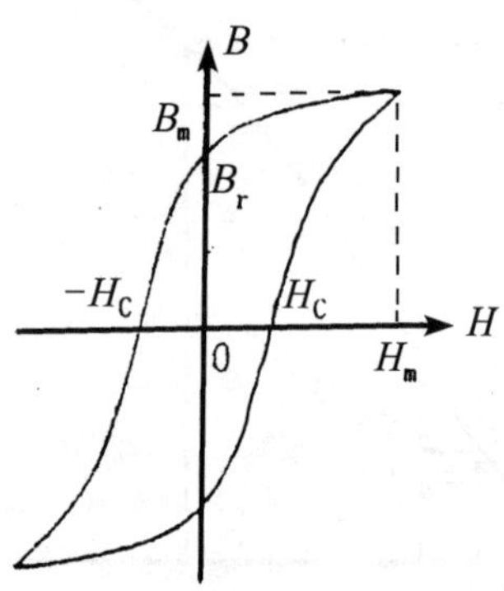

图 18.5

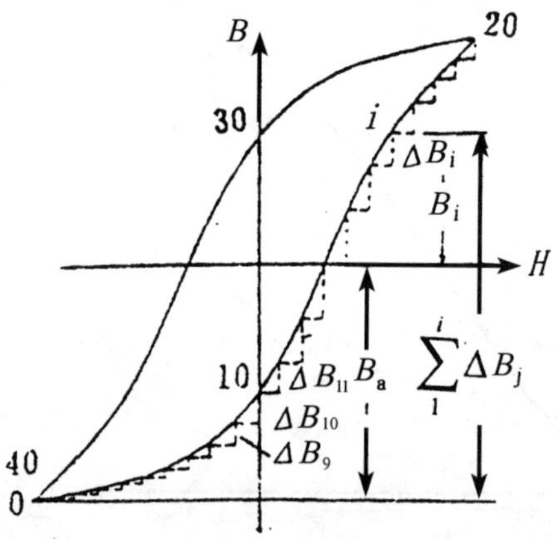

图 18.6

本实验测量待测铁磁材料在预定最大磁化状态下的磁滞回线。该回线由 40 个测量点联成。

测量时第一步先使铁芯达到预定的磁化状态。为此，将图 18.1 中的限流电阻 R 调至最小值，K_3 闭合，K_2 合至“aa”或“bb”端，K_1 合至“2”。调节电源电压给螺绕环通入额定电流，来回倒换反向开关 K_2，使铁芯反复磁化多次。当反向开关停在“aa”或“bb”端后，可认为铁芯处于图 18.6中的“0”状态，这便是测量前的起始状态。

第二步测磁滞回线。将 K_3 断开，记下此时的磁化电流 I_0 值。使限流电阻 R 值跃升一挡，读出冲击电流计的偏转量 Δl_1，记下与之相应的磁化电流 I_1。这时铁芯的磁化状态已从图 18.6

中的“0”变到“1”。依次阶跃地增大 R，测出冲击电流计相应的偏转量 Δl_2、Δl_3……，同时记下对应的磁化电流 I_2、I_3……，铁芯的磁化状态也由“2”、“3”……逐次变化。但要注意的是，从状态“9”变到状态“10”时，由于 $H=0$，所以不再跃升 R 值，而是靠断开开关 K_2 来实现。但由状态“10”变到状态“11”时，由于 H 反向，需将 K_2 合向另一端。这些从图 18.6 中也易看出。此后从状态“11”到“12”，直到状态“20”，则是用阶跃减 R 的办法来实现。至此，前 20 个测量点测量完毕。

由图可知，测量点 B 值的计算公式为：

$$B_i=\sum_{1}^{i}\Delta B_j-B_a \qquad (i=1,2,\cdots,20;j=1,2,\cdots,i) \tag{18.4}$$

其中 B_a 为预定的最大磁化状态下的磁感应强度。B_a 的测量方法是，当铁芯处于状态“0”或状态“20”时，将反向开关 K_2 迅速反向，若冲击电流计的偏转量为 l_a，则为：

$$B_a=\frac{MI_M}{2WSl_M}\cdot l_a \tag{18.5}$$

式中出现的“2”是因为偏转量 l_a 在 K_2 反向时测量的（K_2 不反向，仅仅用拉开或合上的方式测 B_a 可以吗？）。

若测量 21～40 之间的测量点，可按与上述相反的顺序操作，但测量点 B 值的计算可依据下面的公式：

$$B_i=B_a-\sum_{21}^{i}|\Delta B_j| \qquad (i=21,22,\cdots,40;j=21,22,\cdots,i) \tag{18.6}$$

按(18.3)式算出与 B_i 相应的磁场强度 H_i，即可画出待测铁芯的磁滞回线。

3. 技术磁化曲线

各条不同大小的磁滞回线的顶点连成的曲线称做“技术磁化曲线”。如图 18.7 所示。

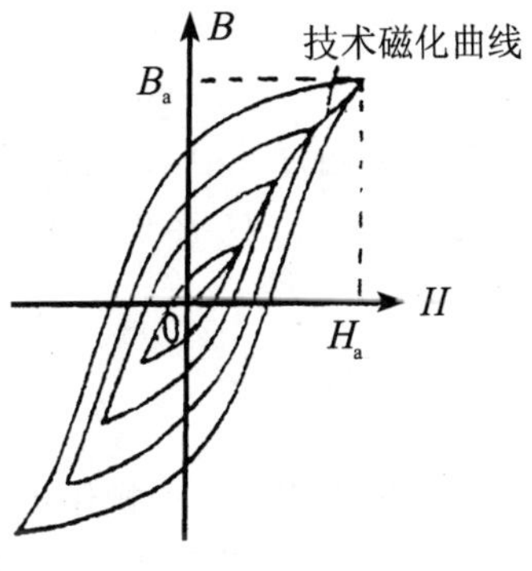

图 18.7

测量技术磁化曲线时，可先测大磁滞回线的顶点坐标（H_a、B_a），而后逐渐往小测，以节省退磁手续。

如图 18.1 将 R 调至最小值，用额定电流 I_0 反复磁化使螺绕环的铁芯处于图 18.6 中的“20”或“0”的磁化状态。利用反向开关 K_2 的突然反向，测出冲击电流计的冲掷距离 l_a，由(18.5)式可求得大磁滞回线顶点的纵坐标 B_a。同时由(18.3)式算出磁场强度 H_a。递增 R，如上操作，可递次测出各较小的磁滞回线的顶点坐标。将各不同大小的磁滞回线的顶点连起来就得到待测铁芯样品的技术磁化曲线。

四、仪器用具

AC4/3 型冲击电流计，电阻箱 R_0，标准互感 M，螺绕环 A，直流电流表，多抽头电阻 R，5A 直流稳压电源，开关四只。

五、实验内容

1. 测铁磁材料的原始磁化曲线。

首先在教师指导下把冲击电流计调好，做到光点清晰，工作在临界状态下，光点的最大偏转量与通过冲击电流计的电量成正比。可这样调节该正比关系：将图 18.1 中的 K_1 置于"1"，给互感 M 初级通以适当电流 I_M，拉开反向开关 K_2，读出冲击电流计的最大偏转量 l_M(应有 15～20cm)。若将 M 的初级电流减小一半，K_2 拉开时，则冲击电流计的偏转量也相应地恰好减小一半，表明冲击电流计的正比关系已调好，且公式(18.1)中的 I_M、l_M 已测出；否则需适当调节冲击电流计标尺的倾斜，重新测量 I_M、l_M。

然后将图 18.1 中的开关 K_1 置于"2"端，给螺绕环铁芯退磁并测量其原始磁化曲线。测量步骤自拟。需要注意的是，在整个实验过程中，冲击电流计的光点均需向同一方向偏转(如果 Δl 或 l_a 的方向与 l_M 的方向相反，如何操作才能变成相同?)。

2. 测铁磁材料的静态磁滞回线。

测量步骤自拟。只需从图 18.6 中的 0 点测到第 20 点，然后根据磁滞回线的对称性，在 H-B 平面补画 21～40 点，连成磁滞回线。

3. 测铁磁材料的技术磁化曲线。

测量步骤自拟。

六、注意事项

1. 接线时勿把螺绕环初级、次级弄颠倒，以免烧坏次级细线圈(装两个接线柱为初级线圈，三个接线柱为次级线圈)。

2. 在退磁过程中，必须将 K_3 闭合，以免冲击电流计动圈受到频繁冲击。

3. 由于铁芯 H-B 状态变化的不可逆性，在测量过程中，任何一步出现操作错误，都应重新开始。

七、考查题

1. 简述退磁过程的操作步骤。

2. 在测 H-B 关系曲线时，为什么激磁电流只能单调变化?

3. 测原始磁化曲线时，如何操作 K_2、R 测得 I_1、Δl_1? 又如何测得 I_2、Δl_2、……?

4. 测静态磁滞回线时，如何操作 K_2、R 测得 Δl_1～Δl_9，又如何测得 Δl_{10}、Δl_{11}及 Δl_{12}～Δl_{20}?

八、思考题

1. 在测静态磁滞回线时，图 18.6 中，若从状态"11"变到状态"12"所对应的冲击电流计的偏转量 Δl_{12}没读好，则无须重新反复磁化，如何操作反向开关 K_2 和刷形开关 K 重新测 Δl_{12}?

2. 若铁芯已被磁化到饱和状态，用图 18.1 所示线路，但不改变 R 值，如何以最简便的方法测出铁芯的剩磁 B_r? 结合图 18.6 进行考虑。

实验 19　用霍耳元件测量磁场

一、目的要求

1. 掌握用霍耳元件测量磁场的原理和方法。

2. 学会使用高斯计测量磁场。

3. 熟悉使用 X—Y 记录仪测量函数曲线。

二、引言

霍耳效应是 1879 年美国物理学家霍耳研究载流导体在磁场中受力性质时发现的一种电磁现象。依据此现象制成的各种霍耳元件广泛地用于电测技术、自动化技术以及磁流体发电技术等领域，同时在新材料的研究方面也占有很重要的地位。

本实验介绍利用霍耳元件测量磁场。由于霍耳元件体积小，可用来测量空间狭小区域的磁场，也可制成高斯计测量从几高斯到几特斯拉范围内的磁场，且方便快捷。

三、原理

1. 用霍耳元件测量磁场

如图 19.1 所示，一块方形导电薄板，沿 X 方向通以电流 I，沿板的垂直方向(Y 方向)施加磁场 $\boldsymbol{B}$，则在 Z 方向板的两侧分别聚集正、负电荷并形成电势差 U_H，称 U_H 为“霍耳电势”或“霍耳电压”，这种现象称为霍耳效应。根据霍耳效应制成的器件即为霍耳元件(又称霍耳片)。

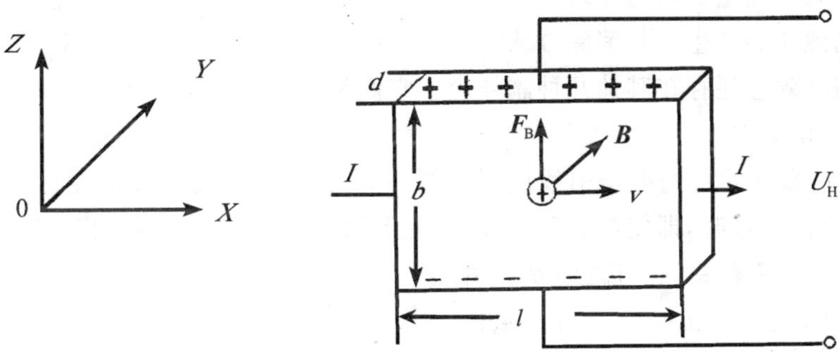

图 19.1

霍耳效应可以用洛仑兹力来说明。如图 19.1，设导电薄板长为 l，宽为 b，厚为 d，设板中流动的是正电荷。当板中沿 X 方向通以电流 I 时，板内定向移动的正电荷在磁场中受到洛仑兹力的作用为：

$$\boldsymbol{F}_B = q\boldsymbol{v} \times \boldsymbol{B} \tag{19.1}$$

式中 q 和 $\boldsymbol{v}$ 分别为板内正电荷所带电量和移动速度。由于 $\boldsymbol{v} \perp \boldsymbol{B}$，故有：

$$F_B = qvB \tag{19.2}$$

力的方向向上(Z 方向)，由此板的上下两侧分别聚集正、负电荷层，同时这两层电荷间形成一向下的电场 E，使板中电荷又受到向下的电场力 F_E 的作用，即为：

$$F_E = qE \tag{19.3}$$

当洛仑兹力和电场力达到动态平衡时，薄板上下两侧便形成稳定的电荷层，从而形成稳定的霍耳电压 U_H。由(19.2)式和(19.3)式相等并考虑到 $U_H = Eb$ 便得到：

$$U_H = vbB \tag{19.4}$$

设板中带电粒子浓度为 n，则板中电流 I 可写为：

$$I = bdvnq \tag{19.5}$$

将(19.5)式代入(19.4)式有：

$$U_H = \frac{IB}{nqd} = R_H \frac{IB}{d} = K_H IB \tag{19.6}$$

式中 $R_H = \frac{1}{nq}$ 称为霍耳系数；$K_H = \frac{1}{nqd}$ 称为霍耳元件的灵敏度。一般要求 K_H 越大越好，以获得较大的霍耳电压。由于 K_H 与载流子浓度 n 成反比，而半导体材料中载流子浓度比金属中载流子浓度要低得多，所以用半导体材料做霍耳元件灵敏度要高得多。K_H 还与薄板厚度 d 成反比，因此霍耳元件都切得很薄，一般只有 0.2mm 左右(再薄则易碎)。

半导体材料有 P 型和 N 型之分。前者载流子为空穴，相当于带正电的粒子导电；后者载流子为电子。由图 19.1 可以看出，若上述薄板为 P 型半导体，则霍耳电压上正下负，灵敏度 K_H 为正值；若为 N 型半导体，则霍耳电压下正上负，灵敏度 K_H 为负值。由此可判断半导体材料的导电类型。

由(19.6)式可知，如果已知加给霍耳元件 X 方向电流 I，霍耳元件灵敏度 K_H，并测出霍耳电压 U_H，便可由下式算出加在 Y 方向上的磁感应强度 B：

$$B = \frac{U_H}{K_H I} \tag{19.7}$$

这就是用霍耳元件测量磁场的原理。

2. 几种副效应的产生及其消除方法

伴随着霍耳效应还存在其他几种副效应。它们是：

(1)不等位电势差

如图 19.1，霍耳元件的电压引线应焊在同一等位面上，但是在实际制做时却很难做到这一点。因此有电流通过时，即使没有磁场存在，上下两电极间也有电压输出，这就是不等位电势差 U_0。显然 U_0 与 I 有关，而与磁场 $\boldsymbol{B}$ 无关。

(2)爱廷豪森效应(Etinghausen effect)

处于磁场中的霍耳元件通以电流时，由于载流子迁移速度的不同，它们在磁场中受到的洛仑兹力也不相同，速度大的受到的洛仑兹力大，绕大圆轨道运动；速度小的则绕小圆轨道运动。这样导致霍耳元件的一端较另一端具有较高的能量而形成温度梯度，从而形成温差电压 U_E。这就是爱廷豪森效应。U_E 的大小与 IB 的乘积成正比，随 I、B 的换向而改变正负极性。

(3)能斯托效应(Nernst effect)

霍耳元件电流引线端焊接点的接触电阻往往是不同的。当有电流通过时，两焊点之间产生温差，形成热扩散电流，于是在磁场的作用下，产生附加电压 U_N。U_N 的正负取决于磁场的方向。

(4)里纪-勒杜克效应(Righi-Leduc effect)

上述热扩散电流载流子的迁移速率是不相同的,在磁场的作用下产生类似于爱廷豪森效应的附加电压 U_{RL}。显然 U_{RL} 的方向与磁场的方向有关。

上述四种副效应产生的附加电压叠加在霍耳电压上,形成测量中的系统误差来源,测量时应设法减小或消除。由于副效应引起的附加电压的正负与电流和磁场的方向有关,因此测量时通过改变电流和磁场的方向基本上可以消除这些附加误差的影响。具体可按下面四种组合方式测量霍耳元件上下两端的电压:

$+B,+I \qquad U_1=U_H+U_E+U_N+U_{RL}+U_0$

$+B,-I \qquad U_2=-U_H-U_E+U_N+U_{RL}-U_0$

$-B,-I \qquad U_3=U_H+U_E-U_N-U_{RL}-U_0$

$-B,+I \qquad U_4=-U_H-U_E-U_N-U_{RL}+U_0$

由上述四组测量结果可得:

$$U_H=\frac{1}{4}(U_1-U_2+U_3-U_4)-U_E$$

U_E 比 U_H 小得多,可略去不计,于是霍耳电压为:

$$U_H=\frac{1}{4}(U_1-U_2+U_3-U_4) \tag{19.8}$$

四、仪器用具

霍耳效应实验仪,直流电流表,X-Y 记录仪,螺线管,稳压电源,高斯计。

五、实验内容

1. 测量 $I=5.00\text{mA}$,激磁电流分别为 $I_B=200\text{mA}$ 和 $I_B=400\text{mA}$ 时的霍耳电压 U_H。

具体测量过程如下:先将 X-Y 记录仪 X 轴和 Y 轴的"INPUT"开关拨至"ZERO"挡,打开 X-Y 记录仪电源开关,并装好 16 开方格纸。将记录笔零点调在纸的适当位置,使得 X 轴长度为 10cm 以上,Y 轴正反向长度各 8cm 以上。将 X 轴电压常数调为 1mV/cm,Y 轴电压常数调为 0.5mV/cm。

按图 19.2 联好电路。将霍耳元件调至电磁铁缝隙中部,电磁铁选接 500 匝。打开霍耳效应实验仪开关,用"霍耳片电流调整"和"霍耳片电流细调"两旋钮将通过霍耳片的电流调为 5.00mA。将记录仪 X 轴和 Y 轴的"INPUT"开关拨至"MEAS"挡,用"激磁电流调整"钮自零缓慢地增大激磁电流至最大,如果记录笔在坐标纸的第一象限大致走一条 45°的直线(若在第四象限,只需将 I 反向或将激磁电流 I_B 反向),即可落下记录笔,旋"激磁电流调整"钮正式画出霍耳片上下两端电压 U_1 和激磁电流 I_B 之间的关系曲线。激磁电流 I_B 的大小由记录仪 X 轴方向指示的 0.02Ω 上的电压给出。显然坐标纸上每 cm 表示的电流数值为 50mA(1mV/0.02Ω)。在该曲线上可找到激磁电流值所对应的电压值 U_1。同理改变电流 I 或激磁电流 I_B 的方向,或同时改变 I、I_B 的方向,画出另外三条曲线,由此可求出 U_2、U_3、U_4。最后由(19.8)式求出 $I_B=200\text{mA}$ 和 $I_B=400\text{mA}$ 时的霍耳电压 U_H。

根据所画曲线求出该状态下的不等位电势差 U_0。

2. 用高斯计测量在 $I_B=200\text{mA}$ 或 $I_B=400\text{mA}$ 时电磁铁缝隙中间的磁感应强度 B,并根据实验内容 1 所测 U_H 值,求出该霍耳片的灵敏度 K_H。

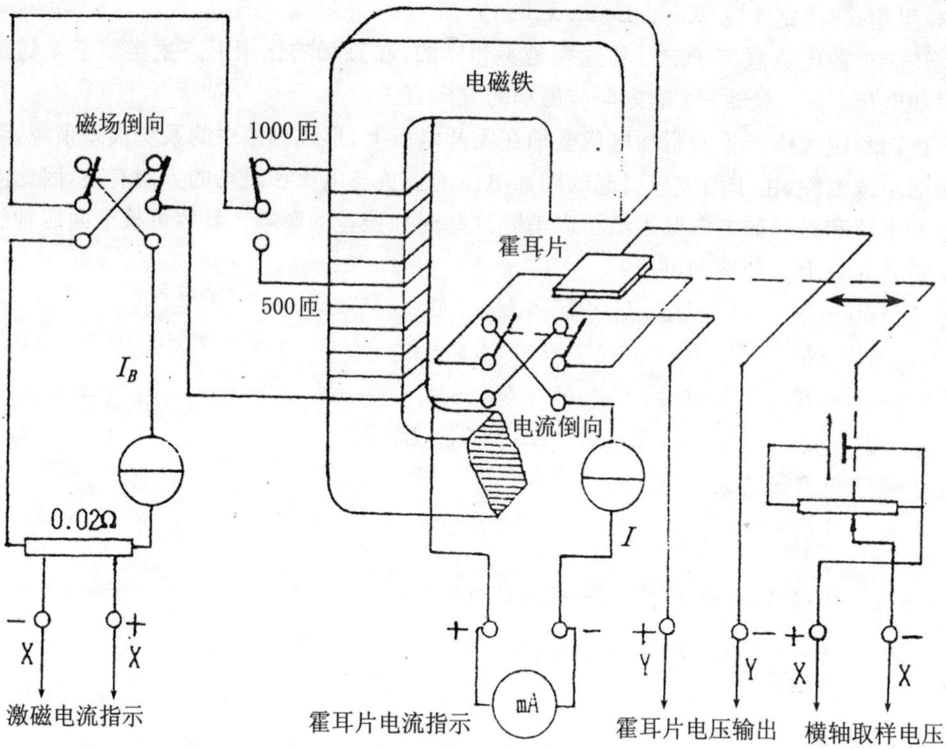

图 19.2

3. 测量螺线管内磁感应强度 B 沿轴线的分布曲线。

按图 19.3 联接电路。将待测霍耳电压 U_H 接入记录仪 Y 通道(电压常数为 0.25mV/cm),记录仪上装好方格纸。坐标的选定使 X 轴长度应有 15cm 以上,并且 X 轴上的位置要和螺线管内霍耳片的位置对应好。Y 轴长度要有 10cm 以上。

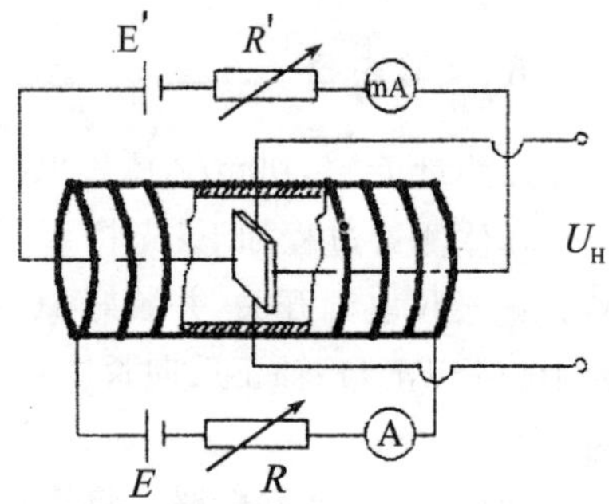

图 19.3

测量螺线管内霍耳片在某一位置的霍耳电压时,先调节记录仪的 X 位置旋钮(POSITION),使记录笔停在方格纸上对应的位置上。当 $I=0$ 和 $I_B=0$ 时,将记录仪"INPUT"开关拨至"MEAS"挡,记录笔应在 Y 方向的零点上;当 $I=5.00$mA、$I_B=0$ 时,记录笔在 Y 方向运动一段距离,表明在 Y 方向有一定的输出电压,这就是不等位电势差 U_0。利用记录仪的 Y 位置旋钮将记录笔再调回零位置上,即消除了 U_0 的影响;当 $I_B=1.00$A 即磁场存在时,记录笔运动到的位置所代表的电压便是霍耳片所在位置的霍耳电压值(忽略某些副效应的影响),此时可落下记录笔打点。其余各点的测量依此类推,一直从螺线管的 5cm 处测到 35cm。将这些点连接起来就是在所给条件下螺线管内沿 X 方向(轴线方向)霍耳电压 U_H 的分布曲线。按(19.7)式把 U_H 换算为 B,则该曲线即是 B-X 曲线了。至于该霍耳片的灵敏度 K_H 可以通过对螺线管中部 B 值的理论计算以及测出的 U_H 值并由(19.6)式求出[螺线管长 $L=30.0$cm;直径 $D=6.2$cm;$n=33.0$ 匝/cm;计算公式为 $B=\frac{1}{2}\mu_0 nI(\text{con}\beta_1-\text{con}\beta_2)$]。

六、注意事项

1. X-Y 记录仪是贵重仪器，使用时应事先调好 X、Y 通道的电压常数，避免超程。

2. X-Y 记录仪的走笔机械系统响应速度较慢，画曲线时应缓慢调节所加电压，尽量使笔缓慢匀速移动。

3. 霍耳片又薄又脆，调节其 X 方向位置时，要十分小心，不得使霍耳片支架顶撞限位卡，更不能施压和撞击。

七、考查题

1. 实验中若磁场 B 不恰好和霍耳片垂直，对测量结果有什么影响？如何用实验方法判断两者的垂直状态？

2. 测量霍耳电压 U_H 时，通过改变电流或磁场的方向共测量四次，最后由(19.8)式求得 U_H。这样做的目的是什么？和一次测量有什么不同？

3. 参看图 19.1。若磁场方向沿 Y 轴正向，霍耳片所通电流方向沿 X 轴正向，霍耳电压为上负下正，试判断测霍耳片的导电类型。

八、思考题

1. 结合本实验装置，试说明如何测量半导体霍耳片的载流子浓度？

2. 霍耳元件也可以测量交变磁场。若测量本实验磁铁间隙中的交变磁场，实验装置应作哪些改变？

实验 20 交流电桥

一、目的要求

1. 掌握交流电桥的平衡条件和测量原理。

2. 掌握交流电桥平衡的调节方法。

3. 学会使用 LCR 数字电桥测量电感、电容等元件参数。

二、引言

直流电桥是精测直流电阻的仪器，本实验所研究的交流电桥则是用来测量交流电路中各种元件参数的仪器。除可测量交流电阻、电感、电容外，还可测量与电感、电容有关的其他物理量，如互感、介电常数、导磁率等。可见交流电桥在交流测量方面的用途十分广泛。

交流电桥因测量任务的不同而有各种不同的形式，但只要掌握了它的基本原理和测量方法，对于各种形式的交流电桥都比较容易掌握。本实验通过几种常用交流电桥电路来测量电感、电容等参数，以加深了解交流电桥的平衡原理、掌握调节交流电桥平衡的方法。

三、原理

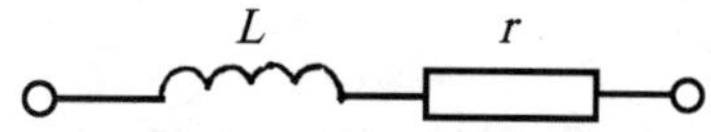

图 20.1

1. 电感、电容元件的等效电路及有关参数

实际的电感、电容元件除具有储、放能量作用外，往往也或多或少地损耗部分能量。掌握它们的这些特性对于实际运用来说是很重要的，为此需了解它们的等效电路。

电感是由导线按一定方式绕制而成的线圈，它具有一定的电感量和损耗电阻，同时还存在着线圈匝间的分布电容。但在低频下使用时，分布电容很小（可忽略），因此一个实际的电感线圈可等效为一个理想的纯电感 L 和直流损耗电阻 r 的串联（也可等效为并联形式），如图 20.1 所示。

电感常用于谐振电路中，在一个交流电周期内，希望电感元件损耗的能量相对于储存的能量越小越好。为此，引入“品质因数”（即 Q 值）的概念来标志电感元件品质的好坏。其定义为电感线圈的无功功率 $P_{无功}$ 和有功功率 $P_{有功}$ 之比。对于 L 和 r 串联等效的电感来说，则有：

$$Q=\frac{P_{无功}}{P_{有功}}=\frac{\omega L}{r} \tag{20.1}$$

由定义不难看出，Q 越高表示 $P_{有功}$（即各种损耗）越小，表明该电感线圈的质量越佳。Q 值可通过交流电桥测出。

电容器是由两个互相“绝缘”的极板构成，其间常充有各种不同介电常数的电介质。由于介质的阻值不是无穷大及在交流电压作用下反复地极化等原因，因此介质内要损耗一定的能量。实际的电容器常可用一个理想电容器和与之串联或并联的损耗电阻来等效，如图 20.2 所示。

由于实际的电容器有介质损耗，所以正弦交流电流通过它时，电容两端电压与通过它的电

(a)串联等效　　　　(b) 并联等效

图 20.2

流之间的相位差 φ 不是 90°，而是 $\varphi=90°-\delta$。如图 20.3 所示分别对应于图 20.2 两种情况下的矢量图：

(a)串联　　　　(b)并联

图 20.3

角 δ 称为电容器的损耗角。显然 δ 角越小，实际的电容器和理想的电容器越接近。因此角 δ 是衡量实际电容器好坏的一个重要参数。为了方便，常用损耗角 δ 的正切 $\tan\delta$ 来标识电容器的质量，并称之为“损耗因数”。由图 20.3 可以看出，串、并联相对应的损耗因数分别为：

$$\left.\begin{aligned}\tan\delta&=\omega C r_{串}\\ \tan\delta&=\frac{1}{\omega C r_{并}}\end{aligned}\right\}\tag{20.2}$$

$\tan\delta$ 越小，表明电容器的质量越佳。损耗因数 $\tan\delta$ 可通过交流电桥测出。

2. 交流电桥及其平衡条件

如图 20.4 所示桥路，它的四个桥臂 $\boldsymbol{Z}_1$、$\boldsymbol{Z}_2$、$\boldsymbol{Z}_3$、$\boldsymbol{Z}_4$ 为具有任意特性的阻抗(可以是电阻、电感、电容或它们的组合)；在一个对角线顶点接入交流电压；在另一对角线顶点接入交流平衡指示器。这便是交流电桥电路。

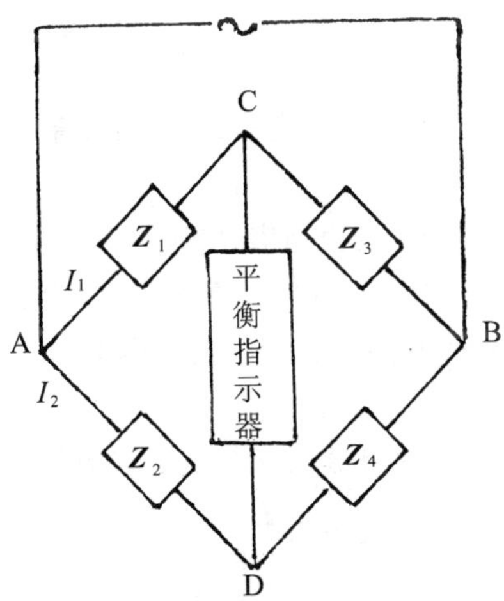

图 20.4

当电路中 C、D 两点的电位每个时刻都相等时，指示器示零，称交流电桥达到平衡。此时有：

$$\left.\begin{aligned}\boldsymbol{I}_1\boldsymbol{Z}_1&=\boldsymbol{I}_2\boldsymbol{Z}_2\\ \boldsymbol{I}_1\boldsymbol{Z}_3&=\boldsymbol{I}_2\boldsymbol{Z}_4\end{aligned}\right\}\tag{20.3}$$

上式整理为：

$$\boldsymbol{Z}_1\boldsymbol{Z}_4=\boldsymbol{Z}_2\boldsymbol{Z}_3\tag{20.4}$$

可见交流电桥的平衡条件为：对边复阻抗之积相等。

如采用指数形式表示复阻抗：

$$\mathbf{Z}_i = Z_i e^{j\varphi_i} \qquad (i=1,2,3,4)$$

式中 Z_i 为复阻抗 $\mathbf{Z}_i$ 的模，φ_i 为复阻抗 $\mathbf{Z}_i$ 的辐角。这样(20.4)式则化为：

$$Z_1 Z_4 e^{j(\varphi_1+\varphi_4)} = Z_2 Z_3 e^{j(\varphi_2+\varphi_3)}$$

欲使上式两边相等，必有：

$$Z_1 Z_4 = Z_2 Z_3 \tag{20.5}$$

$$\varphi_1 + \varphi_4 = \varphi_2 + \varphi_3 \tag{20.6}$$

于是交流电桥的平衡条件又可叙述为：对边阻抗模之积相等且对边阻抗辐角之和相等。这是交流电桥平衡的充要条件，二者缺一不可。(20.6)式可以帮助我们正确地确定桥臂阻抗特性。例如邻臂 Z_1、Z_2 为纯电阻时，即 $\varphi_1=\varphi_2=0$，根据(20.6)式必有 $\varphi_3=\varphi_4$，所以 Z_3、Z_4 必须同为电阻或电感性或同为电容性阻抗，电桥才能平衡。同理，若电桥的一双对臂为纯电阻，另一双对臂必须一为电感性、一为电容性阻抗(两者辐角符号相反)，电桥才能平衡。

3. 常用的交流电桥电路

(1) 电感电桥

如图 20.5 为电感电桥电路。其中 L_X 和 r_X 为待测电感线圈的电感量和损耗电阻；L_0、r_0 为已知标准电感的电感量和损耗电阻；R_1、R_2 为无感电阻，R 为补偿电阻(也是无感电阻)；用示波器做平衡指示器；用低频信号发生器供给交流电桥以指定频率下的交流工作电压。

当电桥平衡时，由(20.4)式可推出电感电桥的平衡条件为：

$$\frac{R_1}{R_2} = \frac{L_X}{L_0} = \frac{r_X + R}{r_0} \qquad [\text{K 置“1”端}] \tag{20.7}$$

$$\frac{R_1}{R_2} = \frac{L_X}{L_0} = \frac{r_X}{r_0 + R} \qquad [\text{K 置“2”端}] \tag{20.8}$$

可见电感桥的平衡条件可叙述为：两条电流支路中的桥臂电阻、电感及损耗电阻对应成比例。由(20.7)式、(20.8)式可得 L_X 和 r_X 的测量公式：

$$L_X = \frac{R_1}{R_2} L_0 \tag{20.9}$$

$$r_X = \frac{R_1}{R_2} r_0 - R \qquad [\text{K 置“1”端}] \tag{20.10}$$

$$r_X = \frac{R_1}{R_2}(r_0 + R) \qquad [\text{K 置“2”端}] \tag{20.11}$$

至于 R 究竟补给 L_X 臂还是 L_0 臂要在实验中确定，补给哪个臂电桥能调节平衡就补给哪个臂。

(2) 麦克斯韦(Maxwell)电桥

桥路如图 20.6 所示，是一个由已知标准电容测量电感的电桥。本实验中所用标准电容 C_0 为云母电容器，介质损耗很小，其等效电路可看作并联形式，$r_{并}$ 很大，和 R 并联结果仍取决于 R，故图中未画出。

电桥平衡后由(20.4)式可推出麦氏桥的平衡条件：

$$R_1 R_2 = \frac{L_X}{C_0} = R r_X \tag{20.12}$$

由此可得 L_X、r_X 的测量公式

$$L_X = R_1 R_2 C_0 \tag{20.13}$$

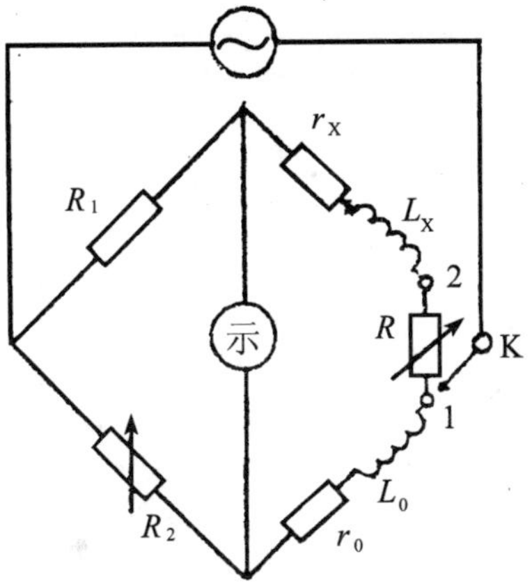

图 20.5

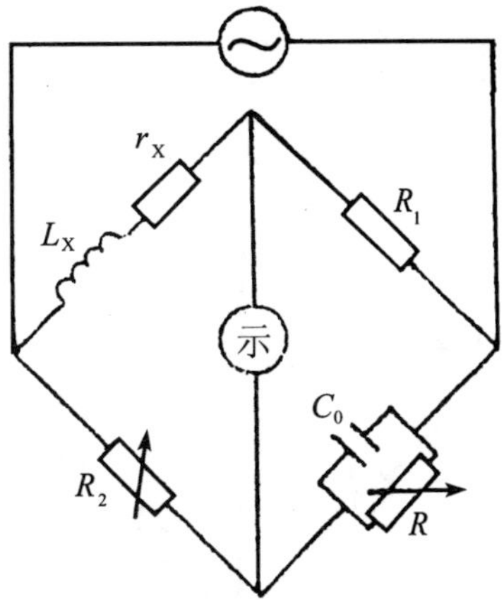

图 20.6

$$r_X=\frac{R_1R_2}{R} \tag{20.14}$$

由上述公式可知，在电桥平衡时，待测电感的品质因数 $Q=\dfrac{\omega L_X}{r_X}=\omega RC_0$。当 ω、C_0 一定时，$Q\propto R$。设想 $Q=10$，$C_0=0.1\mu F$，$f=1\,000Hz$，则 R 值为 $10^4\Omega$ 数量级，Q 值再大，R 就很难制做了。因此麦氏桥不宜测量 Q 值高的电感，即不宜测量含铁芯线圈的电感。

(3) 海氏(Hay)电桥

海氏桥也是由标准电容作标准器来测量电感的电桥。电路如图 20.7 所示。由图可以看出，麦氏桥和海氏桥的区别仅在于电容 C_0 臂上的无感可调电阻 R，前者并联，后者串联。在此电路中，C_0 的等效电路可视为串联形式，即 C_0 和 $r_串$ 及 R 串联，但由于 $r_串$ 很小，可略去不计，故图中未画出 $r_串$。

电桥平衡后，由(20.4)式可推出海氏桥的平衡条件：

$$R_1R_2=\frac{L_X}{C_0}(1+\omega^2R^2C_0^2)=\frac{r_X}{R}\cdot\frac{1+\omega^2R^2C_0^2}{\omega^2C_0^2} \tag{20.15}$$

可见海氏桥的平衡条件与电源频率有关。L_X、r_X 的测量公式为：

$$L_X=\frac{R_1R_2}{1+\omega^2R^2C_0^2}C_0 \tag{20.16}$$

$$r_X=\frac{\omega^2C_0^2}{1+\omega^2R^2C_0^2}R_1R_2R \tag{20.17}$$

待测电感的品质因数为：$Q=\dfrac{\omega L_X}{r_X}=\dfrac{1}{\omega RC_0}$。分析此式，若 Q 值较大(一般说如超过 10)，可知 $\omega^2R^2C_0^2\ll 1$，这样(20.16)式可简化为：

$$L_X=R_1R_2C_0 \tag{20.18}$$

可见利用(20.18)式可测量 Q 值大于 10 以上的电感，Q 越大，$\omega^2R^2C_0^2$ 的影响就越小。所以海氏桥适宜测含铁芯线圈的电感。

(4) 电容电桥

电容桥是由已知标准电容作为标准器来测量电容的电桥，如图 20.8 所示。图中电容的等效电路均采用串联形式。

电桥平衡时，由(20.4)式不难推出该电容桥的平衡条件：

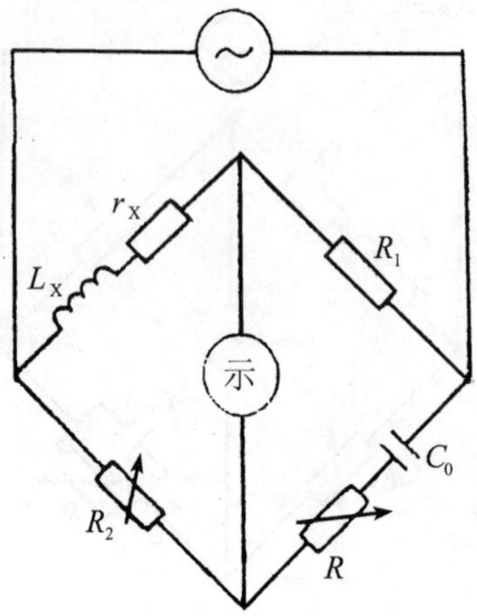

图 20.7

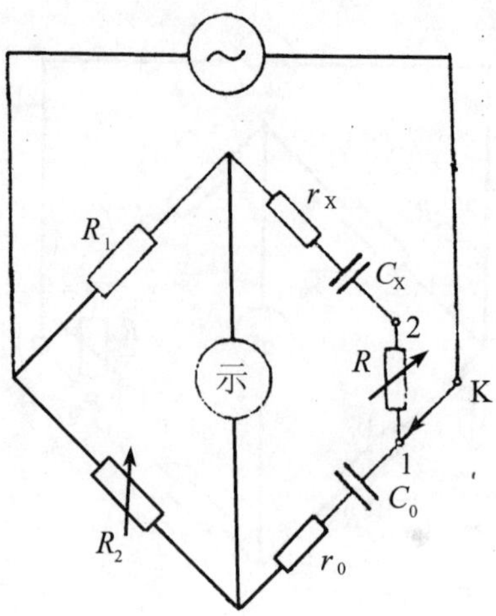

图 20.8

$$\frac{R_1}{R_2}=\frac{C_0}{C_X}=\frac{r_X+R}{r_0} \qquad \text{[K 置“1”端]} \tag{20.19}$$

$$\frac{R_1}{R_2}=\frac{C_0}{C_X}=\frac{r_X}{r_0+R} \qquad \text{[K 置“2”端]} \tag{20.20}$$

由此可得出 C_X、r_X 的测量公式：

$$C_X=\frac{R_2}{R_1}C_0 \tag{20.21}$$

$$r_X=\frac{R_1}{R_2}r_0-R \qquad \text{[K 置“1”端]} \tag{20.22}$$

$$r_X=\frac{R_1}{R_2}(r_0+R) \qquad \text{[K 置“2”端]} \tag{20.23}$$

由于我们实验中所使用的标准云母电容其串联损耗电阻很小，因此一般 K 置“2”端。

4. 交流电桥的平衡调节

上述讨论的几种交流电桥，不论是哪一种，其平衡条件都要求三个分式值彼此相等，这就需要有两个分式中的参数可调才行。我们实验中的 R_2 和 R 是可调的，且分别含在不同的分式中。

实际调节过程如下：

①根据所给电桥各臂的固定参数及待测电感或电容的大概数值，将按平衡公式估算的可调参数 R_2 值放好，以使电桥开始时不至于远离平衡态。另一可调参数 R 可给一适当的初值。若 R 在桥臂中和另一元件（电感或电容）相串联，可置 R 为零；若 R 在桥臂中和另一元件并联，则置 R 为最大。

②接通信号源，调节示波器使屏上出现一幅度适宜的正弦波形。调节 R_2，并同时逐渐提高示波器所用 Y 通道的 Y 轴灵敏度，使屏上波形幅度变到最小。然后调节 R（对于图 20.5 所示的电感桥和图 20.8 的电容桥，自零增大 R，若出现波形幅度变大，应把开关 K 置另一端），使屏上波形幅度进一步减小。最后再反复交替地调节 R_2 和 R，以至于示波器上所用 Y 通道的灵敏度调至最灵敏档位，电桥的电源电压调至额定值时，示波器荧光屏上出现的波形幅度达到真正的最小值为止。这就是所谓的逐步逼近的调节方法。

四、仪器用具

无感电阻箱三个（其中一个固定置放 1 000Ω，0.1 级），标准电感一个（0.1H，0.1 级），标准电容一个(0.1μF,0.2 级),信号发生器一台,示波器一台,待测电感(约 0.12H),待测电容(约 0.1μF),LCR 数字电桥。

五、实验内容

1. 按本实验所述三种测量电感电桥中任选一种且自组,测量待测电感线圈的电感量 L_X、损耗电阻 r_X 及品质因数 Q,测量频率为 1kHz。

2. 按图 20.8 自组电桥测量待测电容器的电容量 C_X、损耗电阻 r_X 及损耗因数 $\tan\delta$,测量频率为 1kHz。

3. 用 LCR 数字电桥分别测量待测电感的电感量 L_X、损耗电阻 r_X、品质因数 Q 和待测电容的电容量 C_X、损耗电阻 r_X 及损耗因数 $\tan\delta$。

将数字电桥与自组桥测得的结果相比较。

六、注意事项

1. 仪器用具较多,位置摆放要适当,避免导线纵横交错而干扰指示器的正常工作。

2. 接线时,各仪器的接线柱不可拧得过死;调节时,各仪器旋钮不可过力旋转,以免将它们损坏或将其内部接线扭断。

3. 实验时必须做到线路联接无误和平衡调节方法正确,否则很难将桥调平衡。

七、考查题

1. 实际的电感线圈、电容器和理想的电感线圈、电容器各有什么区别?

2. 交流电桥平衡的充分必要条件是什么? 和直流电桥的平衡条件有什么不同?

3. 简述麦氏桥和电容桥平衡的调节方法。

4. 麦氏桥和海氏桥各适宜测量什么样的电感线圈? 为什么?

八、思考题

1. 考虑到线圈间的分布电容,可以把一个实际的电感线圈简单地等效为图 20.9 所示电路。若在 1kHz 下测得线圈的电感量 L 为 0.100 0H,在 2kHz 下测得 L 为 0.100 6H,试计算该

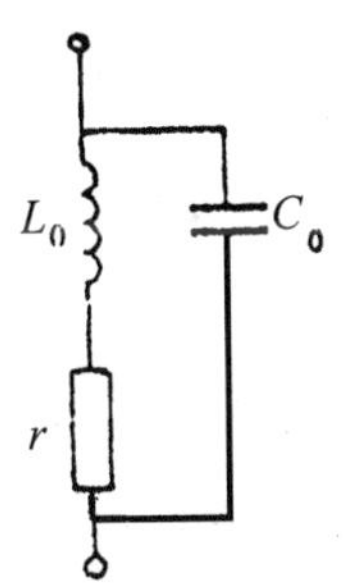

图 20.9

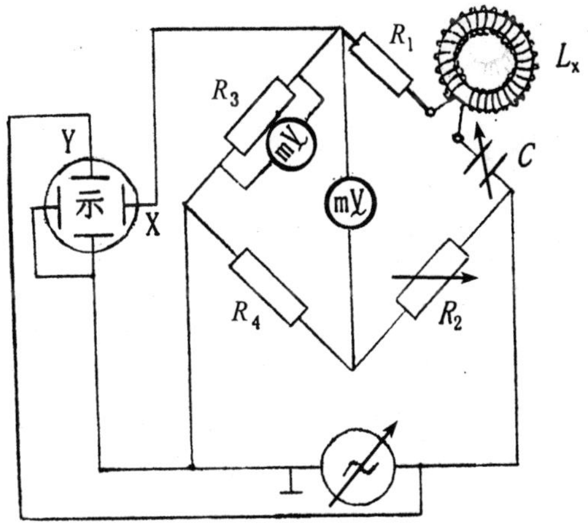

图 20.10

线圈的真正电感量 L_0 和分布电容 C_0，并解释实际的电感线圈为什么必须在指定频率下测量。

2. 用图 20.5 电感桥测 L_X 时，假若 L_0 失准，现在多给一只标准可调电感 L_n，则至少可用三种方法测 L_X：①用 L_n 替换 L_0 去测 L_X；②用换臂法测 L_X。先置 $R_1=R_2=1\text{k}\Omega$，调 L_n 和 R 使桥平衡，然后交换 R_1 和 R_2 位置，再调 L_n 和 R 使桥平衡，可由两个 L_n 平衡值求得 L_X；③采用替代法，即用 L_n 替代图 20.5 中的 L_X（而不是替代 L_0）调 L_n 和 R 重新使桥平衡，则有 $L_X=L_n$。请分析用哪种方法测 L_X 最为精确。

3. 如图 20.10 为一谐振电桥，可测量铁磁物质磁导率 μ 随频率 f 的变化关系。设 L。为空心线圈的电感，则铁芯线圈的电感 $L_X=\mu L_0$，且 $\mu=\mu(H,f,T)$。若保持磁场强度 H、温度 T 不变，即 $\mu|_{H,T}=\mu(f)$，故用此桥可测得 μ-f 关系曲线。试分析如何测量？

实验 21 RC、RL 及 RLC 串联电路的暂态过程

一、目的要求

1. 研究 RC、RL、RLC 传输电路的暂态过程。
2. 了解时间常数的物理意义，学会用示波器测量时间常数 τ 及电容、电感值。

二、引言

由电阻 R、电感 L、电容 C 与直流电源组成的各种组合电路中，当电源由一个电平的稳定状态变为另一个不同电平的稳定状态时（如接通或断开直流电源），由于电路中电容上的电压不会瞬间突变并且电感上的电流不会瞬间突变，这样，电路由一个稳定状态变到另一个稳定状态时，中间要经历一个变化过程，这个变化过程称为暂态过程。本实验以示波器作为观测工具研究暂态过程中电路上电流和元件上的电压的变化规律。利用暂态过程的规律可以测量 R、L、C 元件的量值，也可用于产生脉冲信号（如锯齿波、微分脉冲信号等），因而暂态过程的规律在电磁学、电子技术等领域中的用途非常广泛。

三、原理

1. RC 电路的暂态过程

由电阻 R、电容 C 串联的电路，如图 21.1 所示。对于图 21.1(a)，当开关 K 置“1”时，直流

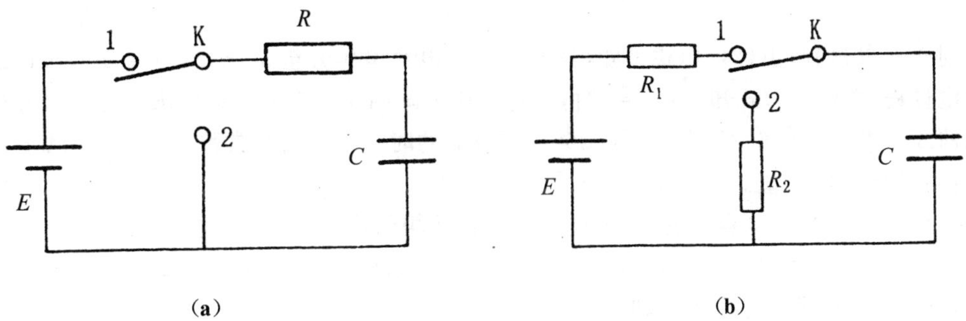

图 21.1

电压 E 通过 R 对电容 C 充电。充电完毕($u_C=E$)，再将 K 由“1”置“2”，电容 C 将通过电阻 R 放电。充、放电过程均为暂态过程。在暂态过程中电容上的电压 u_C 和电阻上的电压 u_R 随时间 t 的变化规律为：

充电过程

$$\left.\begin{aligned} u_C &= E(1-e^{-\frac{t}{\tau}}) \\ u_R &= Ee^{-\frac{t}{\tau}} \end{aligned}\right\} \tag{21.1}$$

放电过程

$$\left.\begin{aligned} u_C &= E e^{-\frac{t}{\tau}} \\ u_R &= -E e^{-\frac{t}{\tau}} \end{aligned}\right\} \tag{21.2}$$

式中 $\tau=RC$，称为该电路的时间常数，它决定了以指数规律充电、放电的快慢。τ 越大，则充、放电越慢，暂态过程持续的时间越长。(21.2)式中出现的负号说明放电电流与充电电流方向相反。图 21.2 给出了上述充、放电过程中 u_C-t 及 u_R-t 曲线图形。

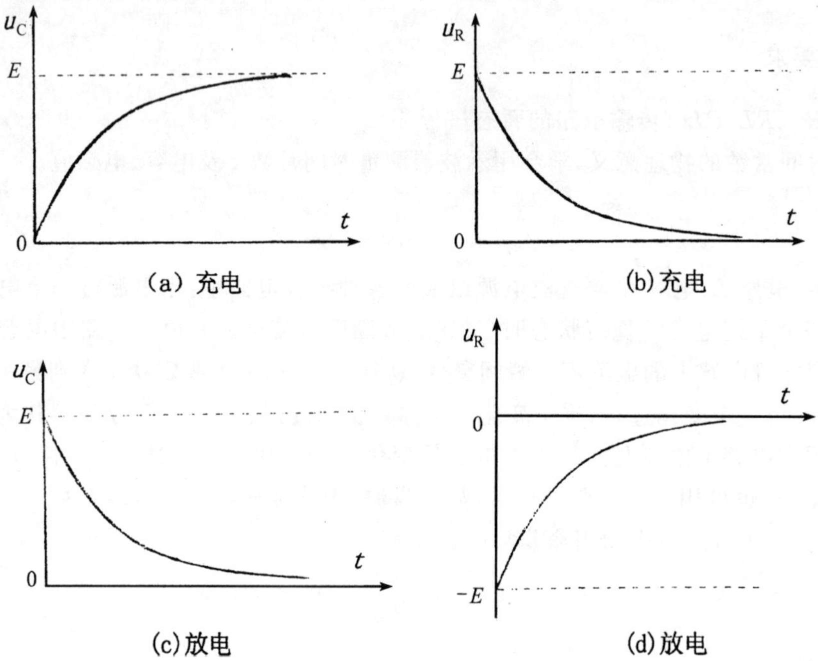

图 21.2

对于充电过程，由(21.1)式可知，当 $t=\tau$ 时，电容电压升至 $u_C=(1-1/e)E\approx0.632E$；对于放电过程，由(21.2)式知，当 $t=\tau$ 时，电容电压下降到 $u_C=E/e\approx0.368E$。这样利用充电或放电曲线测出 $u_C=0.632E$ 或 $u_C=0.368E$ 所对应的时间就是时间常数 τ 值，若 R 已知，由 $\tau=RC$ 即可求出电容 C 值。

在图 21.1(a)中，电容 C 充电、放电的时间常数相同均为 $\tau=RC$。在图 21.1(b)中，电容 C 充电时间常数为 $\tau_{充}=R_1C$，放电时间常数 $\tau_{放}=R_2C$。如果 $\tau_{充}\gg\tau_{放}$ 或 $\tau_{充}\ll\tau_{放}$，这就是电子技术中利用 u_C 产生锯齿波电压的基础。

2. RL 电路的暂态过程

由电感 L 和电阻 R 串联的电路如图 21.3(a)所示。当开关 K 合至"1"时，电源接通，但由于电感中电流不能突变，所以电路中电流将逐渐增大，同时电感中储存的磁场能量也不断增加，直到暂态过程结束，电路达到稳态为止。而当开关 K 由"1"置"2"时，电感中储存的磁场能量通过 R 进行释放，电路中的电流将逐渐衰减，直到其能量全部被电阻 R 消耗掉为止。在这两种暂态过程中，u_L、u_R 随时间 t 的变化规律为：

充电电流增长过程

$$\left.\begin{aligned} u_L &= E e^{-\frac{t}{\tau}} \\ u_R &= E(1-e^{-\frac{t}{\tau}}) \end{aligned}\right\} \tag{21.3}$$

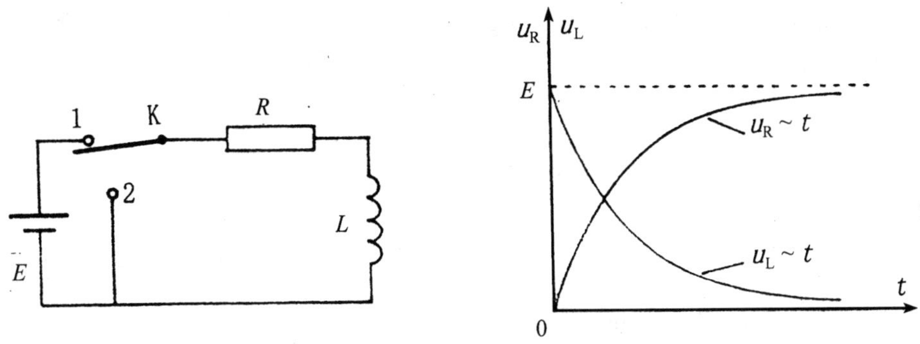

(a) (b)

图 21.3

放电电流衰减过程

$$\left.\begin{aligned}u_L&=-Ee^{-\frac{t}{\tau}}\\u_R&=Ee^{-\frac{t}{\tau}}\end{aligned}\right\}\tag{21.4}$$

上两式中的 $\tau=L/R$ 为 RL 电路的时间常数。同 RC 电路一样，τ 越大，RL 电路的暂态过程越长。电流增长过程中 u_L-t、u_R-t 的关系曲线如图 21.3(b)所示。请同学们自己考虑画出电流在衰减过程中的 u_L-t、u_R-t 的关系曲线。

3. RLC 电路的暂态过程

由电阻 R、电感 L、电容 C 串联组成的电路如图 21.4 所示。先将开关 K 置“1”，电源通过 R、L 给电容 C 充电，充电到 $u_C=E$ 后，再将 K 由“1”置“2”位置，电容就在闭合的 RLC 电路中放电。充、放电过程均为暂态过程。充、放电电路方程为：

$$LC\frac{d^2u_C}{dt^2}+RC\frac{du_C}{dt}+u_C=\begin{cases}E\ （充电）\\0\ （放电）\end{cases}$$

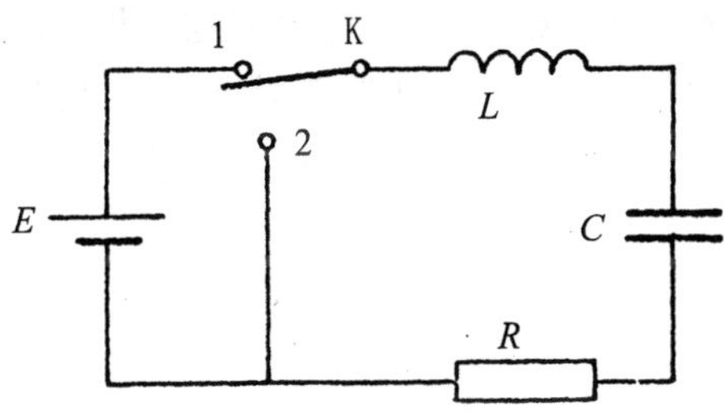

图 21.4

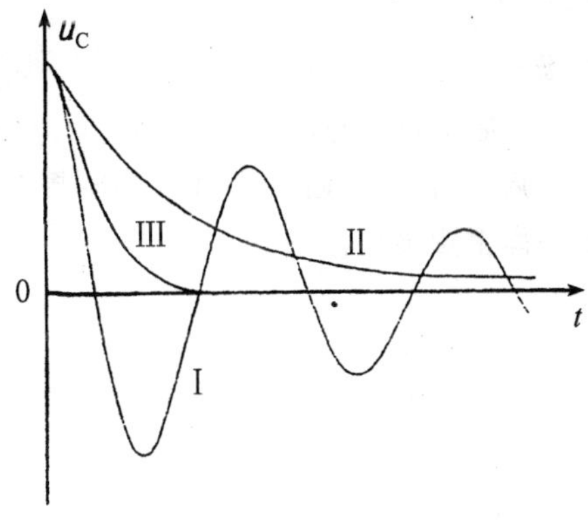

图 21.5

对于放电过程：初始条件 $t=0, u_C=E, \frac{du_C}{dt}=0$。其解分三种情况：

① $R^2<4L/C$

$$u_C=\sqrt{\frac{4L}{4L-R^2C}}Ee^{-\alpha t}\cos(\omega t+\varphi)\tag{21.5}$$

式中 $\alpha=\frac{R}{2L}$，$\omega=\frac{1}{\sqrt{LC}}\sqrt{1-\frac{R^2C}{4L}}$ 为衰减振荡的圆频率。u_C 随 t 变化的规律如图 21.5 中曲线 I

所示。由图可以看出，随着时间 t 增长，u_C 以衰减振荡的方式逐渐衰减至零。这种衰减振荡的放电过程也叫做欠阻尼状态。

②$R^2>4L/C$

$$u_C=\sqrt{\frac{4L}{R^2C-4L}}Ee^{-\alpha t}\text{sh}(\beta t+\phi) \tag{21.6}$$

式中 $\beta=\frac{1}{\sqrt{LC}}\sqrt{\frac{R^2C}{4L}-1}$。$u_C$ 随时间 t 的变化规律如图 21.5 中曲线Ⅱ所示，它以缓慢的方式逐渐衰减至零。此过程为非振荡放电过程，也叫做过阻尼状态。

③$R^2=4L/C$

$$u_C=E(1+\alpha t)e^{-\alpha t} \tag{21.7}$$

u_C 随时间 t 的变化规律如图 21.5 中曲线Ⅲ所示，仍属于非振荡放电类型，但正好是非振荡与振荡的分界线，故称为临界非振荡放电过程，也叫做临界阻尼状态。

通过上述分析可知，RLC 电路放电的暂态过程有三种情况，究竟属于哪一种情况取决于电路中元件的参数。放电过程以临界非振荡方式趋于平衡位置为最快。

对于 RLC 电路的充电过程，初始条件为 $t=0, u_C=0, \frac{du_C}{dt}=0$。类似于上述分析，电容 C 上充电电压 u_C 随时间 t 的变化规律也有下面三种情况：

$R^2<4L/C$ 时，

$$u_C=E\left[1-\sqrt{\frac{4L}{4L-R^2C}}e^{-\alpha t}\cos(\omega t+\varphi)\right] \tag{21.8}$$

$R^2>4L/C$ 时，

$$u_C=E\left[1-\sqrt{\frac{4L}{R^2C-4L}}e^{-\alpha t}\text{sh}(\beta t+\phi)\right] \tag{21.9}$$

$R^2=4L/C$ 时，

$$u_C=E\left[1-(1+\alpha t)e^{-\alpha t}\right] \tag{21.10}$$

对应的充电曲线如图21.6所示。曲线Ⅰ为振荡充电过程，属于欠阻尼状态；曲线Ⅱ为非振荡充电过程，属于过阻尼状态；曲线Ⅲ为临界非振荡充电过程，属于临界阻尼状态，且在此状态下 u_C 趋于平衡位置最快。

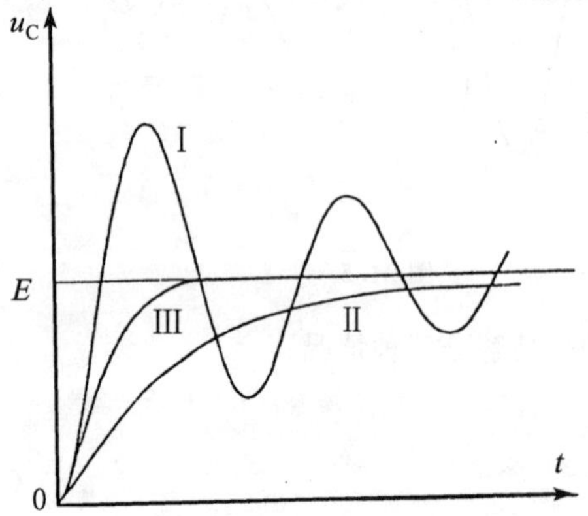

图 21.6

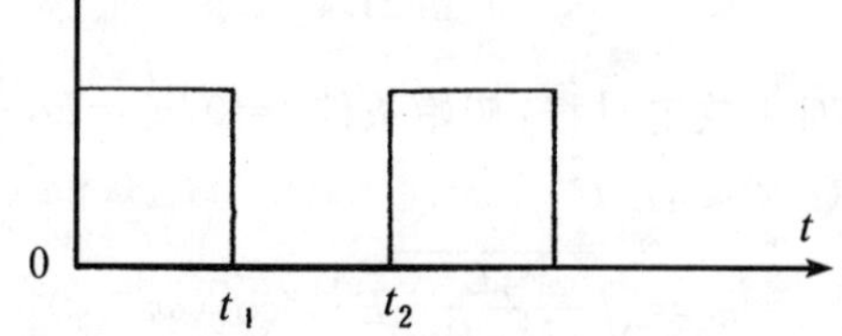

图 21.7

四、仪器用具

示波器，方波信号发生器，标准电容(0.1μF，0.2 级)，标准电感(0.1H，0.1 级)，电阻箱等。

五、实验内容

本实验采用示波器观测上述暂态过程。由示波器的原理得知，若想在荧光屏上得到稳定的波形，一是要使整个暂态过程所用的时间比较短(例如 0.001 秒)，这是因为屏幕上的光点保留的时间是短暂的，如果暂态过程很长，则无法观察到图形的全貌；二是同样的图形必须重复出现，否则即使图形齐全，但显示一瞬而过，来不及仔细观察。为满足上述要求，应选择合适的 R、L、C 值，使所观察的每一个暂态过程的时间常数要适当小(本实验选取 $C=0.1\mu F$，$L=0.1H$，$R=1\ 000\Omega$)。同时选用方波发生器来代替直流电源 E 和开关 K。方波发生器输出的波形如图 21.7所示，在 $0\sim t_1$ 时间间隔电源接通，而在 $t_1\sim t_2$ 时间间隔电源断开。如此反复，使输出波形重复出现，则在示波器上可观察到上述暂态过程的稳定波形。

1. 观察 RC 电路的暂态过程

①观察 u_C 波形。按图 21.8(a)联接线路。调节方波发生器的周期 T、输出幅度及示波器有关旋钮和电键，就可在示波器上同时显示出方波和电容 C 的充、放电曲线，如图 21.8(b)所示。解释观察到的波形，改变 R 的大小，分析观察到的现象。

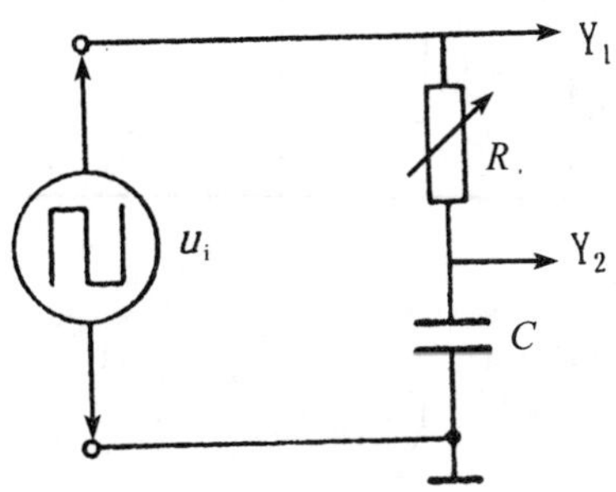

(a)

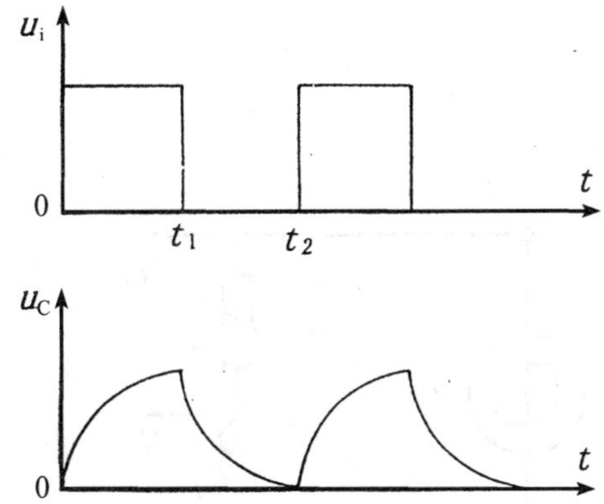

(b)

图 21.8

②测量 RC 电路的时间常数 τ 及电容。用示波器的时间因数钮测出该电路的时间常数 τ，并与理论值相比较。同时由 τ 可求出电容 C 值(R 已知)。由此给出测量电容 C 的一种方法。

③观察微分电路的微分脉冲。按图 21.9 联接线路，调节方波信号周期 T 或 R 值，同时调节示波器可使示波器显示出如图 21.10(a)所示的 u_R 波形。在此基础上改变 R 值或方波周期 T 观察 u_R 的波形有何变化，解释观察到的现象。

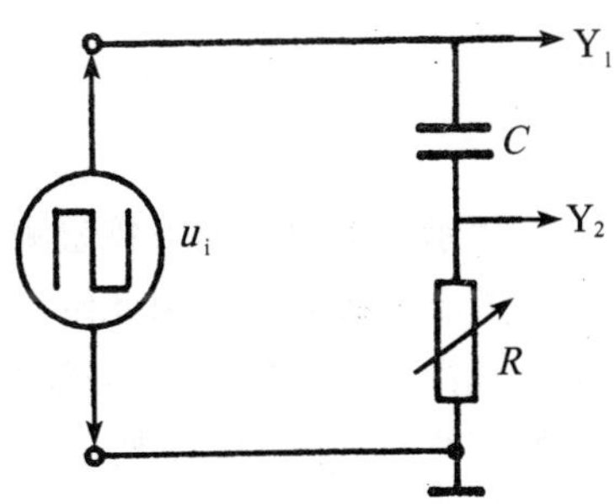

图 21.9

调节方波周期 T 到足够大($T=(5\sim10)\tau$，即满足 $T\gg\tau=RC$)，同时适当调节 R 值及示波器，在屏幕上可观察到如图 21.10(b)所示的正负尖脉冲波形。这就是微分脉冲，该电路称为微分电路。

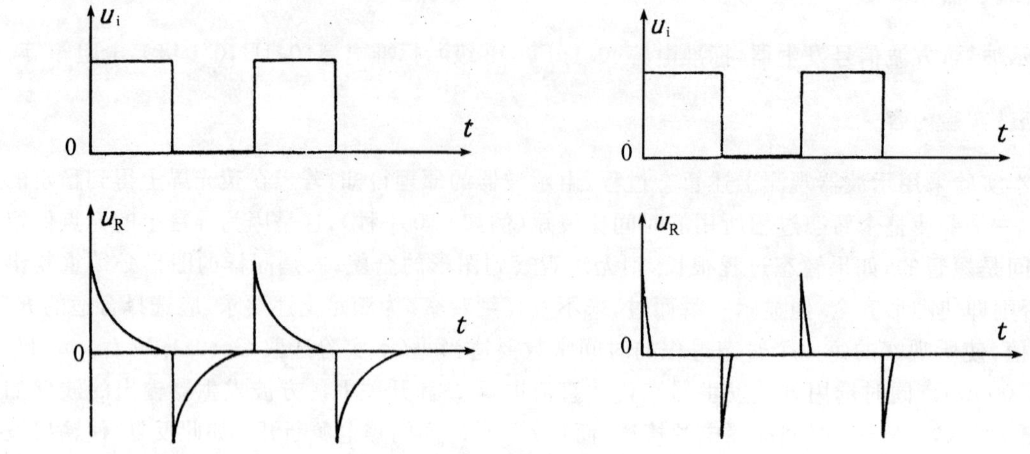

(a)　　　　(b)

图 21.10

2. 观察 RL 电路的暂态过程

按图 21.11(a)联接线路，观察电感上电压 u_L 在电流增长和衰减过程中的曲线，如图 21.11(b)所示。解释所观察到的图形。

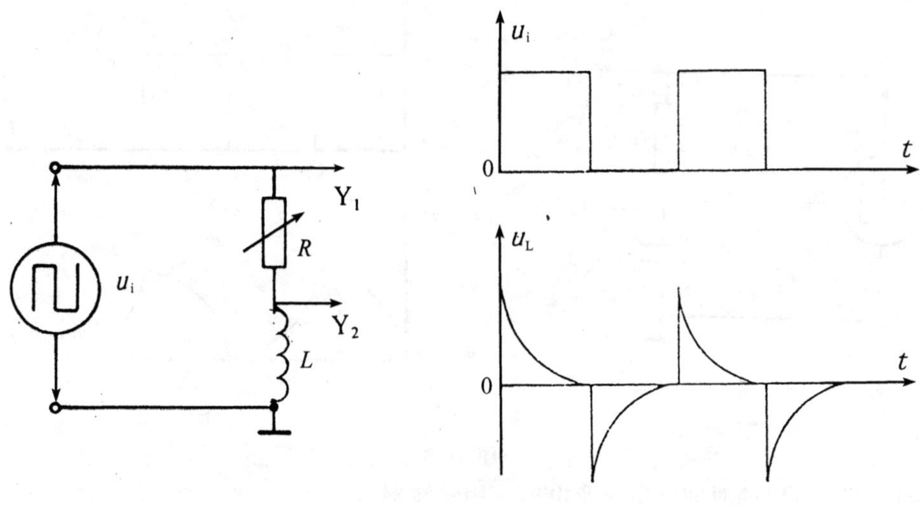

(a)　　　　(b)

图 21.11

利用示波器的时间因数钮测出 RL 电路的时间常数 τ，并与理论值相比较。若 R 已知，则由 τ 可求出电感 L 值。由此给出测量电感的一种方法。

3. 观察 RLC 电路的暂态过程

联接线路如图 21.12 所示。观察电容两端电压 u_C 在充、放电过程中的变化规律。调节 R 的大小，观察不同阻尼状态下的波形，记下每一种状态下的 R 阻值，并与理论值比较。

六、注意事项

1. 有关示波器的注意事项与示波器实验类同。
2. 方波信号发生器的两个输出端切勿短路。

七、考查题

1. RC、RL、RLC 电路的暂态过程各有什么特点？为什么具有暂态过程的电路均有 L 或 C 的元件？纯电阻 R 电路能有暂态过程吗？

2. 时间常数 τ 的物理意义是什么？怎样测量？怎样由 τ 测量 C_X 或 L_X 值？

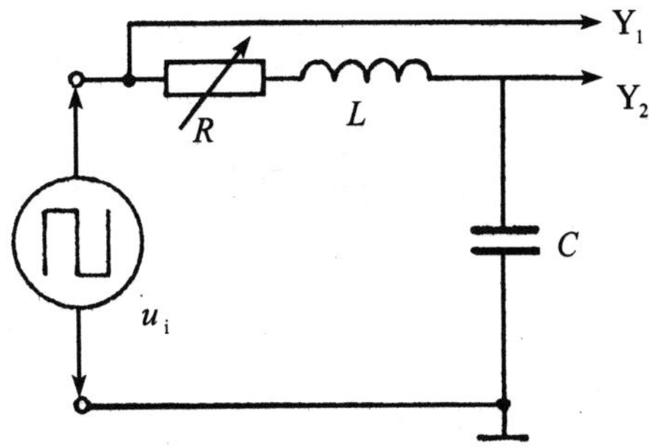

图 21.12

八、思考题

1. 实现 RC 微分电路的条件是什么？微分电脉冲信号从何元件上输出？RL 电路能产生微分脉冲吗？条件又是什么？RL 电路微分脉冲从何元件上输出？

2. 为便于与方波对照观察暂态过程，双踪示波器的输入耦合方式应如何选取？为什么？

实验 22　*RC*、*RL* 串联电路的稳态特性

一、目的要求

1. 了解 *RC* 及 *RL* 串联电路的稳态特性。
2. 观察 *RC* 低通电路的滤波作用。
3. 学习使用相位计测量相位差。

二、引言

在电工电路特别是在电子电路中，时常用 *RC* 或 *RL* 串联的分压电路来传输交流电压信号。如果给该串联的电路加上正弦交流电压，则经历一段暂态过程后，电路中的电流和每个元件上的电压便稳定下来，称之为稳定状态。在稳定状态下，以总电压为输入电压，以一个元件上的电压为输出电压，则输出电压与输入电压之比称为该电路的传输系数，它是复数。当输入电压频率改变时，传输系数的模和辐角也将随着改变。本实验将研究这种变化规律——电路的幅频特性和相频特性。

三、原理

1. *RC* 高通电路

如图 22.1 所示，输出电压是从电阻 *R* 上取的。按定义，传输系数 $\boldsymbol{K}$ 应为：

$$\boldsymbol{K}=\boldsymbol{U}_{\mathrm{R}}/\boldsymbol{U} \tag{22.1}$$

式中 $\boldsymbol{U}_{\mathrm{R}}$、$\boldsymbol{U}$ 分别为输出电压和输入电压的有效值矢量。而在该串联电路中输出的电压 $\boldsymbol{U}_{\mathrm{R}}$ 与输入电压 $\boldsymbol{U}$ 之比，又等于相应阻抗之比，于是又有

$$\boldsymbol{K}=\frac{R}{R+\frac{1}{j\omega C}}=\frac{1}{1+\frac{1}{j\omega RC}} \tag{22.2}$$

由此得到传输系数 $\boldsymbol{K}$ 的模 K 和辐角 φ 分别为：

$$K=\frac{1}{\sqrt{1+(\frac{1}{\omega RC})^2}} \tag{22.3}$$

$$\varphi=\arctan\frac{1}{\omega RC} \tag{22.4}$$

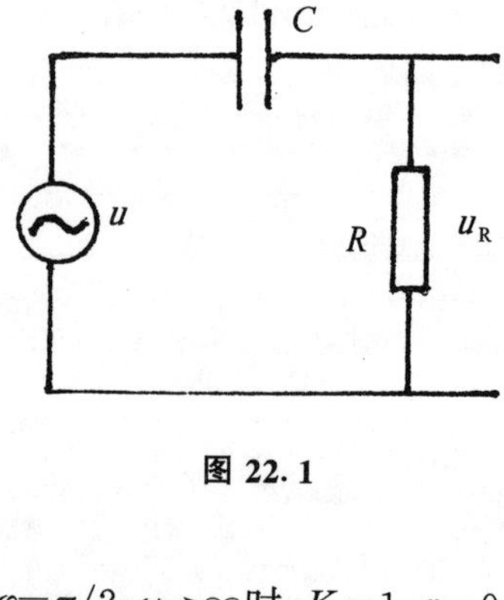

图 22.1

式中 ω 为所用交流电压的圆频率，它与频率 f 的关系为 $\omega=2\pi f$。辐角 φ 为输出电压（或电流）与输入电压的相位差。

图 22.2 表示出 K-f 幅频特性曲线和 φ-f 相频特性曲线。可以看出，$\omega\to 0$ 时，$K=0$（表示电压信号通不过该电路），$\varphi=\pi/2$；$\omega\to\infty$ 时，$K=1$，$\varphi=0$，故称该电路为高通电路。而当 $\omega=\omega_0$（$\omega_0=1/RC$）时，由(22.3)式和(22.4)式得到：

$$K=\frac{\sqrt{2}}{2} \tag{22.5}$$

$$\varphi=\pi/4 \tag{22.6}$$

人们称

$$\omega_0=1/RC \tag{22.7}$$

为截止圆频率。对于高通电路，认为圆频率 ω 高于 ω_0 的交流电压能通过，低于 ω_0 的交流电压不能通过该电路而被滤掉。

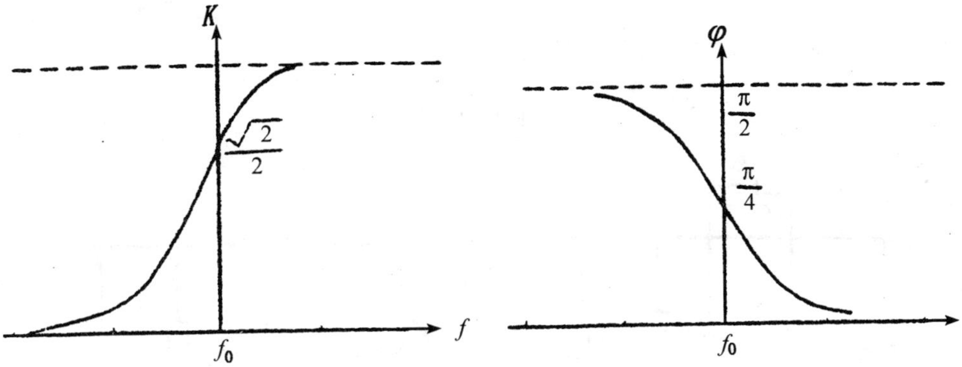

图 22.2

2. RC 低通电路

如图 22.3 所示，从电容上输出电压。与高通电路类似的分析可得到传输系数的模和辐角以及截止圆频率分别为：

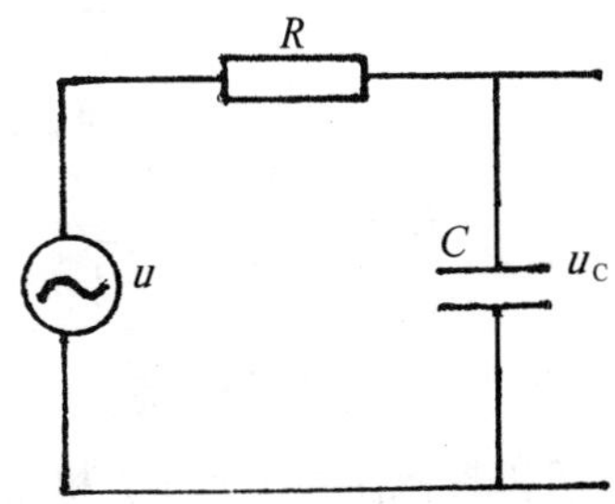

图 22.3

$$K=\frac{1}{\sqrt{1+(\omega RC)^2}} \tag{22.8}$$

$$\varphi=-\arctan(\omega RC) \tag{22.9}$$

$$\omega_0=1/RC \tag{22.10}$$

在 ω_0 这个圆频率上，有：

$$K=\sqrt{2}/2 \tag{22.11}$$

$$\varphi=-\pi/4 \tag{22.12}$$

该电路的 K-f 幅频特性曲线和 φ-f 相频特性曲线如图 22.4 所示，该电路为低通电路。

3. RC 全通电路

如图 22.5 所示，当满足

$$R_1C_1=R_2C_2 \tag{22.13}$$

条件时，可以证明传输系数的模和辐角分别如下所示：

$$K=\frac{R_2}{R_1+R_2} \tag{22.14}$$

$$\varphi=0 \tag{22.15}$$

可见 K 为常数，φ 恒等于零，它们均与频率无关，故该电路为全通电路，亦称脉冲分压电路。

4. RL 串联电路

RL 串联电路用得较少，因此不去详细研究它。现仅就图 22.6 所示电路研究其电压传输特性。不难写出该电路传输系数的模、辐角的关系式：

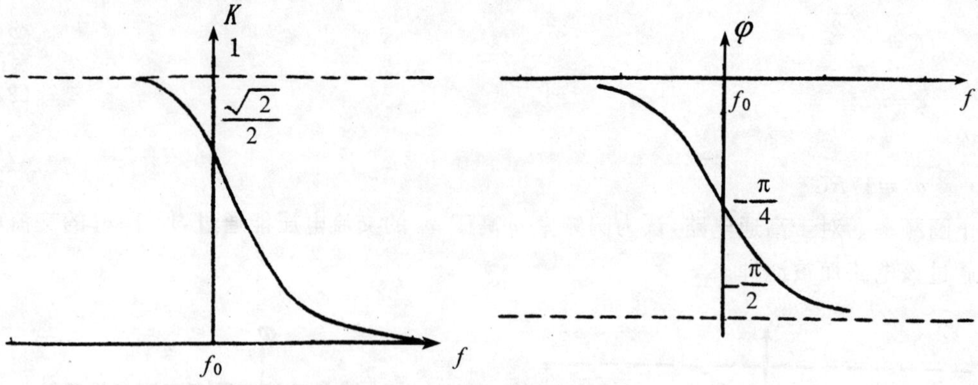

图 22.4

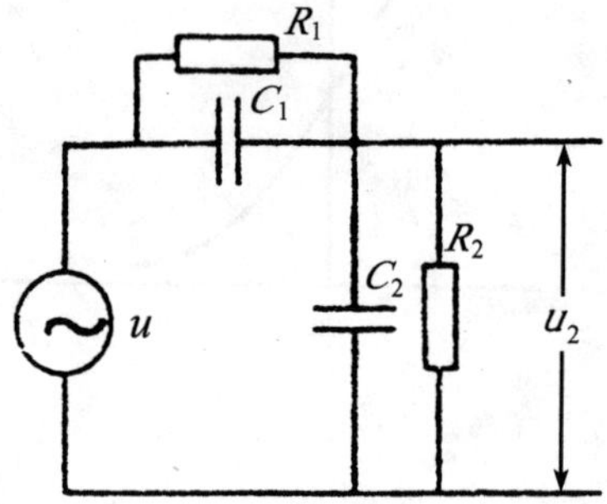

图 22.5

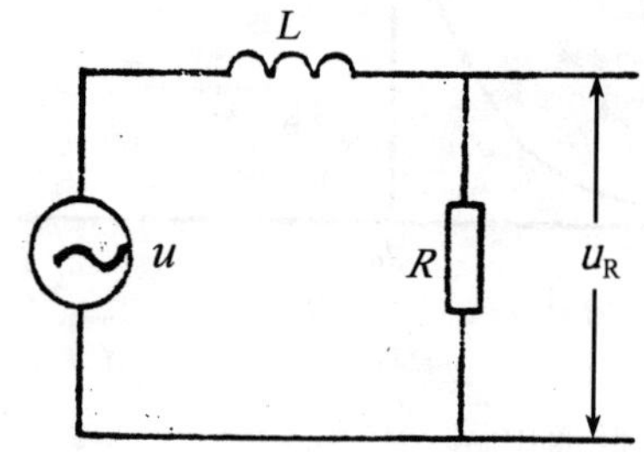

图 22.6

$$K=\frac{R}{\sqrt{R^2+(\omega L)^2}} \tag{22.16}$$

$$\varphi=-\arctan\frac{\omega L}{R} \tag{22.17}$$

K-f 幅频特性曲线和 φ-f 相频特性曲线如图 22.7 所示，属低通电路。截止圆频率为：

$$\omega_0=R/L \tag{22.18}$$

在截止圆频率 ω_0 处，有

$$K=\sqrt{2}/2 \tag{22.19}$$

$$\varphi=-\pi/4 \tag{22.20}$$

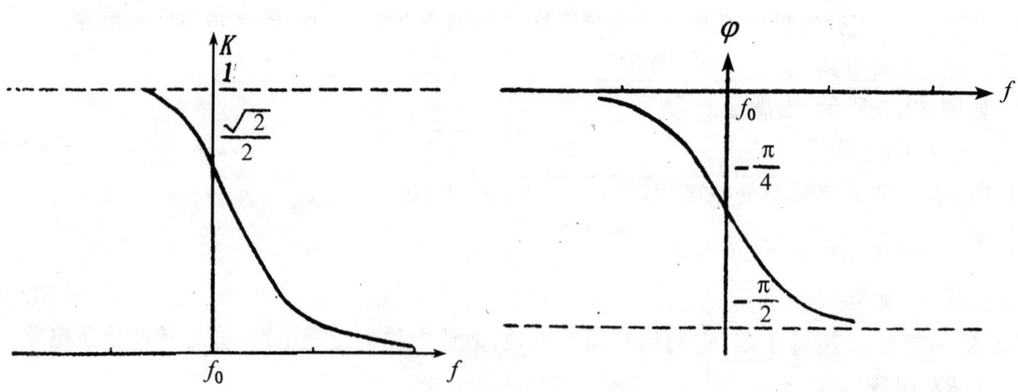

图 22.7

四、仪器用具

标准电阻(1kΩ),标准电容(0.1μF),标准电感(0.1H),双踪示波器,信号发生器,相位计。

五、实验内容

1.研究 RC 高通电路的传输特性

将图 22.1 中正弦波电压 u、u_R 分别送至示波器 Y_1、Y_2 输入端。信号发生器输出电压调为 3V 左右。调出 u、u_R 波形。在信号发生器的输出为 159.2Hz、1 592Hz 和 15.92kHz 等频率下,分别测出荧光屏上 u 和 u_R 波形高度,再算出传输系数 K 值。在上述每一个频率上,用相位计测出输出电压与输入电压之间的辐角 φ。

2.研究 RC 低通电路的传输特性

将图 22.3 中正弦电压 u、u_C 分别送至示波器 Y_1、Y_2 输入端,分别测出 159.2Hz、1 592Hz 和15.92kHz等频率上的传输系数 K。用相位计测出每一个频率下的辐角 φ。

3.研究全通电路的传输特性

将图 22.5 中 u、u_2 分别送到示波器 Y_1、Y_2 输入端。对于正弦信号频率 159.2Hz、1 592Hz 和 15.92kHz,分别测出传输系数 K。用相位计测出每一个频率下的辐角 φ(图中 $C_1=C_2=0.1\mu F$,$R_1=R_2=1k\Omega$)。

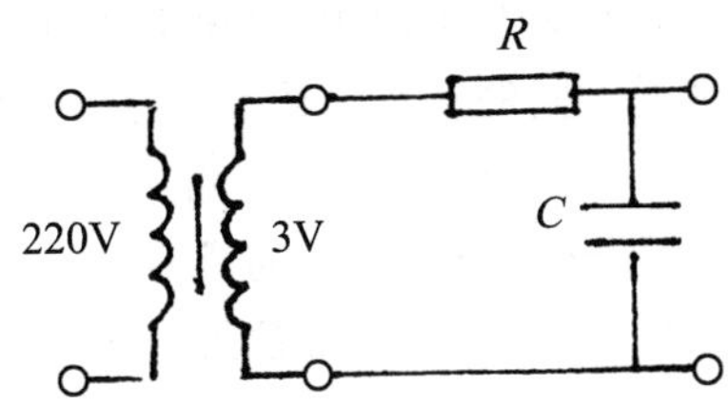

图 22.8

4.观察 RC 低通电路的滤波作用

参看图 22.8,变压器初级接入市电 50Hz、220V 电压,次级输出为 3V 左右的小电压信号。用示波器观察其波形,然后在变压器次级接入 RC 低通电路,用示波器再观察其输出波形,说明观察到的现象并解释之。

5.研究 RL 低通电路的传输特性

将图 22.6 中 u、u_R 分别送至示波器的 Y_1、Y_2 输入端。对于正弦信号频率 159.2Hz、1 592Hz和 15.92kHz,分别测出 K,用相位计测出每一个频率下的辐角 φ。

六、考查题

1.RC 电路中,两元件数值之积 RC 具有时间的量纲,故称 RC 值为该电路的时间常数。当 $R=1k\Omega$、$C=0.1\mu F$ 时,时间常数是多少秒?在 RL 电路中,$R=1k\Omega$,$L=0.1H$,时间常数 L/R 是多少秒?它们对应的 ω_0 和 f_0 分别是多少?

2.要测 RC 串联电路总电压 u 和电流 i 间的相位差 φ,图 22.1 所示电路应如何与示波器连接?前述哪个实验内容测了这个 φ 值?

七、思考题

1.RL 低通电路,在 ω_0(或在 f_0)处,测得的传输系数 K 及其辐角 φ 为什么与理论值有一定偏差?

2.试证图 22.5 中满足 $R_1C_1=R_2C_2$ 时,传输系数 K 与频率无关。

3.试设计一电路并用相应的测量方法来测 C_X(电容 C_X 的损耗电阻可忽略,电容 C_X 约为 0.1μF,其他元件自选)。

实验 23　简单谐振电路的特性

一、目的要求

1. 了解 RLC 组合交流电路的阻抗对频率的依赖关系。
2. 掌握谐振电路的谐振条件及谐振特点。
3. 了解谐振曲线的形状与线路 Q 值的关系。

二、引言

在具有电阻 R、电感 L 和电容 C 元件的交流电路中，电路两端的电压与其中电流相位一般是不同的。我们调节电路元件(L 或 C)的参数或电源频率，可以使它们相位相同，使整个电路呈现纯电阻性。称电路达到这种状态为谐振。在谐振状态下，电路的总阻抗达到极值或近似达到极值。研究谐振的目的就是要认识这种客观现象，并在科学研究和应用技术上充分利用谐振的特征，同时又要预防它所产生的危害。按电路联接的不同，有串联谐振和并联谐振两种。本实验仅对两种谐振电路作初步的研究。

三、原理

1. 串联谐振

RLC 串联电路如图 23.1 所示，其中 L、C、R 分别表示纯电感、纯电容和纯电阻，所加交流电压 U(有效值)的圆频率为 ω。电路的复阻抗为：

$$\mathbf{Z}=\mathbf{Z}_R+\mathbf{Z}_L+\mathbf{Z}_C=R+\mathrm{j}(\omega L-\frac{1}{\omega C}) \tag{23.1}$$

复阻抗的模：

$$Z=\sqrt{R^2+(\omega L-\frac{1}{\omega C})^2} \tag{23.2}$$

复阻抗的辐角：

$$\varphi=\arctan\frac{\omega L-\frac{1}{\omega C}}{R} \tag{23.3}$$

φ 角即该电路电流滞后于总电压的相位差。回路中的电流 I(有效值)为：

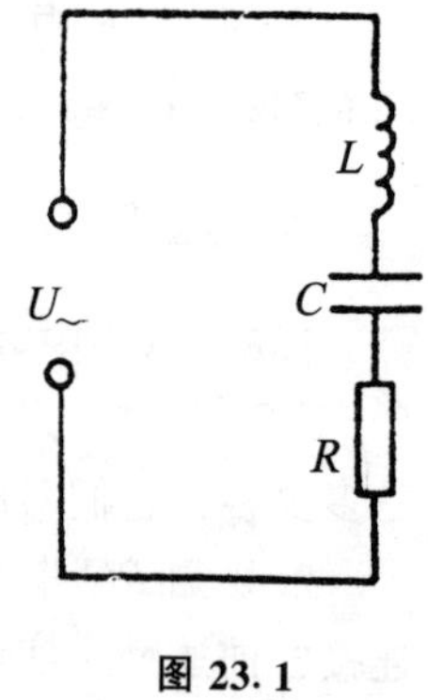

图 23.1

$$I=\frac{U}{\sqrt{R^2+(\omega L-\frac{1}{\omega C})^2}} \tag{23.4}$$

上面三式中，Z、φ、I 均为频率 f（或圆频率 ω，$\omega=2\pi f$）的函数。Z、φ 随 f 的变化关系曲线如图 23.2(a)和(b)。若保持电路的总电压 U 不变，I 随 f 的变化关系如图 23.2(a)所示。

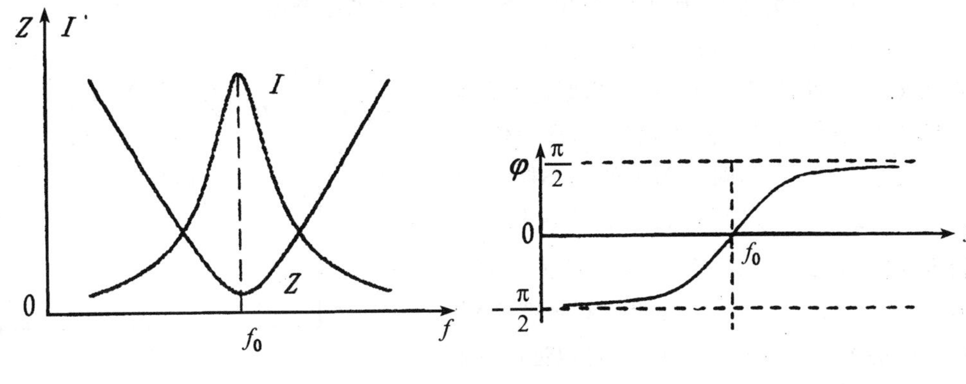

(a) (b)

图 23.2

改变电源频率，当 $\omega L-\frac{1}{\omega C}=0$ 时，由(23.3)式知 $\varphi=0$，表明电路中电流 I 和电压 U 同位相，整个电路呈现纯电阻性，这就是串联谐振现象(如果电路中缺少 L 或 C 能谐振吗?)。此时电路总阻抗的模 $Z=R$ 为最小，如 U 不随 f 变化，电流 $I=U/R$ 则达到极大值。这些由图 23.2(a)也可看出。易知，只要调节 f、L、C 中的任意一个量，电路都能达到谐振。

令 ω_0 和 f_0 表示谐振状态下的圆频率和频率，由谐振条件 $\omega L-\frac{1}{\omega C}=0$ 可得：

$$\omega_0=\sqrt{\frac{1}{LC}} \quad \text{或} \quad f_0=\frac{\omega_0}{2\pi}=\frac{1}{2\pi}\sqrt{\frac{1}{LC}} \tag{23.5}$$

R、L、C 元件上的电压有效值分别为：

$$U_R=IR=\frac{R}{\sqrt{R^2+(\omega L-\frac{1}{\omega C})^2}}U \tag{23.6}$$

$$U_L=I\omega L=\frac{\omega L}{\sqrt{R^2+(\omega L-\frac{1}{\omega C})^2}}U \tag{23.7}$$

$$U_C=\frac{I}{\omega C}=\frac{1}{\omega C\sqrt{R^2+(\omega L-\frac{1}{\omega C})^2}}U \tag{23.8}$$

当电压 U 不随 f 变化时，U_R-f 曲线形状和 I-f 曲线相似，如图 23.2(a)所示。U_L-f 和 U_C-f 曲线如图 23.3 所示(请注意，U_L 和 U_C 的最大值并不发生在谐振频率点 f_0 上，为什么?)。

电路发生谐振时，(23.6)式～(23.8)式变为：

$$U_R=U \tag{23.9}$$

$$U_L=\frac{\omega_0 L}{R}U=QU \tag{23.10}$$

$$U_C=\frac{1}{\omega_0 RC}U=QU \tag{23.11}$$

式中
$$Q=\frac{\omega_0 L}{R}=\frac{1}{\omega_0 RC}=\frac{1}{R}\sqrt{\frac{L}{C}} \tag{23.12}$$

称 Q 为串联谐振电路的品质因数，R 为串联谐振电路的总电阻。对于实用中的串联谐振电路，R 很小，Q 值往往比 1 大得多，有时可达几十甚至几百。由(23.10)和(23.11)式可以看出，谐振

时 U_L、U_C 可以比电源电压 U 大得多，故串联谐振又称为“电压谐振”。

由式(23.12)及式(23.4)、(23.7)、(23.8)可以看出，在 L、C 一定的情况下，R 越小，串联电路的 Q 值越大，则 I、U_L、U_C 的谐振曲线越尖锐，即峰值高、宽度窄。图 23.4 就是在不同 Q 值下的 I-f 曲线。为描述 I-f 曲线的尖锐程度，通常考查 I 由极大值 I_{max} 下降到 $I_{max}/\sqrt{2}=0.707I_{max}$ 时的两点对应频率 f_1 和 f_2 之差 Δf($\Delta f=f_2-f_1$ 称为通频带宽度)与谐振频率 f_0 的关系，如图 23.5 所示，可以证明它们之间的关系满足下式：

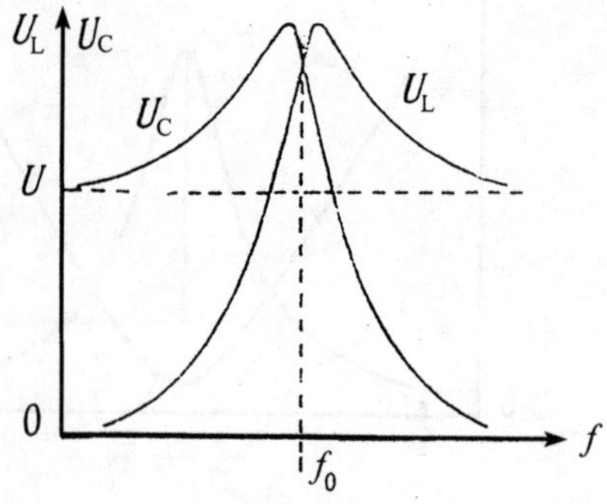

图 23.3

$$\frac{\Delta f}{f_0}=\frac{1}{Q} \tag{23.13}$$

可见 Q 越大，带宽 Δf 就越窄，谐振曲线也就越尖锐，表明电路对频率的选择性越好。

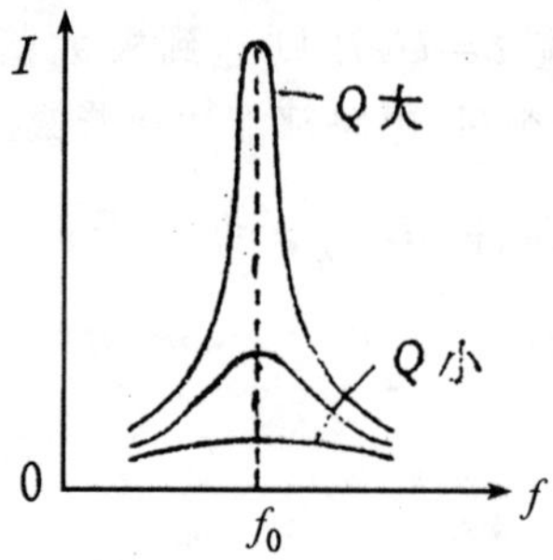

图 23.4

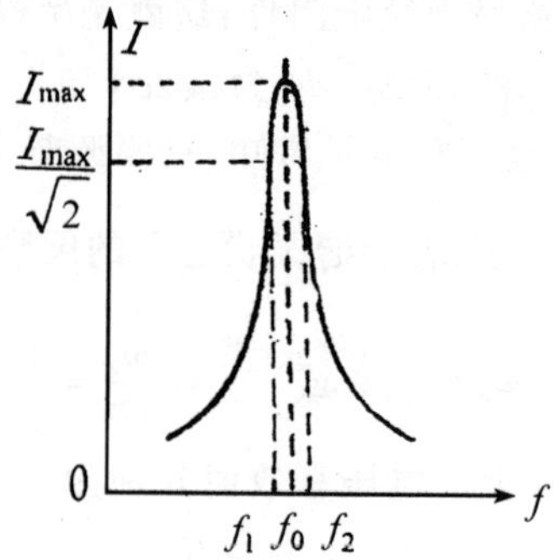

图 23.5

2. 并联谐振

如图 23.6 所示，L、C 分别表示纯电感和纯电容，R_L 表示电感线圈支路的电阻。该电路复阻抗的模为：

$$Z=\sqrt{\frac{R_L^2+(\omega L)^2}{R_L^2\omega^2C^2+(1-\omega^2LC)^2}} \tag{23.14}$$

辐角为：

$$\varphi=\arctan\frac{\omega L-\omega C(R_L^2+\omega^2L^2)}{R_L} \tag{23.15}$$

式中 Z、φ 均随电源频率 f 变化。若电路总电流 I 不随 f 变化，则其端电压 U 随频率 f 的变化关系同 Z-f 相似。图 23.7(a)(b)分别给出了 U-f 和 φ-f 的关系曲线。

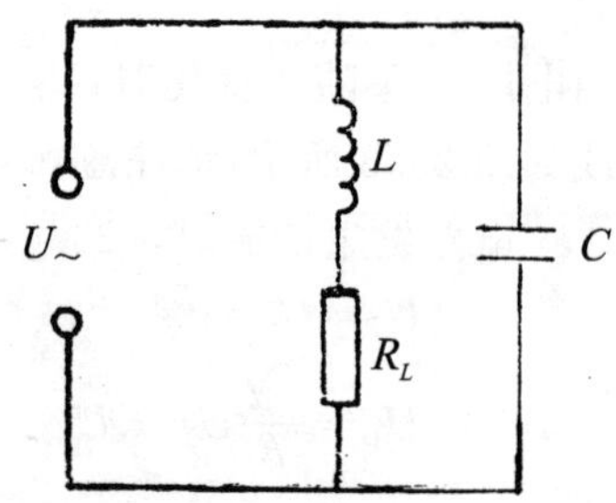

图 23.6

改变频率 f，当 $\omega L-\omega C(R_L^2+\omega^2L^2)=0$ 时，$\varphi=0$，表明电路总电压和总电流同相位，电路总阻抗呈现纯电阻性，这就是并联谐振现象。谐振频率可由谐振条件 $\omega L-\omega C(R_L^2+\omega^2L^2)=0$ 求出：

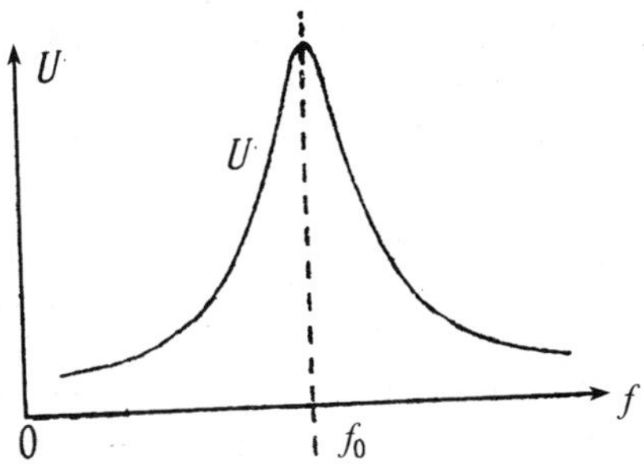

(a)

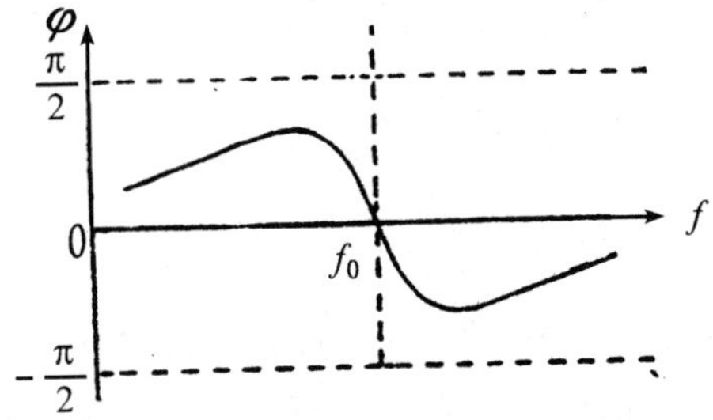

(b)

图 23.7

$$\omega_0' = \frac{1}{\sqrt{LC}}\sqrt{\frac{\frac{L}{C}-R_L^2}{\frac{L}{C}}} \tag{23.16}$$

一般情况下 $L/C \gg R_L^2$，则上式近似为：

$$\omega_0' \approx \frac{1}{\sqrt{LC}} = \omega_0 \quad 或 \quad f_0' \approx \frac{1}{2\pi\sqrt{LC}} = f_0 \tag{23.17}$$

式中 ω_0、f_0 分别为串联谐振时的圆频率和频率。可见在满足上述条件下，串、并联电路的谐振频率是相同的。由(23.14)式可知并联谐振时，Z 近似为极大值。若电路中总电流不随频率 f 变化，则电压 U 也近似达到极大值。

并联电路两支路的电流 I_L、I_C 和总电流 I 的关系满足下式：

$$I_L = \frac{Z}{Z_L} I = \frac{1}{\sqrt{(R_L\omega C)^2+(1-\omega^2 LC)^2}} I \tag{23.18}$$

$$I_C = \frac{Z}{Z_C} I = \sqrt{\frac{\omega^2 C^2 [R_L^2+(\omega L)^2]}{(R_L\omega C)^2+(1-\omega^2 LC)^2}} I \tag{23.19}$$

若总电流 I 不随频率 f 变化，I_L、I_C 随频率 f 变化的关系曲线如图 23.8 所示。

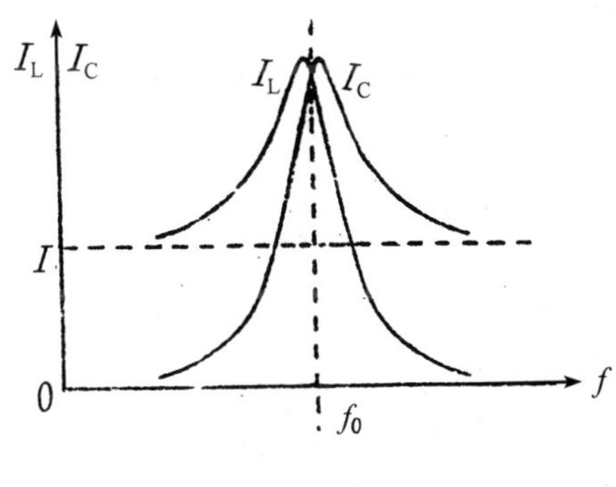

图 23.8

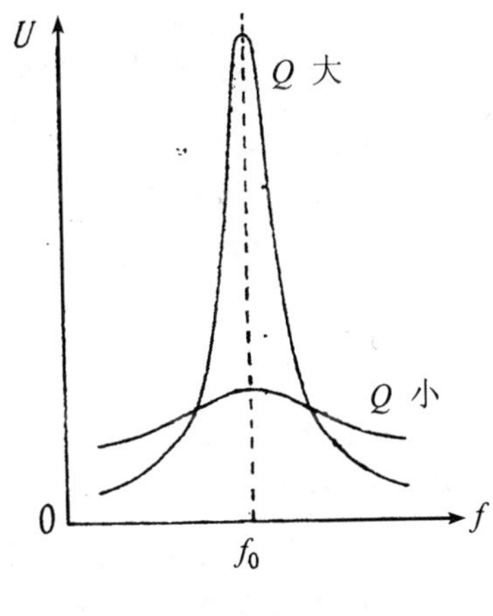

图 23.9

当电路发生谐振时，考虑到 $(\omega L)^2 \gg R_L^2$ 及 $\omega_0' \approx \omega_0 = \sqrt{\frac{1}{LC}}$，则上两式变为：

$$I_L \approx \frac{1}{R_L}\sqrt{\frac{L}{C}}I = QI \tag{23.20}$$

$$I_C \approx \frac{\omega_0 L}{R_L}I = QI \tag{23.21}$$

$$Q = \frac{1}{R_L}\sqrt{\frac{L}{C}} = \frac{\omega_0 L}{R_L} \tag{23.22}$$

Q 为并联谐振电路的品质因数，式中 R_L 包含了 L 的串联损耗电阻。Q 一般比 1 大得多，可见并联电路谐振时，电感上和电容上流过的电流近似为总电流的 Q 倍，所以并联谐振也叫做"电流谐振"。

由(23.22)式可知，R_L 越小，并联电路的 Q 越大，图 23.7(a)中的电压曲线越尖锐，电路对频率的选择性也越好。图 23.9 为不同 Q 值下的 U-f 曲线。描述 U-f 曲线尖锐程度的方法，可考查 U 由极大值 U_{max} 下降到 $U_{max}/\sqrt{2}=0.707U_{max}$ 时的两点对应频率 f_1 和 f_2 之差 Δf、谐振频率 f_0 及 Q 值三者之间关系，同样它们也满足(23.13)式。

四、仪器用具

信号发生器，双路交流毫伏表，相位计，标准电感(0.1H，0.1 级)，已知电容(约 0.1μF，具体电容值由实验室给出)，高周波电阻箱。

五、实验内容

1. 串联谐振

按图 23.10 联接电路。

(1)R 置 100Ω，置 $R'+r_L=100\Omega$(r_L 为 L 串联损耗电阻，数据由实验室给出)，保持 $U=3.00$V 不变，由毫伏表测出不同频率 f 下的 U_R，从而作出 I-f 关系曲线，并在谐振频率下测出 U_L 和 U_C 值；由相位计测出 φ-f 关系曲线。

(2)R 置 100Ω，$R'+r_L=300\Omega$，仍保持 $U=3.00$V 不变，测出 I-f 曲线及谐振时的 U_L、U_C 值。

从上述曲线上找出谐振频率的测量值 $f_{0测}$，由谐振时测得的 U_C(或 U_L)值并根据(23.11)或(23.10)式求出 $Q_{串测}$。将 $f_{0测}$ 和 $Q_{串测}$ 与理论值 $f_{0理}$ 和 $Q_{串理}$ 相比较。

在 I-f 两条曲线上，找到谐振峰两旁的 $I_{max}/\sqrt{2}$ 值所对应的频率 f_1 和 f_2，由(23.13)式算出 Q 值，并与理论值进行比较。

2. 并联谐振

按图 23.11 联接线路。

(1)置 $R_L+r_L=200\Omega$，保持总电流 $I=3.00$mA 不变($R=100\Omega$，$U_R\equiv0.300$V)，测出电压 U 随频率 f 变化的关系曲线，并在谐振频率下测出 R_L 两端电压 U_{RL}。

(2)置 $R_L+r_L=400\Omega$，仍保持总电流 $I=3.00$mA 不变($R=100\Omega$，$U_R\equiv0.300$V)，测出 U-f 关系曲线，并在谐振频率下测出 R_L 两端电压 U_{RL}。

(3)置 $R_L+r_L=200\Omega$，保持总电流 $I=3.00$mA 不变($R=100\Omega$，$U_R\equiv0.300$V)，用相位计测出电压 U 与总电流 I 的相位差 φ 随频率 f 变化的关系曲线。(由于相位计使用上的要求，需实测图 23.11 中电压 U' 与电流 I 的相位差随 f 变化的关系曲线，这样会有一定的误差。)

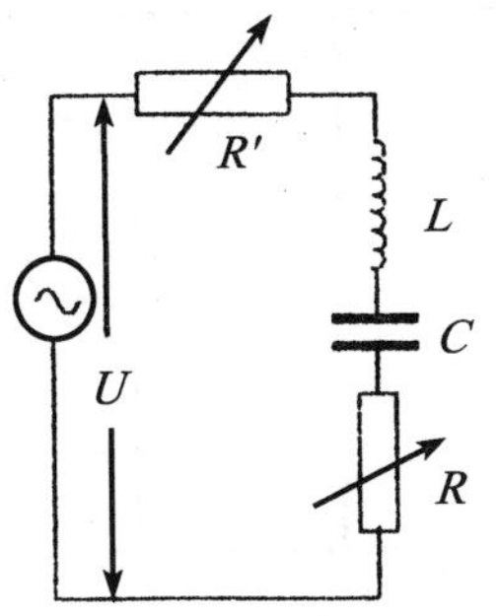

图 23.10

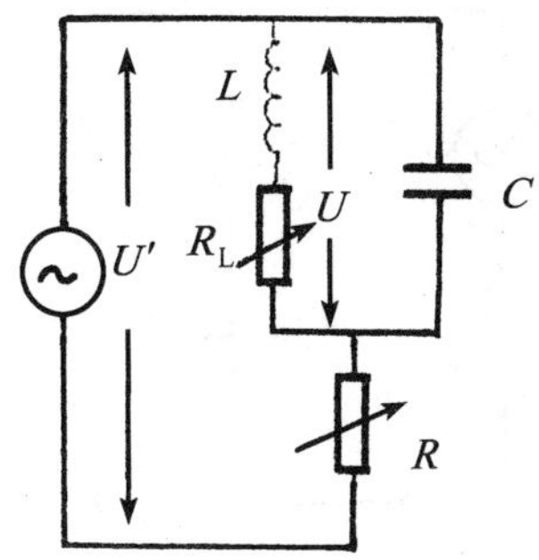

图 23.11

从上述曲线上找出谐振频率的测量值 $f'_{0测}$，根据谐振条件下测出的 U_{RL}求出 I_L，I 已知，由(23.20)式可求出 $Q_{并测}$。将 $f'_{0测}$和 $Q_{并测}$以及在 U-f 曲线上按(23.13)式求出的 Q 值与理论值 $f'_{0理}$和 $Q_{并理}$进行比较。

六、注意事项

1.所用信号发生器、交流毫伏表和相位计的外壳不要互相接触。

2.在谐振情况下使用交流毫伏表测电压时，应注意毫伏表的选挡，以避免超程。

七、考查题

1.分别叙述串联谐振和并联谐振的条件及谐振时的特点。

2.试分析当电源频率高于或低于电路的谐振频率时，LRC 串联电路和并联电路各呈现什么性质(电容性还是电感性?)。

3.如何测量谐振电路的 Q 值?

八、思考题

1.如果用 $I(f)$＝常数的恒流信号源供电，串联谐振电路的 I-f、U_L-f、U_C-f 曲线各呈现什么样的形状? 画草图说明。

2.如果用 $U(f)$＝常数的恒压信号源供电，并联电路的 U-f、I_L-f、I_C-f 曲线各呈现什么样的形状? 画草图说明。

3.现有一含有多种频率成分的电源 u_i，其内阻为 r，想利用串联谐振原理去掉 f_0 频率成分(陷波)，如图 23.12 所示，问 L、C 的数值应满足什么要求? r 的数值适当大些还是小些对这种陷波作用有利?

4.现有一含有多种频率成分的电源 u_i，其内阻为 r，想利用并联谐振原理取出某 f_0 频率成分(选频)，如图 23.13 所示。问 L、C 的数值应满足什么要求? r 的数值适当大些还是小些对这种选频作用有利?

5.有一 50Hz、220V、40W 的感性负载，如图 23.14 所示。若 U_R＝110V，如以电容 C 并联在它两端而将其功率因数改善到 1，C 的值应取多大? 由此叙述并联谐振现象及其意义。

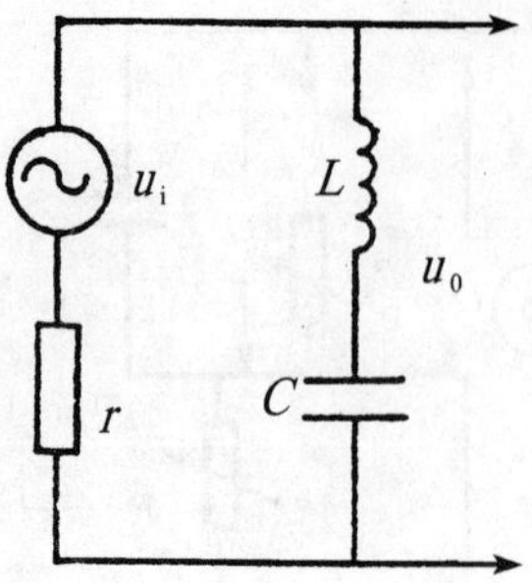

图 23.12

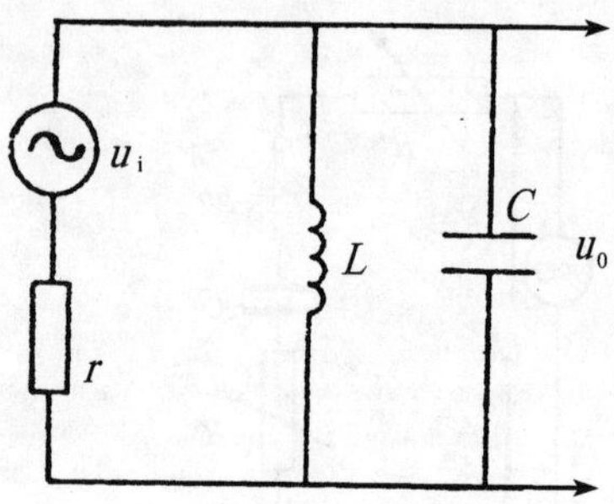

图 23.13

九、参考题

1. 使用本实验的仪器用具，利用谐振法由标准可变电容测量指定频率 1kHz 下的某电感 L_X。

2. 使用本实验的仪器用具，根据谐振原理，采用替代法由可变标准电感 L_0 测量未知电感 L_X。

3. 观察并联谐振电路的选频作用，如图 23.15 所示。先将两信号源的频率分别调至某 f_0($f_0=\dfrac{1}{2\pi\sqrt{LC}}$)和 $2f_0$，观察示波器荧光屏上出现的较稳定的波形。将开关 K 闭合，再观察荧光屏上的波形，从而作出适当结论。

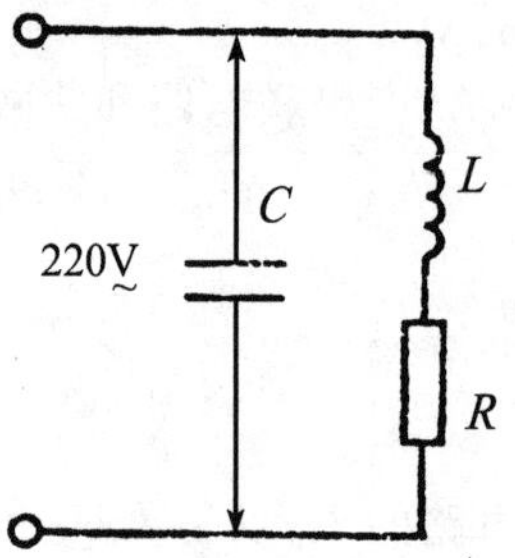

图 23.14

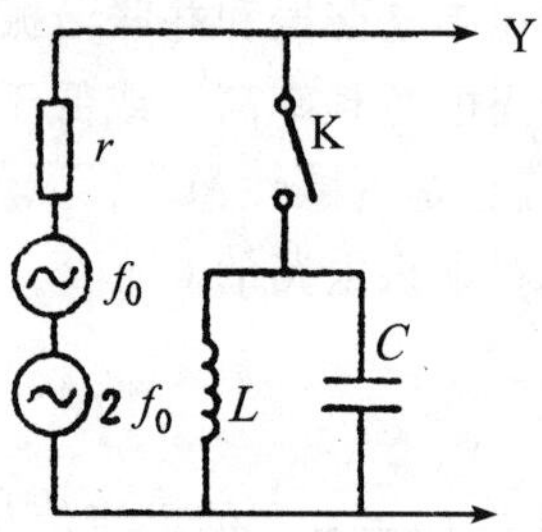

图 23.15

实验 24　用电子积分器测量铁磁材料的静态磁化特性曲线

一、目的要求

1. 了解铁磁材料的静态磁化特性。
2. 掌握由电子积分器等组成的测量系统测量磁场的原理和方法。
3. 进一步熟悉 X—Y 记录仪的使用方法。

二、引言

在实验 18 中，我们介绍了用冲击电流计测量铁磁材料的静态磁化特性曲线。该方法是静态磁测量的传统方法，具有一定的灵敏度和准确度，测量的稳定性和重复性较好。但冲击法存在着不能对连续缓变磁通产生的感应电动势进行积分、非瞬时性误差明显以及测量速度慢等缺点。利用电子积分器进行磁测量可克服上述缺点，并能测量随时间变化的磁场，且分辨率高，易实现测量自动化。目前这种方法在交、直流磁测量中，得到了广泛的应用。本实验将采用电子积分器—函数记录仪等组成的测量系统连续测量铁磁材料的静态磁化特性曲线。

三、原理

1. 铁磁材料的静态磁化曲线

铁磁材料在直流磁场磁化情况下所得到的磁感应强度 B 和磁场强度 H 之间的关系曲线，即为该材料的静态磁化曲线，具体地说，即原始磁化曲线、磁滞回线以及技术磁化曲线。

①原始磁化曲线

如图 24.1 所示的 B-H 曲线是在铁磁材料内完全去磁状态（$H=0$，$B=0$），并且 H 由零值单方向增大的条件下得到的，故称为原始磁化曲线。当磁化场 H 增加到某一值 H_m 时，B 的增加将极缓慢，和前段曲线相比，可看成 B 不再增加，即达到磁饱和。我们把达到磁饱和状态的 H_m 和 B_m 分别叫做饱和磁场强度和饱和磁感应强度。

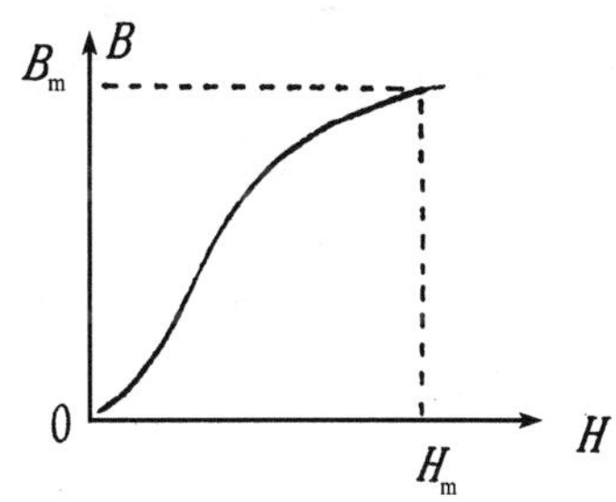

图 24.1

②磁滞回线

去磁后的铁磁材料在某一磁化场 H 反复多次磁化后所得到的 B-H 封闭曲线，称为该材料的磁滞回线。若磁化场为饱和磁场强度 H_m，所得到的磁滞回线则为饱和磁滞回线。如图 24.2 所示。由图可以看出，当磁化场由 H_m 逐渐减小时，B 也随之减小，但当 $H=0$ 时，$B=B_r$，即保留一定的剩磁，可见铁磁材料的磁化过程是不可逆的。要消除剩磁，需加一反向磁场 H_c。H_c 称为铁磁材料的矫顽力，矫顽力大的为硬磁材料，矫顽力小的为软磁材料。

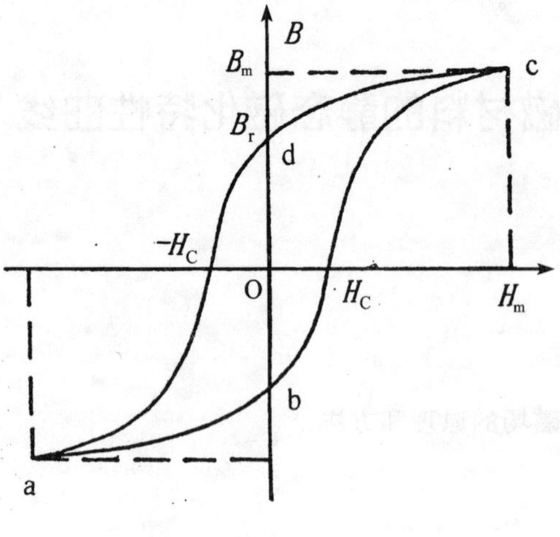

图 24.2

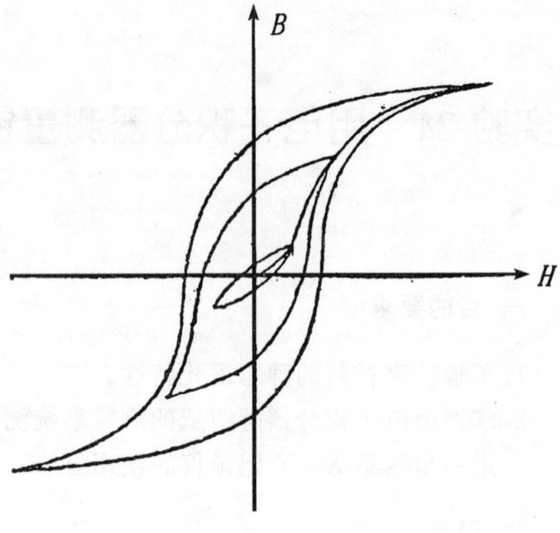

图 24.3

③技术磁化曲线

技术磁化曲线乃是大小不同的稳定磁滞回线的顶点连线。如图 24.3 所示。

2.电子积分器

电子积分器(以下简称积分器)是实现积分运算的一种电路。如图 24.4 所示,它是由运算放大器(以下简称运放)和 R、C 等元件组成。

由基尔霍夫定律有:

$$I=I_C+I_-$$

$$U_0+U_C-U_-=0$$

由于运放工作在线性区,其输出电压 $U_0=K_0(U_+-U_-)=-K_0U_-$。一般 K_0 很大(本实验所用 OP07 型运放 K_0 为 10^5 量级,理想情况下 $K_0\to\infty$),而 U_0 最大也不会超过运放的工作电压十几伏。由此可知 U_- 很小($U_-\approx 0$),故称图 24.4 中 Σ 点为"虚地点"。

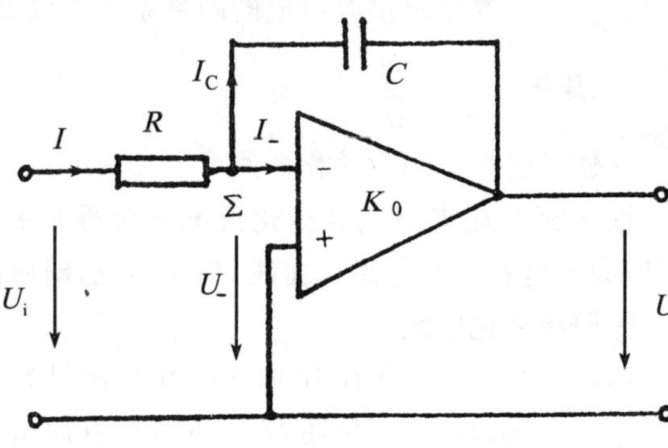

图 24.4

正因为 U_- 很小,而放大器的输入端等效电阻 R_i 又很大(理想情况 $R_i\to\infty$),故 I_- 可略,则上两式变为:

$$I=I_C$$

$$U_O=-U_C=\frac{1}{C}\int_0^t I_C\mathrm{d}t$$

将两式合并,并考虑到 $I_c=U_i/R$ 及积分器 0 时刻可能有输出电压 U_{C0},则有:

$$U_O=-\frac{1}{RC}\int_0^t U_i\mathrm{d}t+U_{C0} \tag{24.1}$$

(24.1)式表明,若实验时使 $U_{C0}=0$,则积分放大器的输出电压 U_0 正比于输入电压 U_i 对时间的积分。负号表示输出电压和输入电压相位相反。可见该电路对电压实现了积分运算。

3. 测量原理

测量电路如图 24.5 所示。其中 A 为由铁磁材料所充满、横截面积为 S 的螺绕环，初、次级匝数分别为 N_1 和 N_2；M 为一互感器；R_0 为取样低阻；图中 M、A 右侧为积分器。

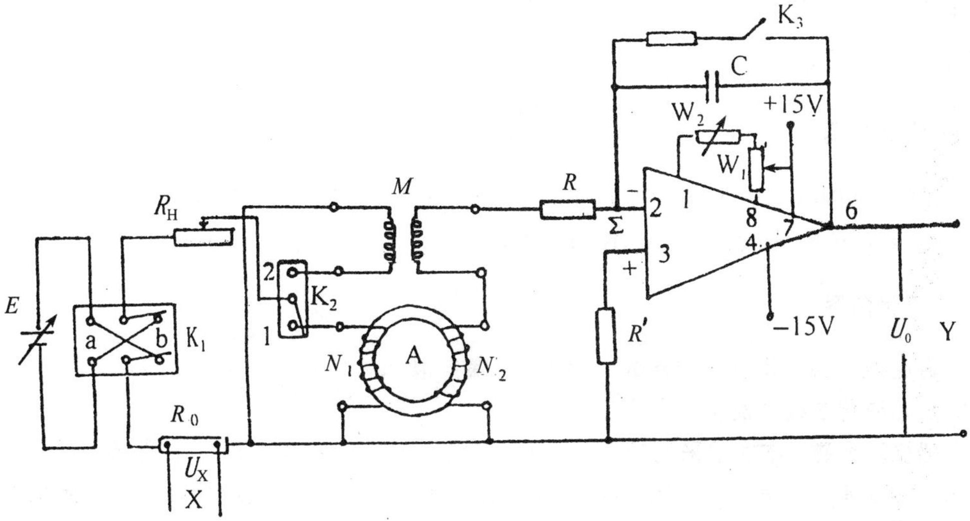

图 24.5

测量时，K_1 合 a 或 b，K_2 合 1，K_3 闭合再断开，以使上式 $U_{C0}(0)=0$。改变电源电压 E，螺绕环次级有感应电动势产生：

$$\varepsilon=-N_2 S\frac{\mathrm{d}B}{\mathrm{d}t}$$

式中 ε 即(24.1)式中的 U_i。将上式代入(24.1)式并积分得：

$$U_O=\frac{N_2 S}{\tau}B(t)-\frac{N_2 S}{\tau}B(0) \tag{24.2}$$

若 $B(0)=0$，或在实验中设法消去上式等号右边第二项则得：

$$U_O=\frac{N_2 S}{\tau}B \tag{24.3}$$

式中 $\tau=(R+R_M+R_A)C$。其中 R_M、R_A 分别为互感次级和螺绕环次级的阻值。由(24.3)式知，$U_O\propto B$，将积分器输出电压 U_0 输入记录仪的 Y 通道，再从取样低阻 R_0 上取出正比于磁场强度 H 的电压 U_X 输入至记录仪的 X 通道，单调往复改变激磁电流，记录仪的记录笔即可画出 B-H 关系曲线。

若所画曲线坐标系按 H 标定，则 H 按下式计算：

$$H=\frac{N_1}{LR_0}U_X \tag{24.4}$$

式中 L 为螺绕环的平均周长；U_X 为从 R_0 电压接头所测得的电压。

若纵坐标按磁感应强度 B 标定，由(24.3)式知，N_2S 已知，U_O 可从所测曲线上求出，但需确定时间常数 τ。τ 的大小可按下述方法确定：如图 24.5，K_1 合 a 或 b，K_2 合 2，K_3 闭合再打开，调电源电压 E 由零逐渐增大至额定值，记录仪便画出一条直线。根据上述原理，可推出积分器输出电压为：

$$U'_O=\frac{M}{R_0\tau}U'_X$$

由此得：

$$\tau=\frac{M}{R_0}\cdot\frac{U'_X}{U'_O} \tag{24.5}$$

式中 U'_X、U'_O 由记录仪所画直线求出。将(24.5)式代入(24.3)式便可求出 B：

$$B=\frac{M}{N_2SR_0}\cdot\frac{U'_XU_O}{U'_O} \tag{24.6}$$

四、仪器用具

直流稳压电源，螺绕环，标准低阻 R_0，互感器 M，积分器盒，X－Y 记录仪，自耦变压器，降压变压器，限流电阻 R_H 及开关 K_1、K_2、K_3 等。

五、实验内容

1. 确定积分器的积分时间常数 τ。测量步骤自拟。

2. 原始磁化曲线的测量。

①螺绕环退磁。本实验采用频率为 50Hz 交流电退磁。线路如图 24.6 所示。T_1 为自耦变压器，T_2 为降压变压器，R 为限流电阻。按实验室要求将 T_1 调至额定电压值，R 调到 10Ω 左右，然后缓慢地逐渐降低 T_1 电压至零，至此退磁完毕。

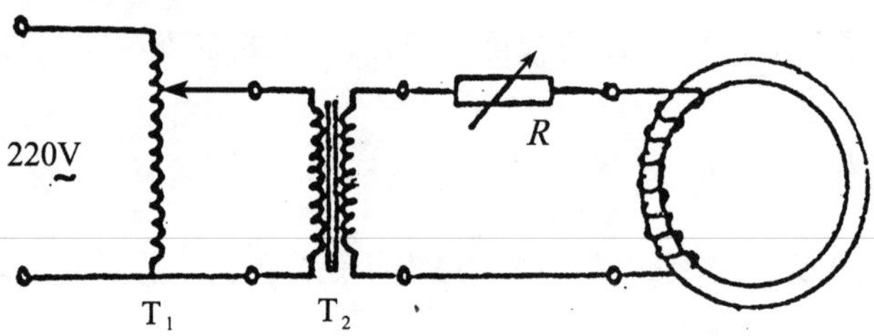

图 24.6

②测量。如图 24.5 所示，K_1 合 a 或 b(配合调节螺绕环输出两端子位置，使记录仪记录笔所画曲线落在第一象限)，K_2 合 1，R_H 调至合适值，同时选好记录笔的零点位置(即坐标系原点)及 X、Y 两通道的电压常数(由实验室给出)，然后 K_3 闭合再打开，落下记录笔；调 E 由零逐渐缓慢地增大至额定值，此时记录笔所画曲线即为该铁磁材料的原始磁化曲线。

3. 磁滞回线的测量。

参看图 24.5，K_2 仍合 1，K_3 合上，R_H 不动，电源 E 调至额定值。利用反向开关 K_1 反复磁化多次，使待测铁磁材料达到稳定的磁化状态。K_1 合 a(应使所画磁滞回线两顶点在第一、三象限内，否则 K_1 合 b)，初选记录笔起始位置，如图 24.2 选取 a 点。试画时断开 K_3，调 E 由额定值逐渐减小至零，可画出图 24.2 中 ab 段；然后将 K_1 合 b，调 E 由零逐渐增大至额定值，再由额定值逐渐减小到零，可画出 bc、cd 两段；最后再将 K_1 合 a，调 E 由零逐渐增至额定值，画出最后的 da 段。至此整个过程记录笔所画封闭曲线即为样品的磁滞回线。调好记录笔在坐标纸上起始位置，保证磁滞回线关于坐标原点对称，落下记录笔，按试画步骤便可画出磁滞回线。

根据所画磁滞回线求出剩磁 B_r 及矫顽力 H_c。

4. 技术磁化曲线的测量。

技术磁化曲线乃是大小不同的磁滞回线的顶点连线，而各不同稳定磁滞回线的获得需在其各自的电流下，开关 K_1 反复磁化多次（即磁锻炼）才行。故样品的技术磁化曲线不能连续测量，需采用记录笔打点来完成。

测量步骤自拟。

六、注意事项

1. X-Y 记录仪系贵重仪器，每次通电测量之前，应调好各通道的电压常数，避免待测电压超程。

2. 组成积分器的运算放大器由于存在输入失调电压和输入失调电流等问题，故在积分器没有输入电压时，却有电压输出，而且随着时间的加长，这种输出电压还会变化，这就是零点漂移问题（可观察到记录笔离开零点而缓慢移动）。为减小这种零点漂移，除在运放正相输入端串一平衡电阻 R'（$R'=R+R_M+R_A$）外，另外如图 24.5 所示在运放 1、8 两端串接两个平衡调节电位器 W_1（粗调）和 W_2（细调）。运放经予热一段时间后，调节 W_1 和 W_2 可使积分器输入为零时，输出电压的漂移降至最低程度。

测量时，首先应调 W_1 和 W_2 使输入电压为零时，输出电压稳定在零点处起码要 40 秒以上（即观察记录笔的稳定情况），否则会给测量带来很大误差。同时还要随时注意观察积分器的零漂问题。

3. 注意开关 K_3 的使用方法。调整零漂及测量时要断开 K_3，而在需要积分器输出为零时应使 K_3 闭合。这里要特别提醒注意的是，当利用 K_1 进行"磁锻炼"时，应及时闭合 K_3，以保护记录仪的安全。

4. 在给螺绕环退磁时，220V 交流电压裸露在外边，应注意安全。

七、考查题

1. 在测量原始磁化曲线时，如何操作开关 K_1 等才能使所画曲线落在第一象限？又如何操作才能使积分器输出电压初始值为零？

2. 在测 B-H 关系曲线时，为什么电源电压 E 总是单调变化？

3. 简述技术磁化曲线的测量步骤。

八、思考题

1. 原理中（24.1）式是在运算放大器 K_0 及输入电阻 R_i 趋于无穷大的理想情况下推出的，但实际上 K_0 及 R_i 都是有限值，在此情况下可推出积分器的输出电压为：

$$U_O=-\frac{K_0}{(1+K_0)RC}\int_0^t U_i\mathrm{d}t-\frac{(1+R/R_i)}{(1+K_0)RC}\int_0^t U_O\mathrm{d}t$$

试证明之。

2. 总结一下，正式画磁滞回线之前，应如何快捷地将记录笔调到所需位置上？

3. 根据本实验测量原理，试设计一测量条形磁铁端面附近的磁感应强度 B 的方案。

4. 将图 24.5 中的螺绕环换成内有探测线圈的长直螺线管，仿照本实验的测量原理，试推出测量螺线管内探测线圈所在处的磁感应强度 B 的公式。

附：用电子积分器—数字存储示波器测量螺绕环的静态磁化曲线

前面介绍了用电子积分器—函数记录仪组成的系统测量螺绕环的静态磁化曲线的原理和

方法。利用数字存储示波器的存储和无限余辉等功能，上述测量也可用电子积分器—数字存储示波器组成的系统来完成。所测曲线同样方便、直观，光滑性及重复性较好，且便于测量某些磁性参量。图形及所测磁性参量可由和示波器相连接的打印机一并打印出来。

测量方法如下：参看图 24.5，将积分器的输出电压 U_0 和 R_0 上的电压 U_X 分别接入示波器的 2 及 1 通道；分别按下通道 1 和通道 2 的按钮，选取"DC"耦合方式；调节通道 1 和通道 2 的电压灵敏度旋钮，使两通道的电压灵敏度分别为 20mV/cm 和 200mV/cm；按"Main/Delayed"按钮，选取"XY"模式，然后按下"Acquire"按钮，选取"Averaging"，以减小随机噪声的干扰，此时屏上则出现一清晰的小亮点。

将已退磁的螺绕环接入线路；将屏上光点调至屏幕中心；按下按钮"Display"，并打开"persist"(无限余辉)，然后缓慢地自零调节电源电压 E 至额定值，屏上即可显现出螺绕环的原始磁化曲线。

磁滞回线的测量和用 X—Y 记录仪的测量方法基本相同，只是每次测量时都要将按钮"Dispay"菜单中的"persist"打开即可。测量步骤自拟。

实验 25　用计算机测量铁磁材料的静态磁化特性曲线

一、目的要求

1. 了解用计算机进行数字积分测量 B-H 曲线的原理和方法。
2. 了解铁磁材料的静态磁化特性。

二、引言

近年来，计算机的发展日新月异，其应用已深入到各个领域。在物理实验中，可利用计算机技术进行数据采集、数据处理等，从而使测量手段现代化；同时还开发出一些新的实验方法，为物理实验的发展开辟了一条新的实验途径。本实验介绍用 A/D 转换接口和计算机等组成的测量系统，测量铁磁样品的静态磁化特性曲线。该方法利用计算机测量系统完成数据采集、处理、图形显示及打印，使测量直观快捷，给实验者以极大的方便。

三、测量原理

测量电路如图 25.1 所示，A 为螺绕环，R_0 为取样低阻，螺绕环右侧为 A/D 转换接口和计算机。

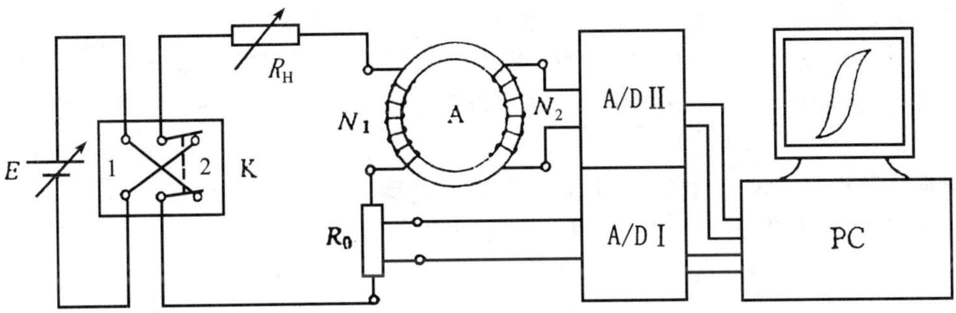

图 25.1

测量时，开关 K 合 1 或 2，调节电源电压 E，用以改变螺绕环初级线圈电流 I，则 t 时刻螺绕环中产生的磁场强度 H 为：

$$H(t)=\frac{N_1}{L}I(t)=\frac{N_1}{L}\cdot\frac{U(t)}{R_0} \tag{25.1}$$

当螺绕环中磁场强度 H 变化时，铁磁样品中的磁感应强度 B 也将随之变化，于是在螺绕环次级线圈产生感应电动势：

$$\varepsilon(t)=-N_2S\,\frac{\mathrm{d}B(t)}{\mathrm{d}t} \tag{25.2}$$

(25.1)、(25.2)两式中 N_1、N_2 分别为螺绕环初、次级线圈的匝数；S、L 分别为铁磁样品环的截面积和平均周长；$U(t)$为 R_0 上的电压降。将(25.2)式对时间进行积分有：

$$\int_0^t \varepsilon(t)\mathrm{d}t = -N_2S[B(t)-B(0)]$$

整理有

$$B(t)=\frac{-1}{N_2S}\int_0^t \varepsilon(t)\mathrm{d}t + B(0) \tag{25.3}$$

图 25.1 中“A/D Ⅰ”转换器将(25.1)式中不同时刻采集的电压信号 $U(t)$ 转换成数字信号并送入计算机，在计算机荧光屏坐标设定的情况下，以此值来确定屏上光点横坐标的位置。同样，同步工作的另一路“A/D Ⅱ”转换器实时采集感应电动势信号 $\varepsilon(t)$，并将其转变成数字信号送入计算机。同时计算机的累加程序将送入的 $\varepsilon(t)$ 数字信号对时间进行数字积分，即 $\int_0^t \varepsilon(t)\mathrm{d}t$，并以 $-\int_0^t \varepsilon(t)\mathrm{d}t$ 值来确定屏上光点纵坐标的位置。这样当调节图 25.1 中电源电压 E 时，计算机则根据不同时刻的 $-\int_0^t \varepsilon(t)\mathrm{d}t$ 和 $U(t)$ 值显示出($-\int_0^t \varepsilon(t)\mathrm{d}t$)$-U(t)$ 的关系曲线。依(25.1)式给横轴电压 $U(t)$ 乘以 $N_1/(LR_0)$，依(25.3)式给纵轴 $-\int_0^t \varepsilon(t)\mathrm{d}t$ 乘以 $1/(N_2S)$，则计算机荧光屏上显示的曲线即为待测铁磁样品的静态 B-H 关系曲线。注意(25.3)式中的 $B(0)$ 将在后边具体实验中确定。

四、实验内容

1. 铁磁样品的静态磁滞回线的测量

①磁煅炼。将图 25.1 中的滑线变阻器 R_H 置于实验室指定值上，电源电压 E 调至最大值(约 30v)，反复倒换反向开关 K 多次后合至“1”处，然后将电源电压 E 调为零，K 合至“2”处，使铁磁样品处于图 25.2 中的 a 状态。(a 状态和 c 状态可通过试画加以区别)。

②测量。启动计算机，在显示屏出现的桌面上，用鼠标器左键双击“磁特性实验”，荧光屏上将出现带有横、纵坐标及坐标格的画面。再点击荧光屏上的磁滞回线图标，计算机则运行到等待画图状态。

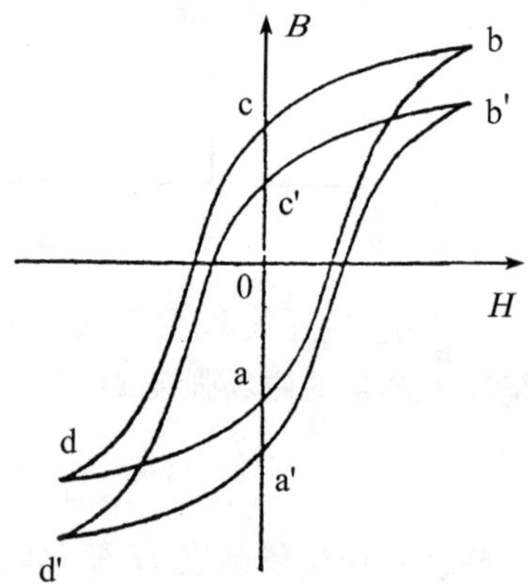

图 25.2

根据计算机程序设定，我们从图 25.2 中的 a 状态开始画磁滞回线。但铁磁样品的剩磁(即 a 状态的 $B(0)$ 值)并不知道，于是计算机先予设一 B 值，即 a′状态的 $B'(0)$ 值，就以相应的 a′点作起画点。当计算机允许采集信号给出后，可匀速地单调调 E 至最大，再匀速地单调调回零，荧光屏上可显示出如图 25.2 所示的 a′b′和b′c′两段曲线。尔后迅速地将开关 K 合至另一端，同样匀速单调调 E 至最大再匀速单调地调回零，荧光屏上可显示出 c′d′和 d′a′段曲线。至此屏上出现的是一条 a′b′c′d′a′的封闭曲线。最后用鼠标器左键点击“—”图标，运行计算机的图形上下平移程序，便将此封闭曲线沿 B 轴移到对称取中的位置。这就是该铁磁样品在给定磁化电流条件下的静态磁滞回线。图 25.2 中 a 点的 B 值即为(25.3)式中的 $B(0)$ 值。若在上述操作过程中出现错误，或不满意自己所画曲线，可用鼠标器左键点击屏上的剪裁符号，即可删除掉刚刚画完的一条曲线，重新再画。

2. 技术磁化曲线的测量

上述磁滞回线画成后，可增大一挡 R_H，磁锻炼后按上述同样步骤画出一条比上述磁滞回线略小些的磁滞回线。依此类推，依次增大 R_H，可画出一系列大小不同的磁滞回线。将这些磁滞回线的顶点连接起来，即为该铁磁样品的技术磁化曲线。如图 25.3 所示。

3. 原始磁化曲线的测量

①螺绕环退磁。本实验采用频率为 50Hz 的交流电流退磁。线路如图 25.4 所示。T_1 为自耦变压器；T_2 为降压变压器；R 为限流电阻。按实验室要求将 R 调到 10Ω 左右，然后把 T_1 电压从 250V 缓慢地降低到零。至此退磁完毕。

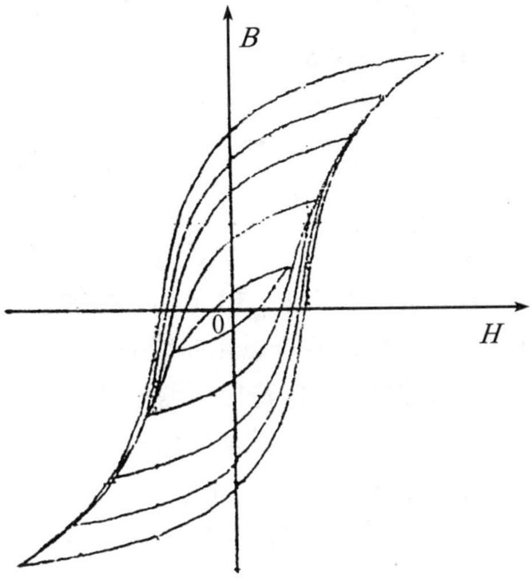

图 25.3

②测量。将图 25.1 中电源电压 E 调为零，限流电阻 R_H 仍调为原实验室指定位置。将退磁后的螺绕环按原来接法连入线路，然后用鼠标器左键点击荧光屏上端的原始磁化曲线图标，计算机则运行到等待画原始磁化曲线状态。待允许采集信号给出后，可匀速单调地调 E 至最大，荧光屏上将显示出该铁磁样品的原始磁化曲线。用鼠标器左键再次点击图标“—”，使该曲线起始点移至坐标原点处，如图 25.5 所示。待计算机完成所有测量任务后，用打印机将全部测量曲线打印出来，并标好坐标轴分度值、坐标单位及单位前所乘的常数。

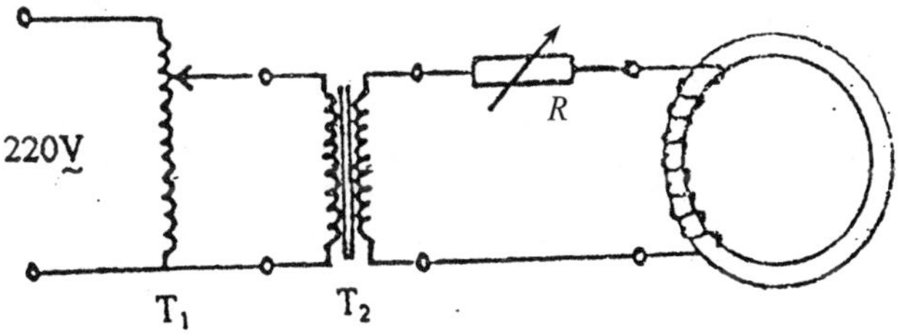

图 25.4

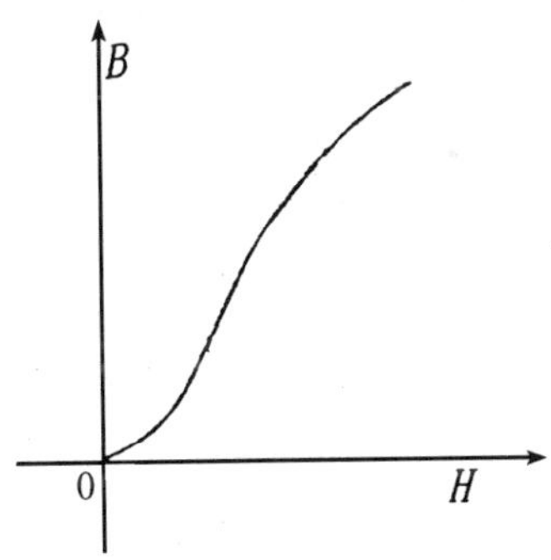

图 25.5

五、仪器用具

计算机，双路 A/D 转换接口，直流稳压电源，标准低阻 R_0，滑线变阻器 R_H，螺绕环，自耦变压器 T_1，降压变压器 T_2，换向开关等。

六、注意事项

1. 磁锻炼时，进行 3～4 个循环即可，但开关 K 每次闭合要接触好。

2. 退磁操作时，注意不要触上交流 220V 电源裸露部分，以免触电。

3. 按操作规程启动计算机和关闭计算机。实验期间不得用于其他操作。

4. 注意：实验中让电源工作在稳压状态（每路左旋钮顺时针旋到头）。双路 A/D 转换器的Ⅰ、Ⅱ接线不得接错。

七、考查题

1. 参看图 25.2，我们在测量铁磁样品的磁滞回线时，欲从 a 状态起画，若样品处于 c 状态，如何操作才能使其处于 a 状态？

2. 想想看，计算机如何确定铁磁样品在某一磁化状态下的剩磁 $B(0)$？

3. 如图 25.1，定性地简述 A/D 转换器及计算机在测量磁感应强度时各起什么作用。

八、思考题

1. 试评述用"电子积分器—函数记录仪"系统和用"A/D 转换器—计算机—打印机"系统研究铁磁材料的静态磁化曲线各有什么特点。

2. 参看图 25.1，若把待测的螺绕环换成已知互感 M，自零调 E 至最大，计算机荧光屏上将出现什么样的曲线？试证明之。

3. 对于图 25.1 所示电路，如果不给"A/D 转换器—计算机"系统输入感应电动势 ε，而是输入已知直流电压 E_0，如何考查出该系统的积分精确程度？画出电路图并说明之。

实验 26　铁磁材料交流磁特性的实验研究

一、目的要求

1. 掌握用数字存储示波器(Digital Storage Oscilloscope，缩写为 DSO)观测铁磁材料交流磁特性曲线及磁性参数的测量原理和方法。

2. 了解 DSO 的工作原理、使用方法及和计算机的配合使用。

3. 了解用 DSO 的辉度调制功能观察铁磁材料的磁滞现象；了解用模拟法观察涡流大小对磁滞回线形状的影响。

二、引言

铁磁材料的交流磁特性曲线是指其在稳态交变磁场磁化下，所得到的 B～H 关系曲线，即交流磁滞回线、交流技术磁化曲线等。铁磁材料的交流磁特性正是通过其磁特性曲线而获知。由于影响铁磁材料磁化特性的因素很多，如杂质含量、外界温度、加工处理方式以及磁化历史等等，因此至今尚未能从理论上找到一个定量描述磁化特性曲线的分析表达式，而只能通过实验手段加以测定。铁磁材料的交流和静态磁特性曲线在形状上是类似的，但有区别。就磁滞回线而言，若同一材料样品在相同大小磁化场磁化下，交流磁滞回线较之静态磁滞回线横向加宽，即封闭曲线内面积大一些，这表明交变磁化的损耗加大。这是因为静态测量时铁磁材料仅有磁滞损耗，而交变测量时，样品中不仅有磁滞损耗，还有涡流损耗之缘故。

本实验采用美国 Agilent 公司的 54622A 型 DSO 观测铁磁样品(变压器铁芯)的交流磁特性曲线。该示波器可以将样品的交流磁滞回线及技术磁化曲线同时显示在荧光屏上，通过光标可以测出剩磁、矫顽力等磁性参数；通过与 DSO 相连接的计算机可以测出样品的铁芯损耗以及某些磁性参量之间的关系曲线等，并可由打印机打印出来。上述测量具有直观、方便、精确度高等特点。更为重要的是，能较完整地了解铁磁样品的交流磁特性，这对研究铁磁材料的性质和应用有着重要的意义，这也是通用的电子示波器所难于做到的。

关于 DSO 的工作原理和 54622A 型 DSO 的使用说明请参看实验 14《数字存储示波器的使用》原理部分及其后面的附录。

三、原理

1. 用 DSO 观测变压器铁芯的交流磁滞回线及技术磁化曲线

测量电路如图 26.1 所示。其中 T 为待测变压器，N_1、N_2 分别为其初级、次级线圈的匝数。利用自耦变压器 T_1 和隔离变压器 T_2(为了安全而使用 T_2)给待测变压器 T 初级线圈通以 50Hz 交

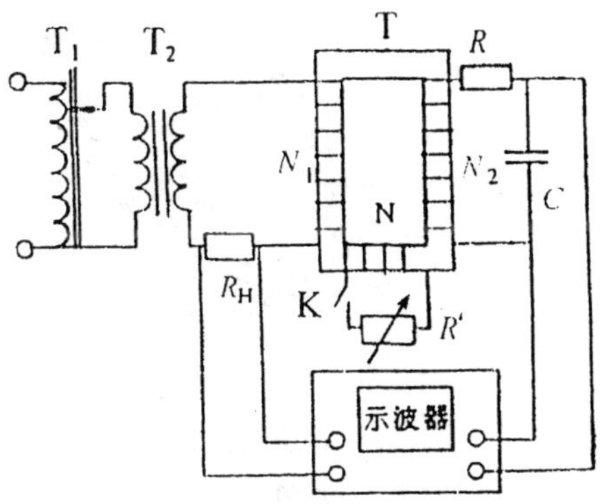

图 26.1

流电流。设流过的磁化电流为 i_1，由安培定律有：

$$i_1N_1=HL \tag{26.1}$$

式中 L 为变压器铁芯的平均周长。交变磁化场的磁场强度 H 的大小为：

$$H=\frac{N_1}{LR_H}u_H \tag{26.2}$$

式中 u_H 为取样电阻 R_H 上的电压。由(26.2)式知 $H\propto u_H$。将 u_H 输至示波器的 X 通道，则电子束在 X 方向的偏转正比于磁场强度 H。

变压器的次级回路由次级线圈及电阻 R、电容 C 串接而成。当交变磁化场在变压器铁芯中产生交变磁通时，次级线圈内将产生感应电动势：

$$\varepsilon=-N_2S\frac{\mathrm{d}B}{\mathrm{d}t} \tag{26.3}$$

式中 S 为变压器铁芯的截面积。若忽略变压器次级线圈的电阻及其漏电感，且选取 R 和 C 值都足够大，使得电阻值 R 远大于容抗 $1/\omega C$，感应电动势 ε 提供的电压几乎全部降在电阻 R 上，可写出回路电压方程：

$$\varepsilon=i_2R \tag{26.4}$$

式中 i_2 为次级回路的电流。利用(26.4)式的结果，电容 C 两端的电压 u_C 可表示为：

$$u_C=\frac{q}{C}=\frac{1}{C}\int i_2\mathrm{d}t=\frac{1}{RC}\int\varepsilon\mathrm{d}t \tag{26.5}$$

此式表示了电容 C 两端输出电压 u_C 是感应电动势 ε 对时间的积分，故称此 RC 电路为“积分电路”。将(26.3)式代入(26.5)式并加以整理，则磁感应强度 B 的大小为：

$$B=\frac{RC}{N_2S}u_C \tag{26.6}$$

可见 $B\propto u_C$。将 u_C 输至示波器的 Y 通道，则电子束在 Y 方向的偏转正比于磁感应强度 B。

这样，当磁化电流 i_1 变化一周时，示波器荧光屏上的光点将描绘出一条完整的磁滞回线。以后每个周期都重复此过程，结果在示波器荧光屏上看到一条稳定的交流磁滞回线波形。

若图中变压器铁芯退磁尽净，从零开始逐渐缓慢增大输入的交流电压，示波器荧光屏上可看到一系列从小变大的磁滞回线。利用 DSO 的无限余辉及存储的功能，可将这一系列大小不同的磁滞回线都显示在屏幕上，如图 26.2 所示。这些大小不同的磁滞回线的顶点连线即为该铁芯样品的交流技术磁化曲线。

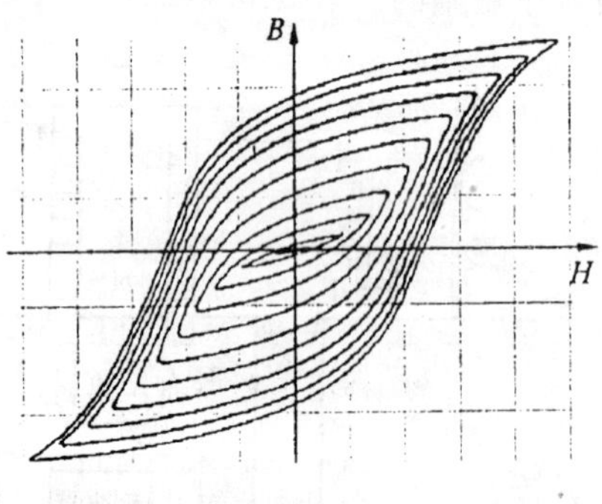

图 26.2

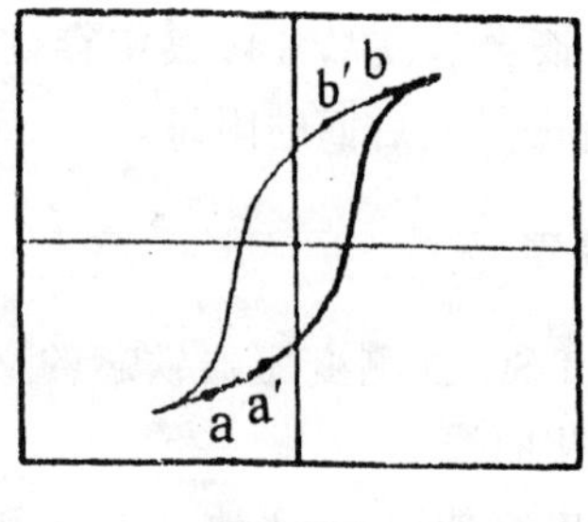

图 26.3

2. 观察磁滞现象

如图 26.3 为一交流磁滞回线。若变压器 T 初级线圈仍通以 50Hz 交变电流，屏上表示磁化状态的光点每秒钟要循环 50 次，人眼分辨不出它的循环方向。如果能判断光点是沿着逆时针方向旋转，则说明铁芯中磁感应强度 B 的变化滞后于磁场强度 H 的变化。为此我们对示波器进行"异步调辉"，则可观察到光点的循环方向。方法如下：

将信号发生器的方波电压输至 DSO 的"Ext Trigger"接口，用以调节示波器光点的亮度，使荧光屏上的磁滞回线一段明一段暗地变化。方波电压的频率要稍低于 50Hz，例如 49.5Hz，于是它的周期为 20.2ms，比 50Hz 市电周期 20ms 稍长。这样，如果某个时间段如 0～10.1ms 图 26.3中 aa′间为亮线段，过 20.2ms，即 20.2～30.3ms 时间段，磁化状态已经变到 bb′，于是 bb′段为亮线段，看起来亮线段沿逆时针方向移动一小段距离。随着时间的延续，磁滞回线上的亮线段便沿逆时针方向循环起来，恰好显示了磁化状态的旋转方向。由于调辉周期 20.2ms 仅比磁化状态的旋转周期 20.0ms 长 0.2ms，于是经过 100 个周期即 2s，亮线段才循环一周，眼睛很容易分辨出旋转方向。

3.用模拟法显示涡流效应

在待测变压器 T 铁芯上再绕一个"模拟线圈"N，如图 26.1 所示。当开关 K 打开时，屏上调出一磁滞回线，并利用 DSO 的无限余辉功能使其保留在屏幕上。然后闭合开关 K，模拟线圈中即有感应电流产生，此感应电流可用来模拟变压器铁芯中的涡流。此时在示波器荧光屏上我们会观察到磁滞回线比未加模拟线圈前横向加宽，高度略有降低，这说明了铁芯的损耗增加和涡流的去磁作用。如图 26.4 所示。改变电阻 R′值，即改变"涡流"大小，可观察到随着 R′值的减小，屏上的磁滞回线越来越"胖"(即横向增宽越多)。

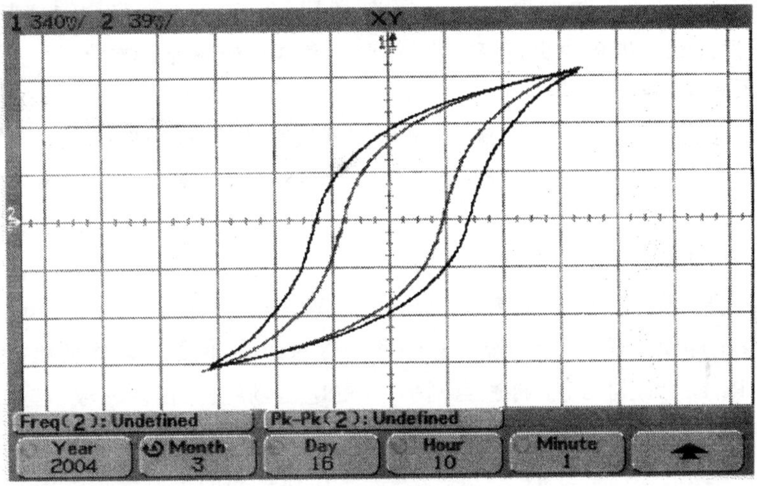

图 26.4

4.铁芯损耗的测量

铁磁材料在交变磁场磁化下，既有磁滞损耗，又有涡流损耗。磁滞损耗和涡流损耗统称为铁芯损耗，简称为铁损。理论上可以证明：铁磁材料单位体积交流磁化一周损耗的能量为：

$$W=\oint H\mathrm{d}B \tag{26.7}$$

将(26.2)和(26.6)两式代入(26.7)式有：

$$W=\frac{N_1RC}{N_2SR_HL}\oint u_H\mathrm{d}u_C \tag{26.8}$$

式中 $\oint u_H\mathrm{d}u_C$ 即为屏上交流磁滞回线所围面积。该面积可按(26.9)式(即梯形法)由计算机求其积分数值。

$$\oint u_H du_C = \sum_{n=1}^{n} \frac{1}{2}[u_C(i+1)+u_C(i)] \cdot [u_H(i+1)-u_H(i)] \tag{26.9}$$

式中 n 为 1 个周期信号所采集的数据长度；$u_H(i)$ 和 $u_C(i)$ 分别为 X 和 Y 方向上信号的第 i 组数据。根据 DSO 所采集的数据，与其连接的计算机按设定程序可计算出该磁滞回线的面积，然后代入(26.8)式，即可求出待测铁芯单位体积内交流磁化一周损耗的能量。

四、仪器用具

54622A 型数字存储示波器，F05 型数字合成函数信号发生器/计数器，计算机一台，自耦变压器一台，隔离变压器及待测变压器各一台，电阻 R_H(1.00Ω)，R(61.0KΩ)，电容 C(10μF)等(隔离变压器、待测变压器及 R_H、R、C 等在一块测量板上)。

五、实验内容

1. 观测频率为 50Hz 时变压器铁芯的交流磁滞回线和技术磁化曲线。

按图 26.1 连接线路，将 R_H 和 C 两端的电压 u_H 和 u_C 分别接入 DSO 的 1 和 2 通道。

①屏上调出稳定的 u_H 和 u_C 波形(调压变压器 T_1 的电压调为 100$\tilde{v}$ 左右)。调出的波形由于随机噪声的干扰，波线较粗。此时可依次按下 DSO 的“Acquire”键及其菜单中的“Averaging”软键，屏上即可出现细而清晰的波形。

②调出磁滞回线(如果波形顶点位于二、四象限，怎样改动线路才能使其位于一、三象限?)，并将磁滞回线调至屏幕中央，使磁滞回线中心和屏幕坐标原点重合。

③调出技术磁化曲线。

将变压器铁芯退磁。调节 T_1 的输出电压，使其从零开始逐渐增大到额定值(由实验室给出)，荧光屏上将出现由小变大的磁滞回线波形。然后将 T_1 的输出电压从额定值缓慢地降为零，至此退磁完毕。

调出技术磁化曲线。调节 DSO 及 T_1 的输出电压(不超过额定值)，使屏上出现最大的且趋于饱和状态的磁滞回线波形。然后按下“Display”键，选取其菜单中的“Persist”软键，并按 2 次，适当调小 T_1 的输出电压，屏上可显示较小些的磁滞回线，但原来较大的磁滞回线仍保留在屏幕上。再按“Persist”软键 2 次，再适当调小 T_1 的电压，屏上又出现一较小些的磁滞回线，同样屏上会保留原来的波形。依此类推，可在屏上得到一系列由大到小、变化基本均匀的磁滞回线族。这些大小不同的磁滞回线的顶点连线即为变压器铁芯的交流技术磁化曲线。如图 26.2 所示。该图形可由与 DSO 连接的打印机打印出来，或传输给与 DSO 连接的计算机，再通过打印机打印出来。

④测量磁性参量。选取屏上最大的一条磁滞回线为测量对象，测出剩磁 B_r、娇顽力 H_C、最大的磁场强度 H_m 和最大磁感应强度 B_m。

2. 测量频率为 50Hz 时，变压器铁芯的损耗 W 和磁感应强度 B_m 的变化关系曲线。

操作如下：

①利用实验内容 1 之③所调出的磁滞回线族(或屏上重新调出磁滞回线族)，用“Cursors”测出族中每个磁滞回线的最大磁感应强度 B_m 所对应的电压值 U_m。按从小到大的顺序设每个磁滞回线的最大磁感应强度为 B_{m1}、B_{m2}、…、B_{mn}，测得对应的 U_m 值分别为 U_{m1}、U_{m2}、…、U_{mn}。

②按下“Autoscale”键，清除屏上磁滞回线族，重新调出 B_{m1}所对应的电压为 U_{m1}的最小磁滞回线(注意，仍需按下“Acquire”键及其菜单中的“Averaging”软键，使屏上波形细而清晰)。

然后依次按下“Main/Delayed”键及其菜单中的“Main”软键，则屏上出现 u_H 和 u_C 的波形（即合成该磁滞回线的两列波）。再依次单击计算机屏上的“磁滞回线”、[x～y]、OK，按下 Ctrl＋s、单击“面积”，屏上即可显示出该磁滞回线面积的数值。

清除 DSO 及计算机屏上的波形及数据，调出与 B_{m2}所对应的电压值为 U_{m2}的磁滞回线。按上述同样步骤，测出磁滞回线面积的大小。以下依次类推，测出各个磁滞回线面积的数值，然后代入(26.8)式，即可求出变压器在每个 B_m 下的铁损，由此可作出 W～B_m 的关系曲线。

3. 测量变压器铁芯的损耗 W 随频率 f 变化的关系曲线（测量频率范围由实验室给出）。

4. 观察磁滞现象。

5. 观察涡流效应。

六、注意事项

1. 调压变压器的输入、输出端不得接错，用后一般置输出电压为零。接线和拆线时调压变压器的电源插头要拔掉。测量时勿碰调压变压器的裸露部分，以免触电。

2. 实验前后或实验过程中，不得使用计算机做一些与实验无关的工作。也不得无目的地随意调试 DSO。

3. 在测量变压器铁芯的技术磁化曲线时，注意调压变压器要单向调节。

4. DSO 荧光屏上的光点和波形不可过亮，光点不可长时间停留一点，以免烧损荧光屏。波形也不得长久超出屏外。

七、考查题

1. 如果图 26.1 中的取样电阻 R_H 是一个有可观电感的电阻，DSO 荧光屏上能否观察到没有畸变的交流磁滞回线波形？为什么？

2. 说明在 DSO 荧光屏上调出稳定的 u_H 和 u_C 波形的步骤。

3. 说明在 DSO 荧光屏上调出变压器铁芯的交流磁滞回线及技术磁化曲线的步骤。

4. 如图 26.1，若将变压器次级线圈上所感应的电动势 ε 不经 RC 积分电路直接加到 DSO 的 2 通道，1 通道所加取样电压 u_H 不变，DSO 荧光屏上能否观察到磁滞回线波形？为什么？

八、思考题

1. 在观察磁滞现象时，如果给 DSO 的“Ext Trigger”接口加的方波调辉电压频率略高于 50Hz，荧光屏上的磁滞回线亮线段沿着哪个方向循环？如何说明磁滞现象？

2. 试解释，为什么给变压器铁芯加一闭合的模拟线圈会使荧光屏上的磁滞回线在横轴方向变“胖”？

3. 实验中应用 26.8 式计算变压器铁芯损耗时，其单位是什么？如何将你的测量结果换算成以瓦特为单位的整个变压器铁芯的损耗？

4. 如果你已经做了实验 24——“用电子积分器测量铁磁材料的静态磁化特性曲线”，设想一下，能否用 DSO 测量铁磁材料的静态磁滞曲线？为什么？

实验 27　单相变压器

一、目的要求

1. 掌握变压器的工作原理。
2. 了解单相瓦特表的测量原理及使用方法。
3. 学会测量变压器的变压比、变流比、变阻比、铁损、铜损和效率。

二、引言

交流电路中的互感现象在电子、电工技术上得到了广泛的应用。变压器就是以互感现象为基础的电磁装置。应用变压器可以实现电压变换、电流变换和阻抗匹配。

变压器的种类很多，有动力变压器、电源变压器和特殊变压器。就工作原理而言电压互感器、电流互感器也属于变压器。

动力变压器用于发电站至用户间各类变电站，用来升高或降低电网电压。电源变压器有一组或多组固定的输出电压，它将市电(50Hz、220V)转变成所需的电压值。如用于坑道照明的变压器(其输出电压为 36V，称为安全电压)，交流收音机所用的变压器，电子仪器所用的变压器，线路变压器等等。自耦变压器是一种特殊的变压器，可输出连续可调的电压；电压互感器是用来将不易测量的高压转换到易于测量的电压范围，电流互感器则是用来将不易测量的大电流转换到易于测量的电流范围。互感器常用于电工测量或过压、过流保护。无线电接收机中常用的输出变压器，可实现电路和喇叭间的阻抗匹配。电焊机所用的变压器，其铁芯缝隙是可调的，借以调节输出电流。磁饱和稳压电源所用的变压器，其铁芯中磁感应强度处于饱和状态，当电网电压波动时，磁感应强度几乎不变，起到稳定电压的作用。在测量铁磁材料的磁化特性时，用铁磁材料制成的螺绕环也是一种变压器。

本实验用的是小功率电源变压器，主要研究其技术参数的测量方法。

三、原理

1. 变压器的工作原理

(1)变压器的基本结构

变压器的基本结构如图 27.1 所示，它由铁芯和绕在铁芯上的两组线圈组成。和交流电源相联的称为原绕组(或初级线圈)，与负载 Z_F 相联的称为副绕组(或次级线圈)。原、副绕组的匝数分别为 N_1、N_2。

(2) 变压器的空载运行

变压器的次级线圈不接负载，称之为空载运行，如图 27.2 所示。当原绕组接通交流电压 u_1 时，线圈中便有空载电流 i_0 通过。在磁路欧姆定律中称 i_0N_1 为磁动势，即空载时原绕组中产生的磁动势。犹如电动势产生电流一样，磁动势则产生磁通，并且绝大部分磁通(主磁通)通过铁芯而闭合。设 i_0N_1 产生的交变主磁通为 Φ，其表达式为：

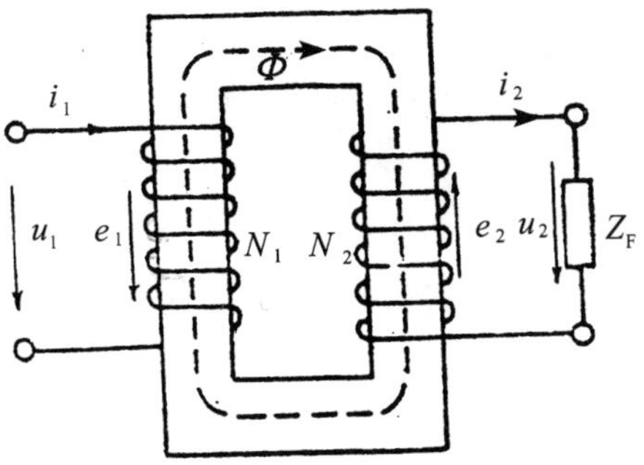

图 27.1

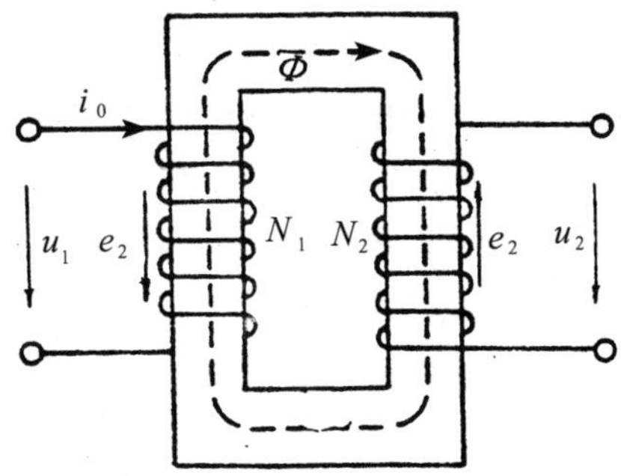

图 27.2

$$\Phi=\Phi_{m}\sin\omega t \tag{27.1}$$

式中 Φ_m 为主磁通的幅值，ω 为角频率。根据电磁感应定律，主磁通在原绕组中产生的感应电动势为：

$$e_1=-N_1\frac{d\Phi}{dt}=2\pi fN_1\Phi_{m}\sin(\omega t-90°) \tag{27.2}$$

其有效值为：

$$E_1=\frac{2\pi}{\sqrt{2}}fN_1\Phi_{m}=4.44fN_1\Phi_{m} \tag{27.3}$$

若忽略原绕组的电阻及漏感，则输入电压 u_1 的有效值为：

$$U_1\approx E_1=4.44fN_1\Phi_{m} \tag{27.4}$$

同理，变压器次级绕组的感应电动势的有效值为：

$$E_2=4.44fN_2\Phi_{m}$$

由于次级开路，故次级输出电压的有效值为：

$$U_{20}=E_2=4.44fN_2\Phi_{m} \tag{27.5}$$

由(27.4)、(27.5)两式可得：

$$\frac{U_1}{U_{20}}=\frac{N_1}{N_2} \tag{27.6}$$

可见变压器空载运行时，初、次级电压比等于它们的匝数比。适当选取匝数比，即可起到变换电压的作用。

(3)变压器的负载运行

如图 27.1 所示，变压器负载运行时，电动势 e_2 将在副绕组回路产生电流 i_2，这时原绕组电流则从空载电流 i_0 相应地增大到 i_1，且 i_2 越大，i_1 也越大。这是因为副绕组有电流 i_2 通过时，其磁动势 i_2N_2 也要在铁芯中产生磁通，也就是说，变压器铁芯中的主磁通是由原、副绕组的磁动势共同产生的。显然，i_2N_2 的出现，将有改变铁芯中原主磁通的趋势。但是在原绕组外加电压及频率 f 不变的情况下，由(27.4)式可知，主磁通基本上保持不变，因而原绕组的电流由 i_0 变到 i_1，使得原绕组的磁动势由 i_0N_1 变到 i_1N_1，以抵消副绕组磁动势 i_2N_2 的作用。换句话说，变压器负载运行时，总的磁动势与空载时的磁动势基本相等。用公式表示，即：

$$i_0N_1=i_1N_1+i_2N_2 \tag{27.7}$$

(27.7)式称为变压器的磁动势平衡方程式。一般变压器的空载电流 i_0 很小，i_0N_1 和 i_1N_1 相比常可忽略，于是原、副绕组电流的数量关系可写为：

$$\frac{I_1}{I_2} \approx \frac{N_2}{N_1} \tag{27.8}$$

此式表明，原、副绕组的电流之比近似等于它们的匝数反比，改变匝数比可起到变换电流的作用。

(4)变压器的阻抗变换

变压器除能起变换电压和电流的作用外，还有变换负载阻抗的作用。如图 27.3(a)，负载阻抗 Z_F 接在变压器的副边。图中的虚线框部分可以用如图 27.3(b)中的阻抗 Z'_F来等效代替。所谓等效，就是输入端的电压、电流和功率不变，就是说，若直接在电源上接上阻抗 Z'_F，就和接在变压器副边的负载阻抗 Z_F 是等效的。由(27.6)、(27.8)两式易导出 Z'_F和 Z_F 之间的关系：

$$Z'_F = \frac{U_1}{I_1} = (\frac{N_1}{N_2})^2 \frac{U_2}{I_2} = (\frac{N_1}{N_2})^2 Z_F \tag{27.9}$$

可见，变压器匝数比不同，负载阻抗 Z_F 折算到原边的等效阻抗 Z'_F也不同。即原、副线圈的等效阻抗比等于原、副线圈匝数比的平方。我们可以采用不同的匝数比，把负载阻抗变换为比较合适的数值，以实现与原边阻抗匹配。

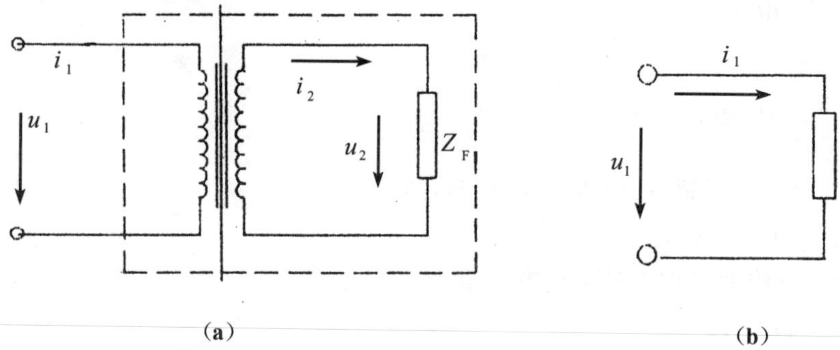

图 27.3

(5)变压器的效率

一只变压器，即使空载运行，由于铁芯的磁滞和涡流也要损耗一定的功率 P_{Fe}，称这部分功率为“铁损”。而负载运行中的变压器，由于所通电流使初、次级绕组的铜线发热而损耗一定的功率 P_{Cu}，称这部分功率为“铜损”。铁损和铜损可通过实验测出。

变压器在负载运行时，由于铁损和铜损使得变压器本身要消耗一定的功率，因而它的输出功率 P_2，总要小于它的输入功率 P_1。于是有：

$$\eta = \frac{P_2}{P_1} < 100\% \tag{27.10}$$

小型变压器的效率 η 约为 90%。

2. 单相瓦特表

本实验用电动式瓦特表，其内部构造如图 27.4 所示，主要是由定圈(电流圈)和串有大电阻 R_D 的动圈(电压圈)组成。动圈位于定圈所通电流产生的磁场中。动圈与指针、游丝等固定在转轴上，并通过游丝给动圈引入电流。

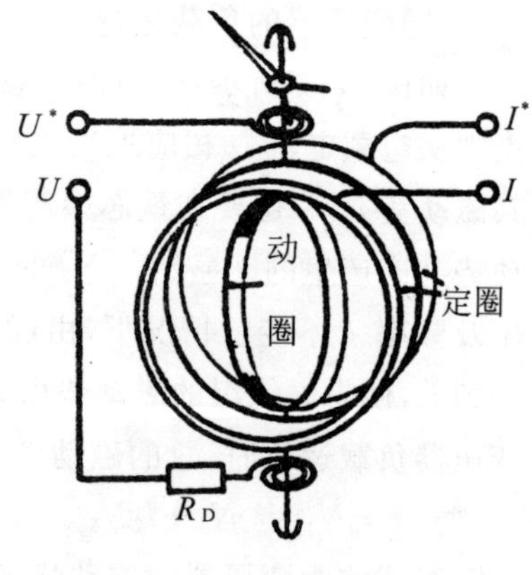

图 27.4

当定圈和动圈分别通以电流 i_1 和 i_2 时，动圈将受到转动力矩的作用，从而发生转动。动圈在其转动范围内，根据设计的机构其所受转动力矩的大小是与两线圈所通电流的乘积成正比。

设 $i_1=I_{1m}\sin\omega t, i_2=I_{2m}\sin(\omega t+\theta)$，则动圈在某一时刻所受瞬时转动力矩为：

$$M(t)=k_1 i_1 i_2$$

但由于动圈有惯性，它的偏转决定于一个周期内的平均转矩，故有：

$$\overline{M}=\frac{1}{T}\int_0^T M(t)\mathrm{d}t=\frac{1}{T}\int_0^T k_1 I_{1m}I_{2m}\sin\omega t\cdot\sin(\omega t+\theta)\mathrm{d}t=k_1 I_1 I_2\cos\theta$$

式中 I_1、I_2 分别为 i_1、i_2 的有效值，θ 为 i_1 和 i_2 间的相位差。当 $\overline{M}$ 和游丝产生的反作用力矩 $M_\alpha(M_\alpha=k_2\alpha)$ 相平衡时，可计算出动圈的偏转角为：

$$\alpha=\frac{k_1}{k_2}I_1 I_2\cos\theta=kI_1 I_2\cos\theta \tag{27.11}$$

用此瓦特表测量负载上的功率时，将电流圈与待测负载串联，电压圈与该负载并联。电路连结如图 27.5 所示。这样通过电流圈的电流 I_1 等于通过负载的电流 I；由于电压圈支路电阻较大，故动圈的感抗与之相比可以忽略，因此可以认为流过动圈的电流 I_2 和负载两端电压 U 同位相，它们的有效值满足下面关系：

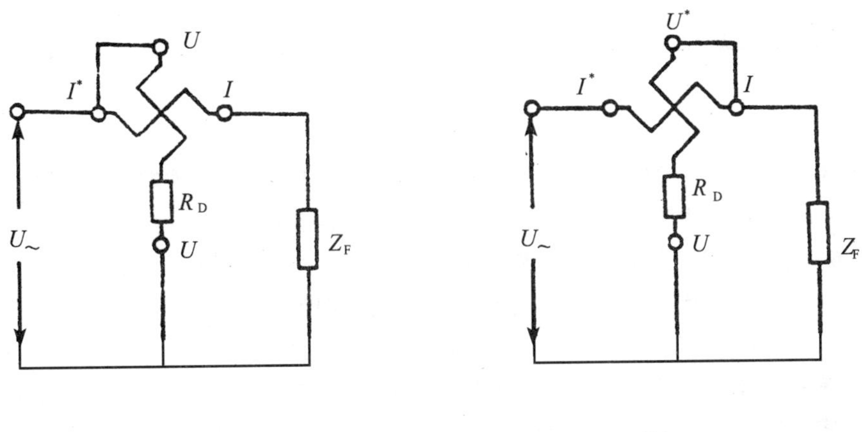

图 27.5

$$I_2=\frac{U}{R}$$

式中 R 为电压圈支路的总电阻，即线圈电阻和 R_D 之和。这样(27.11)式变为：

$$\alpha=kI\cdot\frac{U}{R}\cos\theta=k_P UI\cos\theta=k_P\overline{P} \tag{27.12}$$

式中 $k_P=\frac{k}{R}$ 为一与 α 无关的系数；$\overline{P}=UI\cos\theta$ 为待测负载的平均功率；$\cos\theta$ 则为待测电路的功率因数。(27.12)式告诉我们，电动式瓦特表指针的偏转角 α 与所测负载的平均功率成正比。常数 k_P 在生产厂家刻度时已确定为 1，这样便可由指针偏转角度 α 直读负载的平均功率 $\overline{P}$，即通常所说的有功功率。

四、仪器用具

变压器实验装置板一块，待测变压器一只(初、次级绕组 N_1 和 N_2 分别为 605 匝和 275 匝)，调压变压器、降压变压器各一只，瓷盘电阻一只，L_2－V 型交流电压表一只，T15－A 型交流电流表一只,D34—W 型瓦特表一只。

五、实验内容

1. 测空载变压比及铁损

电路如图 27.6 所示,开关 K 合 a 端,不接负载。调节自耦变压器 T_1,用电压表测出待测变压器 T 的输入电压 U_1 分别为 220V、120V 时对应的输出电压 U_2 值,并算出电压比。

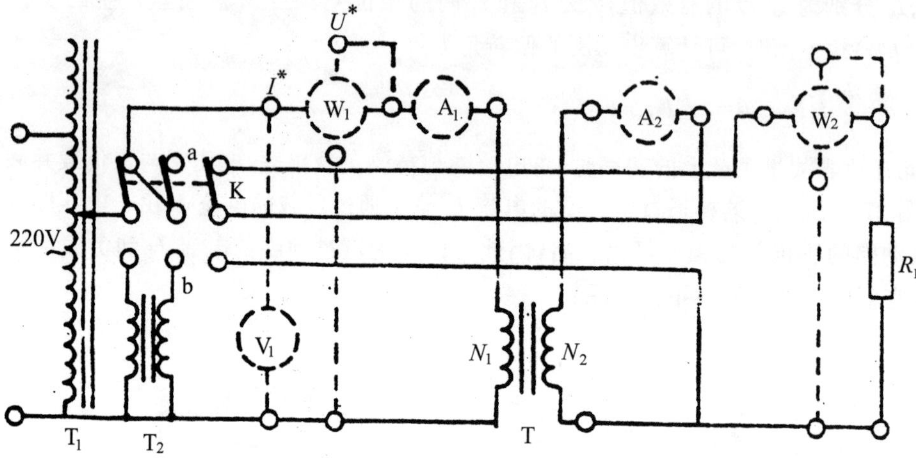

图 27.6

变压器的铁损可由空载试验测量。变压器的铁损是交变磁通在铁芯中产生的。当外加电压 U_1 和频率 f 一定时,主磁通 Φ_m 基本上不变,故变压器空载或满载运行时,其铁损耗也基本上不变。在变压器空载时,由于空载电流 i_0 很小,则原绕组的铜损耗可忽略。因此,变压器从电源输入的功率基本上都消耗在铁芯上,可认为空载损耗即为铁损耗。

调节调压变压器 T_1,使待测变压器 T 的输入电压分别为 220V、120V 时,用瓦特表测出变压器 T 输入端的功率 W_1,修正掉瓦特表电压圈消耗的功率 U_1^2/R_D,即得相应的铁损功率 P_{Fe}。

2. 测变压器的变流比、阻抗比及效率

电路如图 27.6,开关 K 合 a 端,接上负载。将待测变压器 T 的输入电压分别调为 220V、120V,用电压表分别测出相应的次级电压 U_2,用电流表测出相应的初、次级电流 I_1、I_2,由以上数据可算出两种电压下的变流比 I_1/I_2 及阻抗比 Z'_F/Z_F。

对应上述两种输入电压,用瓦特表分别测出相应的输入功率 W_1,修正掉瓦特表电压圈的功率 U_1^2/R_D,算出变压器 T 的输入功率 P_1;对应上述负载运行时的两种输出电压 U_2,用瓦特表测出负载 Z_F 处的功率 W_2,同样修正掉瓦特表电压圈的功率 U_2^2/R_D,算出变压器 T 的实际输出功率 P_2。由此可算出变压器的效率 $\eta=P_2/P_1$。

3. 测变压器铜损

变压器的铜损可通过短路试验测量。铜损的大小视变压器初、次级回路电流的大小而定。本实验测量变压器 T 在输入电压分别为 220V 和 120V 两种情况下对应的电流在变压器初、次级线圈中所产生的铜损。但应注意,切不可在 T 输入电压为 220V 和 120V 时将 T 次级短路,否则过大的短路电流会烧毁绕组。因此短路试验必须在低压下进行。实际上只要变压器初、次级电流满足要求即可。

如图 27.7,将开关 K 合至 b 端,变压器次级即已短路。从零开始调节变压器 T_1,使电流表所示变压器的次级电流分别为实验内容 2 中的 I_2 值，此时 T_1 的输入电压 U_1 很低，铁芯中的主磁通很小，铁损可略。用瓦特表测出变压器 T 的输入功率 W_1，修正掉电流表消耗的功率 $I_2^2R_A$，即得变压器的铜损功率 P_{Cu}（想一想，变压器次级线圈的铜损是否已包括于 W_1 中?）。

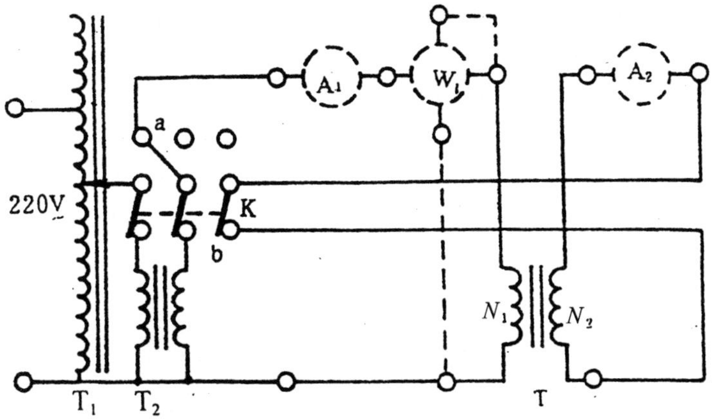

图 27.7

六、注意事项

1. 接、拆电路时必须切断电源，以免触电！

2. 各变压器的初、次级均不可接颠倒，以免损坏变压器和电表。一般靠近铁芯的是初级绕组，绕在初级绕组外边的是次级绕组。

3. 每次换接电路前，自耦变压器 T_1 的输出电压都必须先调回零，以确保仪器安全。

七、考查题

1. 待测变压器初、次级分别为 605 匝和 275 匝，若负载电阻 $Z_F=100\Omega$，变压器初级加 220V 电压，那么它的次级电压，初、次级电流，等效电阻大致各为多少？

2. 为什么要在变压器开路状态下测铁损？为什么要在变压器短路状态下测铜损？

3. 瓦特表的功率量限=(所用的电压圈量限)×(所用的电流圈量限)×(该瓦特表的功率因数 0.2)。我们所用的瓦特表，电压圈有 150V、300V、600V 三个量限，电流圈有 0.5A 和 1A 两个量限。若测量 100V 下 100Ω 电阻的功率，那么应该选用哪个电压圈量限和哪个电流圈量限？此时瓦特表的功率量限是多少？

八、思考题

1. 根据图 27.1 解释，变压器在满载运行时为什么 U_1/U_2 明显大于 N_1/N_2？

2. 如图 27.8 所示，根据适当计算的结果，选用适当的电压圈、电流圈及电压圈的内、外接法，采用本实验所用的瓦特表来测图中的串联电路的功率（已知电流圈内阻：0.5A 挡为 7.36Ω，1A 挡为 1.84Ω；150V 挡为 5 000Ω，300V 挡为 10 000Ω，600V 挡为 20 000Ω）。

3. 图 27.9 表示从变压器初级看运行中的变压器的等效电路。R_1 为铁损等效电阻，R_2 为铜损等效电阻，R 为等效负载电阻，变压器的效率 η 与 R 值有关。试证明当铜损功率与铁损功率接近相等时，效率最高（可利用 $R_1 \gg R_2 \ll R$ 的近似条件）。

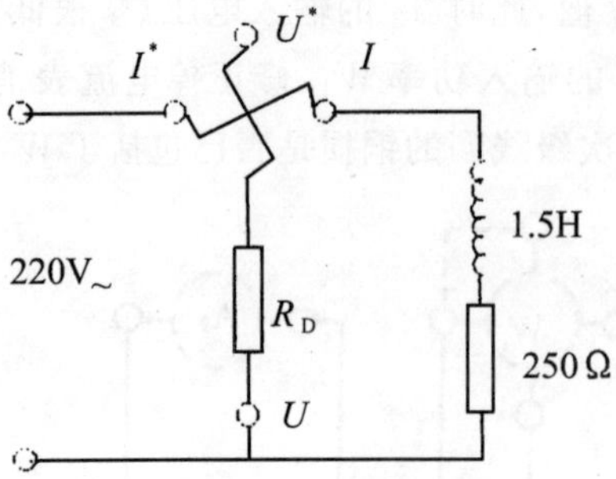

图 27.8

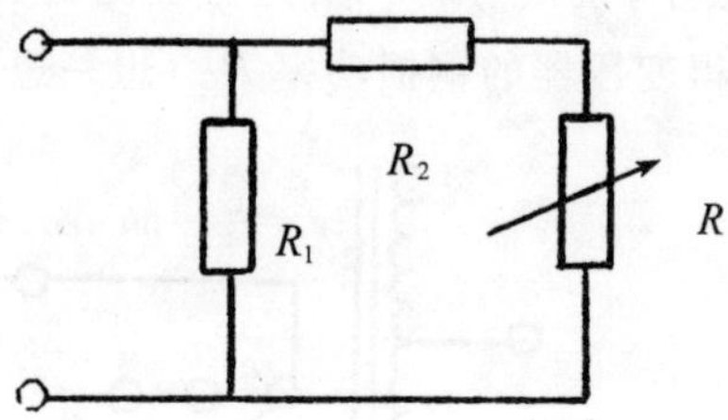

图 27.9

附:小型电源变压器的简单设计

实验室中靠电能运行的电子仪器和实验设备中,常常使用变压器把市电 220V 变换成几伏、几十伏、上百伏的电压供使用,这就是电源变压器。我们这里仅讨论容量在几伏安至几百伏安的小型电源变压器的设计问题。

一、变压器的结构

变压器铁芯是用彼此绝缘的硅钢片叠置而成的。由一字形和山字形硅钢片可叠加成日字形铁芯,如图 27.10 所示。或用很长的带状硅钢片叠卷成口字形铁芯,如图 27.11 所示,叠卷粘牢后,再切成上下两半,以便套装初、次级线圈。

对于图 27.10 所示日字形铁芯,线圈绕在中心柱上,通常是先绕初级线圈,在它的外侧再绕次级线圈。对于图 27.11 所示口字形铁芯,通常是在两个芯柱上分别绕初、次级线圈。实际制作变压器时,是先把初、次级线圈绕在空心骨架上,再把山字形硅钢片从一端插入骨架,并在另一端对上一字形硅钢片;然后把山字形硅钢片从一字形硅钢片端插入骨架,并在另一端对上一字形硅钢片;如此交互操作,直至把骨架插满硅钢片,就给线圈装上图 27.10 所示日字形铁芯。对于图 27.11 所示口字形铁芯,只需将上下两半分别从线圈骨架两端插入对齐并加以固定即完成给线圈插铁芯工作。

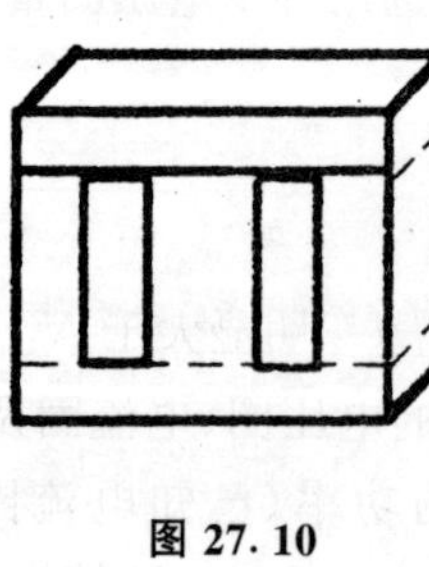

图 27.10

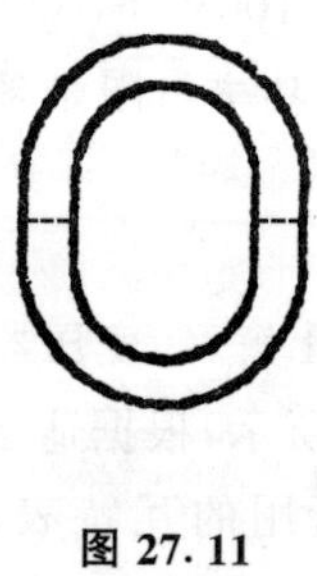

图 27.11

二、变压器的设计

1. 计算变压器容量 P。如图 27.12 所示,变压器次级有几组线圈,每组线圈输出的电压 U 和电流 I(均为有效值)由设计者确定后,将每组次级线圈的 $U\times I$ 数值加起来,就得到变压器

的容量 P(单位 VA)：

$$P=\sum_{i}^{n}(U_i\times I_i) \tag{27.13}$$

2.选择铁芯。通过查阅小型电源变压器设计手册或到小型电源变压器专卖店实地查看变压器样品，便可根据所设计的变压器容量 P 选择到合适的变压器铁芯或硅钢片。

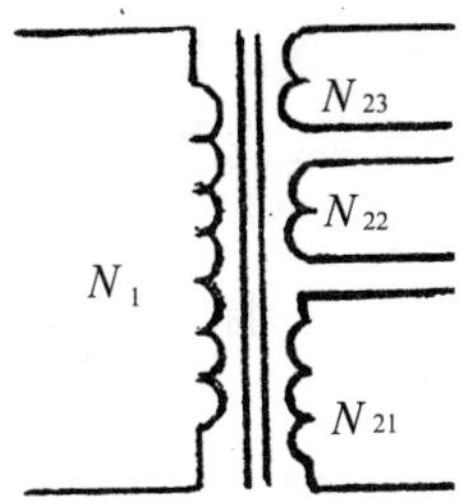

图 27.12

3.计算铁芯截面积 S。对于 S 严格计算十分繁杂，一般可按经验公式选取 S：

$$S=k\sqrt{P} \tag{27.14}$$

式中 P 为由(27.13)式算出的该变压器的容量。系数 k 在 1～1.4 间取值。硅钢片质量越好取值越小。S 单位为 cm^2。

4.计算线圈匝数 N。电源变压器输入的是正弦交流市电电压，如果把铁芯中的磁通量 Φ 写成：

$$\Phi=\Phi_m\cos2\pi ft$$

则线圈的感应电动势 e 为：

$$e=-N\frac{\mathrm{d}\Phi}{\mathrm{d}t}=2\pi fN\Phi_m\sin2\pi ft=2\pi fNSB_m\sin2\pi ft$$

感应电动势 e 的有效值 E 为：

$$E=\sqrt{2}\pi fNB_mS \tag{27.15}$$

式中 f 用 50Hz 代入，S 的单位改用 cm^2，则可得到每伏感应电动势应绕的匝数：

$$\frac{N}{E}=\frac{45.0}{B_mS} \tag{27.16}$$

式中 B_m 的单位为特斯拉。S 即为由(27.14)式选定的面积。由(27.16)式计算变压器初级线圈匝数 N_1 时，令 $E=220\mathrm{V}$(或稍小于输入电压，取 $E=210\mathrm{V}$)。考虑到实际的变压器有损耗，由(27.16)式计算变压器次级线圈匝数 N_2 时，令 $E=1.05U_2$。

5.计算线径 d。变压器各次级线圈输出电流 I_2 等均为已知量。初级电流 I_1 由下式算出：

$$I_1=P/U_1=P/220 \tag{27.17}$$

考虑到变压器有损耗，式中变压器容量 P 值可增加 5%来计算 I_1 值。

流过导线的电流 I 与电流密度 j 的关系为：

$$I=jS=j\times\frac{\pi}{4}d^2$$

由此算出导线直径 d：

$$d=\sqrt{\frac{4I}{\pi j}}=1.13\sqrt{\frac{I}{j}} \tag{27.18}$$

式中电流密度 j 一般取 $2.5\sim3.0\mathrm{A/mm^2}$，即可依据各线圈电流值 I 由上式算出各自的线径 d。

三、实验内容

1.设计变压器

变压器初级输入电压为 220V，次级输出电压 10V，电流为 1A。

(1)算出铁芯截面积 $S=$ 　　　　cm^2。

(2)算出每伏匝数 $N/E=$　　　　匝/伏。计算时 B_m 取 1.5 特斯拉，S 从所用铁芯量取，为 3.0cm^2。由此算出 $N_1=$　　　匝，$N_2=$　　　匝。

(3)算出初级电流 $I_1=$　　　A，按 $j=2.5A/mm^2$ 计算线径；算出初级线径 $d_1=$　　　mm，次级线径 $d_2=$　　　mm。

2.绕次级线圈(初级线圈已由实验室绕好)并按装铁芯。实用中的变压器还应进行浸漆处理。

3.将该变压器接入实验电路，将其输入电压 U_1 调为 220V，测出空载输出电压 $E_2=$　　V。

加 10Ω 负载电阻，测出满载输出电压 $U_2=$　　V。

实验 28　三相交流电路

一、目的要求

1. 检验三相交流电路的基本理论。
2. 学习单相变压器的三相联接法。
3. 初步掌握三相功率的单相瓦特表测量法。

二、引言

由几个振幅相同、频率相同但彼此间有一定相位差的交流电动势供电的电路称做“多相电路”。按电动势的数目不同，可分为二相、三相、四相、六相、十二相电路，其中应用最广泛的是三相电路。

本实验通过学习三相电路的组接方法和分析电路中各电压间、各电流间、各功率间的关系，从而达到深入认识和正确使用三相电的目的。

三、原理

1. 对称三相电源的联接

如果三相电源的三个电动势的有效值相等、频率相同且彼此间相位差 120°，就称为对称三相电源。这三个电动势来自学校变电站三相变压器的次级绕组。下面提到的三相电源，均指对称三相电源。三相电源的绕组通常有两种接法：

(1)Y 接法(又称星形接法)。如图 28.1 所示，三个电源绕组的首端标以 A、B、C，末端标以 X、Y、Z。将三个绕组的末端接在一起，即图中的 0 点。从 0 点引出的线叫“中线”，实用中中线接地，故又叫做“地线”。从首端 A、B、C 引出的三根导线称为端线，俗称火线。端线与中线间的电压称为相电压，其有效值用 U_A、U_B、U_C 或一般用 U_φ 表示；两端线间的电压称为线电压，其有效值用 U_{AB}、U_{BC}、U_{CA}或一般用 U_l 表示。各相电动势的正方向选定为自绕组的末端指向首端；相电压的正方向选定为自首端指向末端(中点)；线电压的正方向，例如 U_{AB}，是自 A 端指向 B 端，如图 28.1 所示。具有中线的星形接法输电方式称做“三相四线制”，用 Y_0 表示；没有中线，仅靠三条端线输电的方式称为“三相三线制”，用 Y 表示。

下面我们来分析线电压和相电压之间的关系。

由于线电压和相电压各量均为同频率的正弦量，所以各量可用其有效值矢量来表示。由基尔霍夫定律可写出如下方程：

$$\left.\begin{aligned}\boldsymbol{U}_{AB}&=\boldsymbol{U}_A-\boldsymbol{U}_B\\\boldsymbol{U}_{BC}&=\boldsymbol{U}_B-\boldsymbol{U}_C\\\boldsymbol{U}_{CA}&=\boldsymbol{U}_C-\boldsymbol{U}_A\end{aligned}\right\}\tag{28.1}$$

根据(28.1)式可画出如图 28.2 所示的矢量关系图。由图可知

$$U_l=\sqrt{3}U_\varphi\tag{28.2}$$

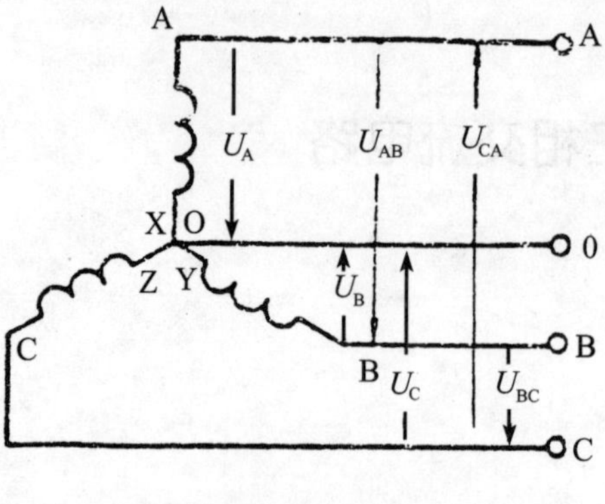

图 28.1

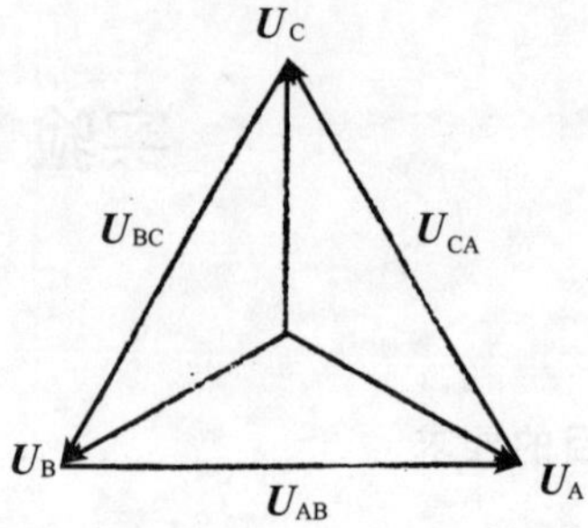

图 28.2

即各线电压有效值是各相电压有效值的 $\sqrt{3}$ 倍。例如 $U_\varphi=220V$，则 $U_l=\sqrt{3}\times220=380V$。(试分析，若图 28.1 中 AX 相绕组首、末端接颠倒，得到的三个线电压有效值间有什么关系?)

(2)△接法(又称三角形接法)。如图 28.3 所示，将每一相绕组的末端与相邻一相绕组的首端依次相联，再从三个联接点引出三根端线。可见△接法的输电方式也属于三相三线制。易看出，电源输出的线电压 U_l 和电源的相电压 U_φ 一致，即

$$U_l=U_\varphi \tag{28.3}$$

该式表示线电压与相应的电源相电压不但有效值相同，而且相位也相同。

该电源绕组回路 ABC 中作用着的总电动势如图 28.4 所示，有：

$$\varepsilon_{AX}+\varepsilon_{BY}+\varepsilon_{CZ}=\varepsilon_{AZ}=0 \tag{28.4}$$

这表示在任何瞬间都没有绕这个闭合回路串行流动的电流。(如果相电动势的有效值为 127V，试分析，若图 28.3 中任一绕组的首末端接反，在这一闭合绕组回路中作用着的电动势有效值是多少伏？将会引起什么严重后果?)

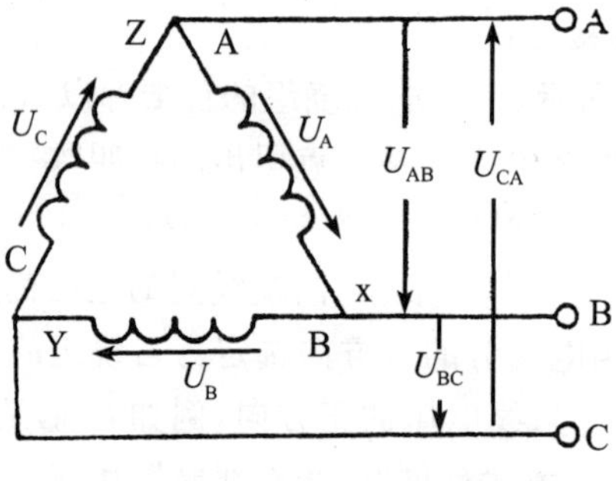

图 28.3

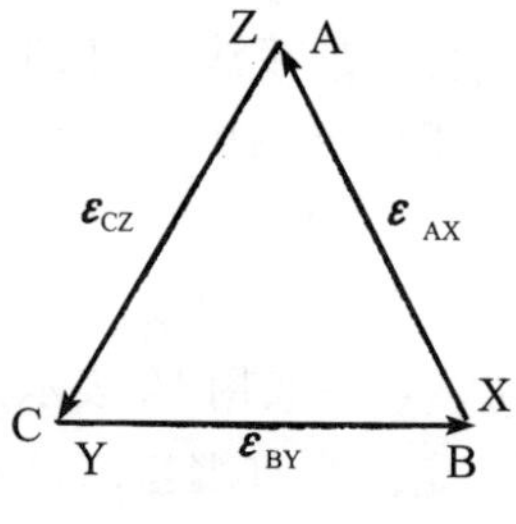

图 28.4

2. 三相电路中负载的联接

在三相电路中，负载的联接方式与三相电源一样，也有星形和三角形两种接法。

(1)Y 接法。三个负载的一端接在一起，另一端分别与电源的各端线相联接，如图 28.5 所示。对于这种接法，流过每相负载的电流就是流过相应端线的线电流，其有效值关系即为：

$$I_l=I_{\varphi'} \tag{28.5}$$

关于各相负载上的电压和线电压的关系需作具体分析。

对于按三相四线制供电，负载按 Y_0 方式联接的系统，由图 28.5(a)所示。可以看出，不论负载对称与否，电源的相电压 U_φ 与其相应负载上的相电压 $U_{\varphi'}$ 相等，由此可知线电压与负载上的相电压满足(28.2)式。即有效值关系为：

$$U_l = \sqrt{3} U_{\varphi'} \tag{28.6}$$

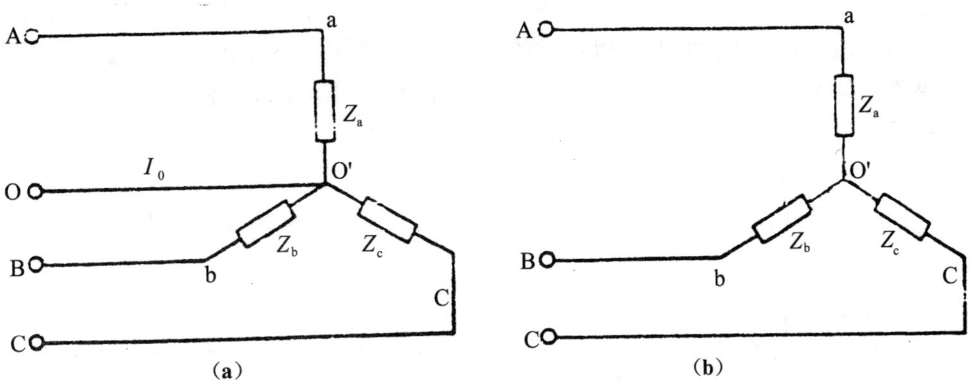

图 28.5

通过中线的电流 I_0 一般不为零，只有当三相负载对称时，$I_0=0$，此时可取消中线，而成 Y 接法。可以证明，对于三相三线制供电，负载按 Y 方式(见图 28.5(b))联接的系统，只要负载对称，各相负载上的电压彼此间有效值相等，相位差 120°，负载上的相电压与线电压的关系均满足(28.6)式。如果三相负载不对称，则上述关系就不成立了。

(2)△接法。如图 28.6 所示，由于各相负载都直接接在电源的线电压上，所以不论负载对称与否，负载的相电压均与相应的线电压相等，其有效值关系为：

$$U_l = U_{\varphi'} \tag{28.7}$$

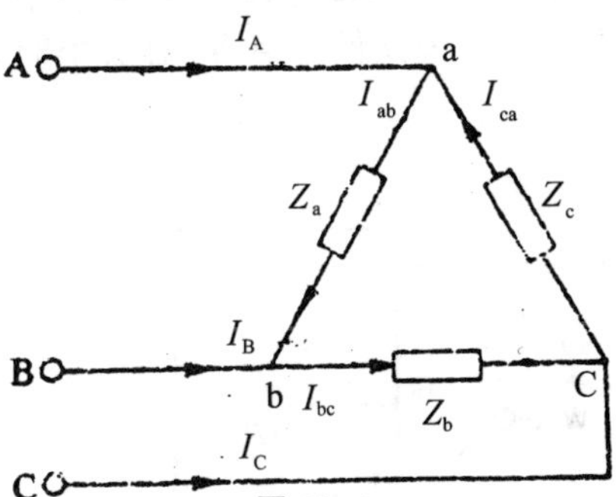

图 28.6

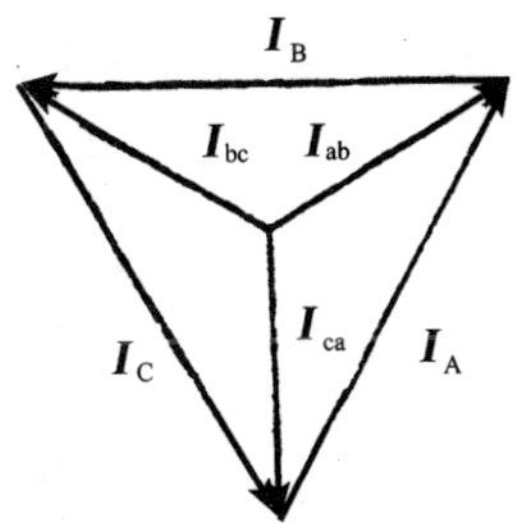

图 28.7

在负载三角形联接时，相电流和线电流是不一样的。

类似于电源 Y 接法中线电压和相电压有效值矢量关系，由基尔霍夫定律可写出各相负载的电流与各端线中的电流的有效值矢量关系为：

$$\left.\begin{aligned} \boldsymbol{I}_A &= \boldsymbol{I}_{ab} - \boldsymbol{I}_{ca} \\ \boldsymbol{I}_B &= \boldsymbol{I}_{bc} - \boldsymbol{I}_{ab} \\ \boldsymbol{I}_C &= \boldsymbol{I}_{ca} - \boldsymbol{I}_{bc} \end{aligned}\right\} \tag{28.8}$$

如果负载是对称的(即 $Z_a=Z_b=Z_c$)，则负载上的相电流也是对称的。那么由(28.8)式可画出图 28.7 所示的矢量图，由图可以求出线电流的有效值和负载上相电流有效值的关系为：

$$I_l = \sqrt{3} I_{\varphi'} \tag{28.9}$$

3. 三相电功率的测量

这里介绍如何用单相瓦特表测量三相三线制交流电路中全部负载所消耗的电功率。

如果是对称负载，原则上只要用一只单相瓦特表测知一相负载的功率 $P_{\varphi'}$，即可由

$$P=3P_{\varphi'} \tag{28.10}$$

计算出三相功率 P。但此种测法对 Y 形联接的负载要求具有外露的中点；对△联接的负载需把单相瓦特表的电流圈串接于某相负载的内部去，否则测量不能实现，这一点可从图28.8看出。如果负载是不对称的，从原理上讲，可用单相瓦特表按图 28.8 的接法分别测出每相负载的功率，然后由公式

$$P=P_{\varphi'a}+P_{\varphi'b}+P_{\varphi'c} \tag{28.11}$$

计算出功率 P。但仍需要求 Y 形负载有外露的中点，△形负载的每一相都能串进瓦特表的电流圈。

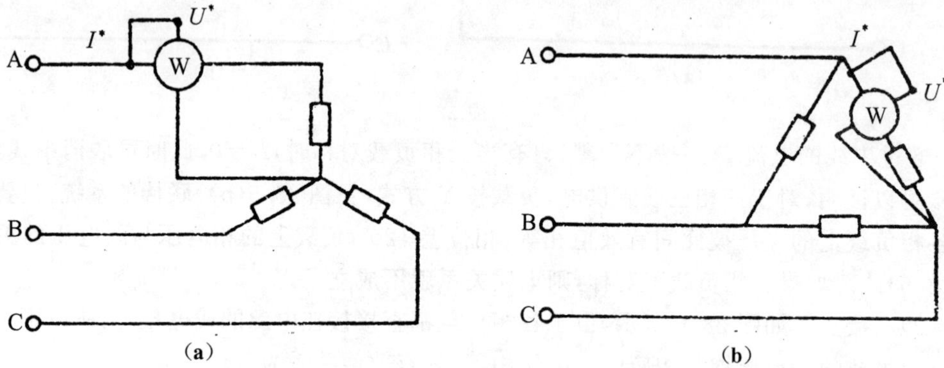

图 28.8

下面介绍用两只单相瓦特表(或用一只瓦特表作两次测量)测量任意三相三线制交流电路(不论负载对称与否，是 Y 形接还是△形联接及有没有外露的中点等)总功率的方法。两只瓦特表的接法如图 28.9 所示，则总功率为：$P=P_1+P_2$。

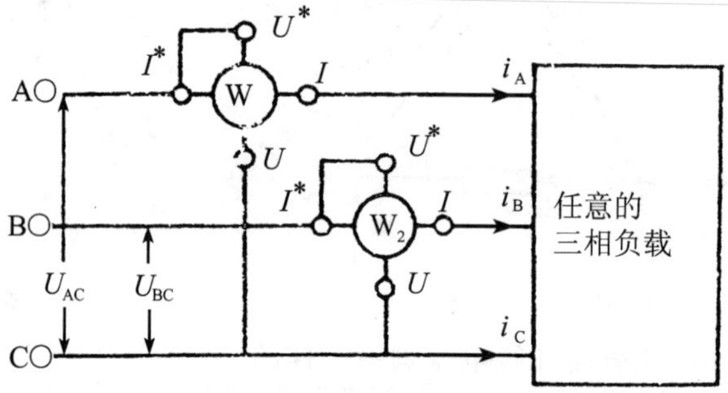

图 28.9

下面我们仅就 Y 形接法的负载给以证明。如图 28.10 所示，图中 i_A、i_B、i_C 分别表示各线电流的瞬时值，u_A、u_B、u_C 分别表示各相负载上电压的瞬时值。电路总瞬时功率为：

$$p=p_A+p_B+p_C=u_Ai_A+u_Bi_B+u_Ci_C \tag{28.12}$$

对于三相三线制电路有

$$i_A+i_B+i_C=0 \tag{28.13}$$

将(28.13)式代入(28.12)式可得：$p=u_Ai_A+u_Bi_B-u_C(i_A+i_B)=(u_A-u_C)i_A+(u_B-u_C)i_B$，而 $u_A-u_C=u_{AC}$，$u_B-u_C=u_{BC}$，故 $P=u_{AC}i_A+u_{BC}i_B$。于是三相电路总平均功率为：

$$P=\frac{1}{T}\int_0^T p\mathrm{d}t=\frac{1}{T}\int_0^T(u_{AC}i_A+u_{BC}i_B)\mathrm{d}t$$

$$=\frac{1}{T}\int_0^T u_{AC}i_A dt+\frac{1}{T}\int_0^T u_{BC}i_B dt \qquad (28.14)$$

由单相瓦特表的原理知道，上式中右边第一项恰恰表示图 28.9 中第一只瓦特表测得的平均电功率 P_1，而右边第二项恰恰表示第二只瓦特表测得的平均功率 P_2，于是(28.14)式就写成：

$$P=P_1+P_2 \qquad (28.15)$$

需要注意的是，式中的 P_1、P_2 并不代表哪一相负载的电功率，仅仅表示(28.14)式中的两项积分平均值，P_1 和 P_2 的代数和即为三相电路的总功率 P。按图 28.9 接瓦特表测量时，若某只瓦特表指针反偏，应将该表的换向开关拨至"—"，该表测出的平均功率应为负值。

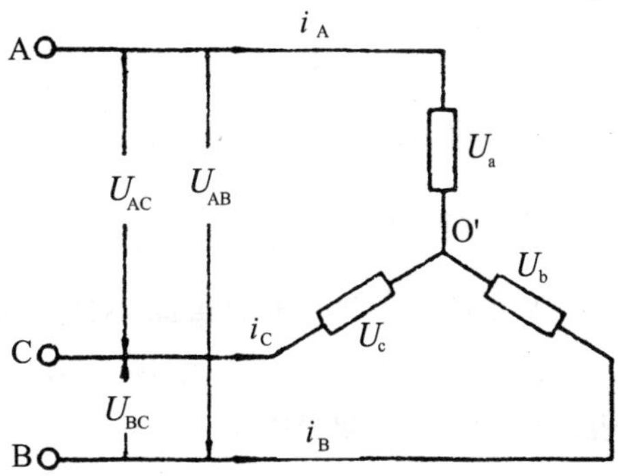

图 28.10

四、仪器用具

单相 380/220 变压器三只，交流伏特表一只，交流电流表一只，单相瓦特表一只，变压器实验板一块，负载实验板一块(备 220V、100W 灯泡三只，220V、40W 灯泡一只)。

五、实验内容

实验中采用三个单相变压器组成为三相变压器。每只单相变压器初、次级绕组的额定电压分别为 380V 和 220V，写成 380/220V。为了方便，我们引用下列符号：

Y/△：代表把三只单相变压器的初级 Y 接，次级△接。

Y_0/Y：代表把三只单相变压器的初级 Y_0 接、次级 Y 接。

Y/△→△：代表变压器的初级 Y 接，次级△接，负载△接。

实验装置线路如图 28.11 所示，变压器初级为 Y_0 接法且中点接地。变压器次级及负载都可接成 Y 形或△形。符号"┐↓┌"表示串联电流表或瓦特表电流圈的常闭插孔。

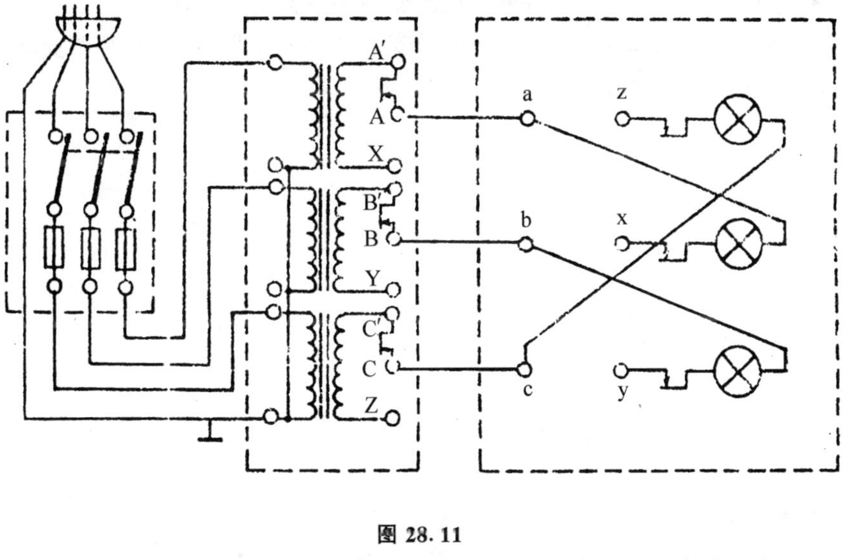

图 28.11

1. Y_0/Y→Y，对称负载(三只 100W 灯泡)，测各线电压、线电流及负载上相电压。

2. Y_0/Y→Y，不对称负载。

(1)a、b两相为100W灯泡，c相断路，测各线电压、线电流及负载上相电压。

(2)a、b两相为100W灯泡，c相短路，测各线电压、线电流及负载上相电压。

3. Y_0/△→△，对称负载（三只100W灯泡），测各线电压、线电流、变压器相电流及负载上相电流。

4. Y_0/△→△，不对称负载（a、b两相为100W灯泡，c相为40W灯泡），用二瓦特表法测量三相电路的功率P。

六、注意事项

1. 不得带电接拆测量电路，测量时勿碰线路中金属裸露部分，以免触电。

2. 必须根据所测电流、电压、功率的估计值选好仪表量限再行测量。合闸时必须注视电流表、瓦特表，避免超量限烧表。

七、考查题

1. 实验中三个单相变压器的输入电压为220V，输出电压为127V，计算实验内容1中的各线电流、线电压及负载上相电压的理论值。

2. 采用Y_0/△→△接法，测变压器相电流和负载上相电流，图28.11分别如何联接且电流表接在何处才行？

八、思考题

1. 外来电源为对称三相三线的380V电源，用三个额定380/220V的单相变压器，能组成哪四种对称三相电压？画出线路图并说明相应的各种线电压值分别为多少。

2. 设某三层楼房的照明供电为Y接对称380V电源，各层的电灯额定总功率相等，并以各层分别作为一相负载，Y接于电源。分别说明在下述各种情况下将呈现何种现象。

(1)各层电灯全亮时，所有电灯的端电压是多少？

(2)一层电灯全灭，其他两层电灯的端电压变为多少？亮度有何变化？

(3)一层电路有某处短路，其他两层端电压变为多少？后果如何？试分析此种Y接负载为何不宜作照明电路，应如何改进？

实验 29　锁相放大器的使用

一、目的要求

1. 了解锁相放大器(Lock－in Amplifier，缩写为 LIA)的基本组成和工作原理。

2. 掌握 LIA 的基本使用方法。

3. 学会用 LIA 测量绝缘材料的介电常数及对非正弦信号傅立叶展开式中各幅值的验证方法。

二、引言

实验上交流电压的测量常使用晶体管毫伏表。该表通频带较宽，常见型号的带宽一般为 10Hz～1MHz，在这一频率范围内的正弦交流信号电压均能测量。但在此频率范围内毫伏表外部和内部的交流干扰电压及噪声电压(这种与测试信号无关的干扰信号统称为噪声)也同时被毫伏表测量到，从而影响测量的准确度。这对于测量远大于噪声电压的交流信号电压值或要求测量精度不太高的情况还可以接受，但对于测量淹没在噪声中的弱交流电压信号(噪声电压大于或远大于待测交流信号电压)显然是无能为力了。

锁相放大器可以说也是一种交流电压表。由于采用了相关检测等技术，其通频带很窄，具有极强的抗干扰能力和抑制噪声的能力，能精确测量淹没在噪声中的微弱交流信号电压(检测灵敏度可达到 0.1nv)。目前 LIA 已广泛地用于教学、生产、科研等各领域。因此，培养学生掌握 LIA 的基本原理和应用，具有重要的意义。

三、原理

1. LIA 的基本组成和工作原理。

①相关检测原理

在测量微弱交流信号时，噪声电平的抑制和消除是至关重要的。对于测量系统周围环境的噪声干扰——如 50HZ 市电干扰、空间电磁波等可通过屏蔽、滤波及接地等措施加以减小或消除。而对于那些和待测信号毫无关系可言的各种随机噪声则需通过下面所述的相关检测原理加以抑制。

相关，这里是指两个函数信号间有一定关系。这种关系在数学上常用相关函数来描述，即定义两个函数信号 $x(t)$和 $y(t)$的相关函数为：

$$R_{xy}(\tau)=\lim_{T\to\infty}\frac{1}{2T}\int_{-T}^{T}x(t)y(t-\tau)\mathrm{d}t \tag{29.1}$$

式中 τ 为两函数间的延迟时间，T 为积分时间。可以看出，$R_{xy}(\tau)$是两函数信号在两个不同时间相关性的一个统计参量，是时间间隔 τ 的函数。如果 $R_{xy}(\tau)=0$，我们称这两个信号不相关，否则称这两个信号是相关的。可以理解，待测信号具有周期性，噪声信号具有随机性，故两者是不相关的，噪声信号之间也是不相关的，但两个周期信号之间往往是相关的。正是利用待测信号的周期性及噪声信号随机性的特点，通过(29.1)式的相关运算可以把淹没在噪声中的弱交流信号检测出来，这种方法即为相关检测。

在(29.1)式中，若 $x(t)$ 和 $y(t-\tau)$ 为同一函数信号（$y(t-\tau)$ 只是延迟了时间 τ），则称 $R_{xy}(\tau)$ 为自相关函数；若 $x(t)$ 和 $y(t-\tau)$ 为非同一函数信号，则称为互相关函数。依据相关函数的不同，相关检测又分为自相关检测和互相关检测两种。在相关检测中，互相关检测抗干扰能力强，所以在微弱信号检测中，大都采用互相关检测原理。

实现互相关检测的原理框图如图 29.1 所示。函数信号 $x(t)$ 与通过延时器延迟了时间 τ 的信号 $y(t-\tau)$ 之积在电路上由相敏检波器(Phase Sensitive Detector，缩写为 PSD，又称乘法器或混频器)来完成；积分运算由运算放大器等组成的有源低通滤波器(积分器)来完成。这两部分就组成了互相关检测器，来完成函数信号之间的互相关运算。

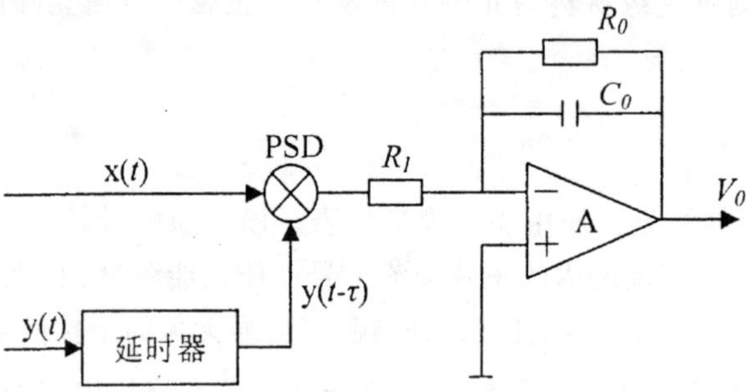

图 29.1

令 $x(t)=V_S(t)+n_1(t)$，$y(t)=V_r(t)+n_2(t)$。其中 $V_S(t)$ 为待测的周期信号，$V_r(t)$ 为已知的参考信号，$n_1(t)$、$n_2(t)$ 分别为与 $V_S(t)$ 和 $V_r(t)$ 混在一起的噪声信号。信号 $x(t)$ 和 $y(t-\tau)$ 通过相关检测器后得到的互相关函数为：

$$\begin{aligned}R_{xy}(\tau)&=\lim_{T\to\infty}\frac{1}{2T}\int_{-T}^{T}\{[V_S(t)+n_1(t)]\cdot[V_r(t-\tau)+n_2(t-\tau)]\}\mathrm{d}t\\&=\lim_{T\to\infty}\frac{1}{2T}\int_{-T}^{T}V_S(t)V_r(t-\tau)\mathrm{d}t+\lim_{T\to\infty}\frac{1}{2T}\int_{-T}^{T}V_S(t)n_2(t-\tau)\mathrm{d}t+\\&\quad\lim_{T\to\infty}\frac{1}{2T}\int_{-T}^{T}V_r(t-\tau)n_1(t)\mathrm{d}t+\lim_{T\to\infty}\frac{1}{2T}\int_{-T}^{T}n_1(t)n_2(t-\tau)\mathrm{d}t\\&=R_{Sr}(\tau)+R_{S2}(\tau)+R_{r1}(\tau)+R_{12}(\tau)\end{aligned}$$

式中 $R_{Sr}(\tau)$、$R_{S2}(\tau)$、$R_{r1}(\tau)$、$R_{12}(\tau)$ 分别是两函数信号之间、信号与噪声及噪声与噪声之间的相关函数。由于信号与噪声、噪声与噪声之间互不相关，经无限长时间积分后，$R_{S2}(\tau)$、$R_{r1}(\tau)$ 及 $R_{12}(\tau)$ 将趋于零，也就是噪声将趋于零。于是上式可写为：

$$R_{xy}(\tau)=R_{Sr}(\tau)=\lim_{T\to\infty}\frac{1}{2T}\int_{-T}^{T}V_S(t)V_r(t-\tau)\mathrm{d}t \tag{29.2}$$

此式表明，对两个混有噪声的函数信号，进行互相关处理后，保留了信号，抑制了噪声，这就是相关检测要达到的目的。

设待测信号 $V_S(t)=V_S\sin\omega t$，参考信号为同待测信号同频的对称单位方波，其付里叶展开表达式为：

$$V_r(t)=\frac{4}{\pi}\sum_{n=1}^{\infty}\frac{1}{2n-1}\sin(2n-1)\omega t$$

$$V_r(t-\tau)=\frac{4}{\pi}\sum_{n=1}^{\infty}\frac{1}{2n-1}\sin(2n-1)(\omega t-\theta)$$

式中 $\theta=\omega\tau$，为待测信号和参考信号之间的相位差。两函数信号进入 PSD 后的输出信号为：

$$V_{PSD}(t)=V_S(t)V_r(t-\tau)=V_S\sin\omega t\cdot\frac{4}{\pi}\sum_{n=1}^{\infty}\frac{1}{2n-1}\sin(2n-1)(\omega t-\theta)$$

$$=\frac{2}{\pi}V_S\{[\cos\theta-\cos(2\omega t-\theta)]+\frac{1}{3}[\cos(2\omega t-3\theta)-\cos(4\omega t-3\theta)]+\cdots\}$$

通过低通滤波器后滤掉所有的和频成分，输出的电压信号大小为：

$$V_0=\frac{2}{\pi}\cdot k'\cdot V_s\cos\theta=kV_s\cos\theta \tag{29.3}$$

式中 k' 为与低通滤波器的传输系数有关的常数，$k=\frac{2}{\pi}k'$。

综上所述，对于混有噪声的同频待测信号和参考方波信号经相关检测器检测后，抑制了噪声，滤掉了交流成分，输出的仅为直流成分。且当待测信号与参考信号的相位差 $\theta=0$ 时，直流电压的大小与待测信号的幅值成正比。

②锁相放大器的基本组成和工作原理

锁相放大器的原理组成框图如图 29.2 所示。它由信号通道、参考通道及相关检测器等部分组成。

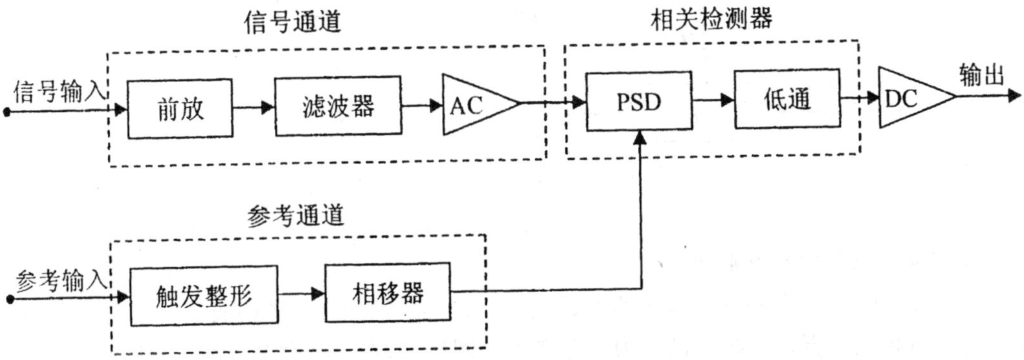

图 29.2

信号通道：待测信号的通道。待测信号与噪声一起进入信号通道，经低噪声前置放大器放大及高低通滤波器等滤波后，使噪声受到初步抑制，同时防止严重的噪声或干扰条件使 PSD 出现过载。滤波后的信号再经交流放大器放大到 PSD 所需的电平。

参考通道：参考通道用于产生相干检测所需的、和待测信号同步的对称方波信号。输入参考通道的信号可以由外部输入，也可以由仪器内部振荡产生。其波形可以是正弦波、三角波或方波，频率与待测信号相同。触发整形电路将输入的信号波形转换成对称的方波信号，经相移器移相后（相当于调节图 29.1 的延迟时间 τ），输出一个与被测信号同相的对称方波，加到 PSD 的另一输入端，与待测信号进行混频。

相关检测器：对进入 PSD 的待测信号与参考信号进行互相关运算，抑制了噪声并滤掉和频交流成分，输出一个与待测信号幅度成正比的直流电压。该直流电压经放大和校准后表示待测信号电压的有效值。

现行使用的 LIA 在结构上多采用完全相同的双相相关检测器。目的是能同时测出待测信号的幅值及待测信号与参考信号之间的相位差。其原理框图如图 29.3 所示。待测信号分两路分别送至混频器 PSD1 和 PSD2 的一输入端；参考通道产生的方波信号其中一路仍保持待测信号与方波信号的相位差 θ 不变送至 PSD1 的另一输入端，而另一路通过相移器将 θ 移相 $\frac{\pi}{2}$（即 $\theta+\frac{\pi}{2}$），并送至 PSD2 的另一输入端。经两路相关检测器检测后，输出的信号分别为：

$$\left.\begin{aligned}V_x&=kV_s\cos\theta\\V_y&=kV_s\sin\theta\end{aligned}\right\}\tag{29.4}$$

这两路信号再通过微处理器处理后可求得待测信号的幅值和待测信号与参考信号之间的相位差为：

$$\left.\begin{aligned}V_0&=\sqrt{V_x^2+V_y^2}\\\theta&=\arctan\frac{V_y}{V_x}\end{aligned}\right\}\tag{29.5}$$

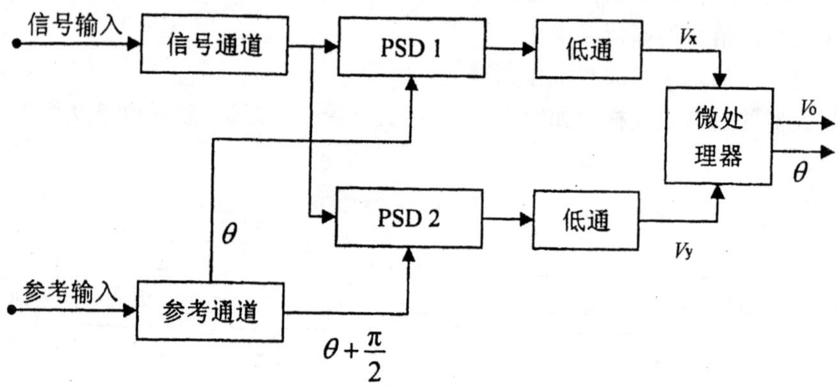

图 29.3

2. 测量绝缘板的介电常数

如图 29.4 所示，在待测绝缘板的上、下表面做上金属板电极，则构成了一个内有待测绝缘介质的平行板电容器。电极间的电力线分布如该图所示，在边缘部分不均匀，测其电容值会产生误差。因此常将电容的下表面极板做成如图 29.5 所示的形状。其中圆内金属板为电容器 C 的下表面电极，圆外金属板部分设其为保护电极“0”，并按图 29.6 连接测量电路，将保护电极“0”接地。当待测电容 C 远远小于已知电容 C_n 时，电容 C 的下极板与保护电极的电位非常接近，如此电容 C 内部的电力线分布便较均匀了。用锁相放大器测出总电压 U 和 C_n 两端的电压 U_n，考虑到 $C\ll C_n$ 时，$U\approx U_C$，于是有：

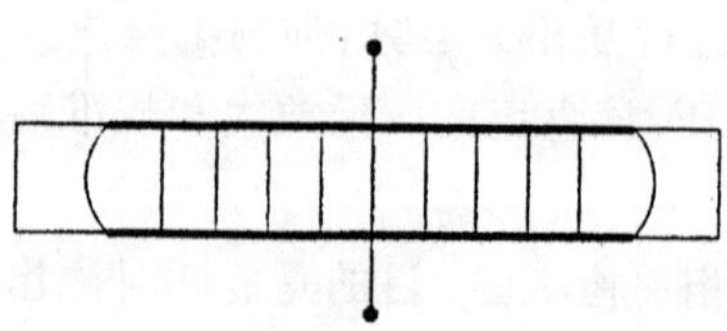

图 29.4

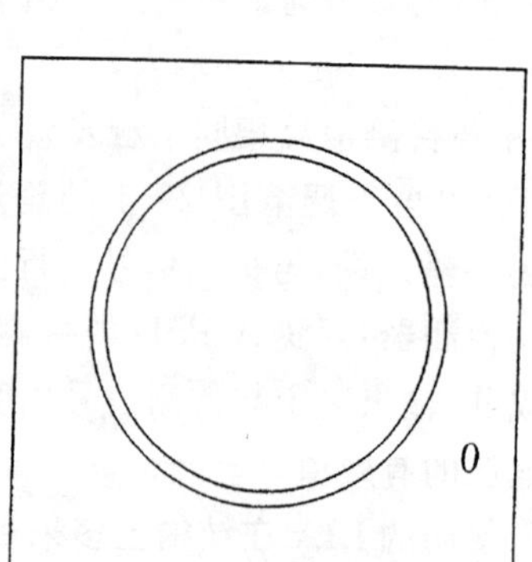

图 29.5

$$C=(U_n/U)C_n \tag{29.6}$$

设电容 C 的极板面积为 S，极板间的距离为 d（即待测绝缘板的厚度），则相应的真空中电容为

$$C_0=\varepsilon_0(S/d)=(8.82\times10^{-12})S/d \tag{29.7}$$

于是待测绝缘板的介电常数为：

$$\varepsilon=C/C_0=1.131\times10^{11}\times(d/S)C$$

将(29.6)式代入有：

$$\varepsilon=1.131\times10^{11}\times(dU_n/SU)C_n \tag{29.8}$$

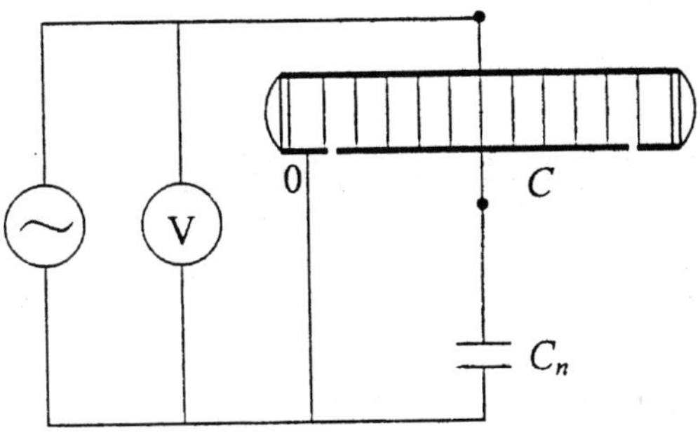

图 29.6

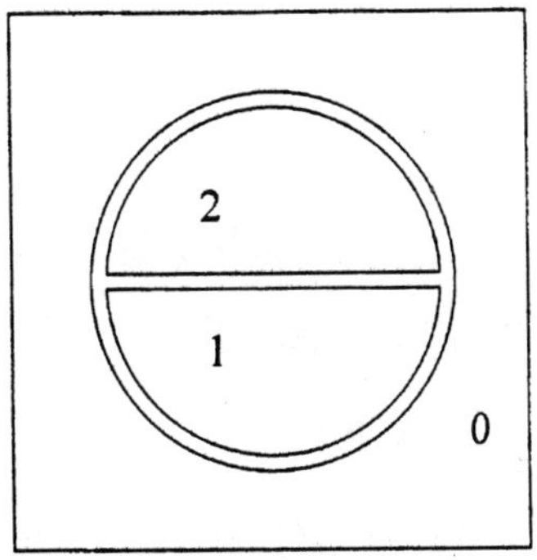

图 29.7

本实验中，待测绝缘板的下表面电极做成如图 29.7 所示形状。其中“0”为保护电极，“1”和“2”两表面极板与绝缘板的上表面极板的对应面积构成的电容分别为 C_1 和 C_2，两者并联时 $(C=C_1+C_2)$ 作为总待测电容。为了消除导线等分布电容的影响，可按图 29.8 所示电路进行测量。用锁相放大器分别测出图 29.8 中(a)、(b)、(c)三种连接情况下 C_n 两端的电压 U_{n1}、U_{n2}、U_{nC} 及总电压 U，并按下式

$$\varepsilon=\frac{C}{C_0}=1.131\times10^{11}\times\frac{dC_n}{SU}[2U_{nC}-(U_{n1}+U_{n2})] \tag{29.9}$$

求出待测绝缘介质的介电常数（该式的推导过程留待思考题中解决）。

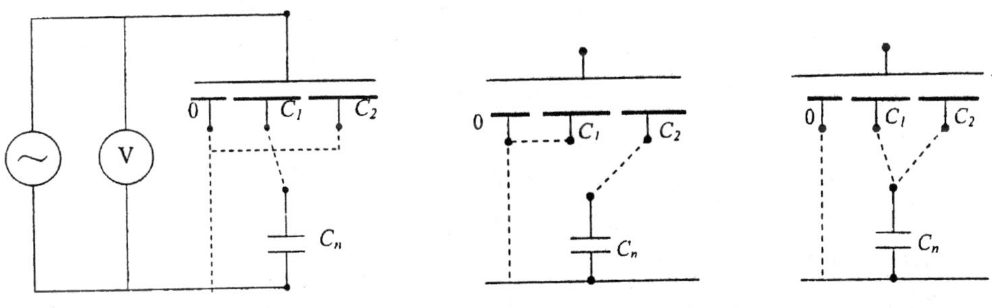

图 29.8

3. 验证方波电压傅立叶展开式中基波及前几次谐波电压的有效值。

如图 29.9 为单位方波，其傅立叶展开式为：

$$U(t)=\frac{4}{(2n-1)\pi}\sum_{n=1}^{\infty}\sin[(2n-1)\omega t] \tag{29.10}$$

其基波和三、五、七、九次谐波电压的有效值分别为：$\frac{4}{\pi\sqrt{2}}$、$\frac{4}{3\pi\sqrt{2}}$、$\frac{4}{5\pi\sqrt{2}}$、$\frac{4}{7\pi\sqrt{2}}$及$\frac{4}{9\pi\sqrt{2}}$。

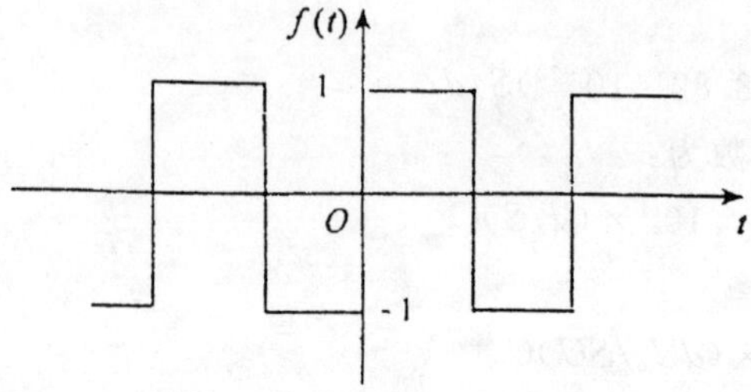

图 29.9

四、仪器用具

7265 型锁相放大器，晶体管毫伏表，信号发生器，实验盒（内含待测绝缘介质的电容和已知电容）及导线若干。

五、实验内容

实验前请仔细阅读本实验后面的附录部分，即 7265 型锁相放大器的使用说明。

1.测量锁相放大器的幅频特性曲线。

按图 29.10 连接电路。待测信号由信号发生器输入。锁放选用频率为 1000Hz，交流电压为 1.00 的内参考信号。保持锁相放大器的输入电压 1.00$\tilde{v}$ 不变，改变信号源的频率 f，读出相应的电压示值 U，作 $U\sim f$ 关系曲线。

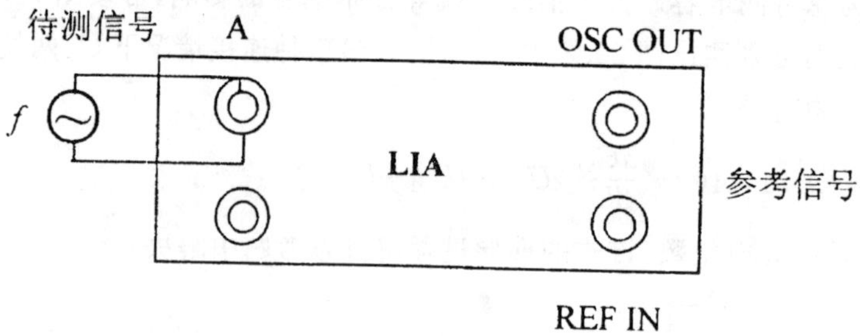

图 29.10

2.测量绝缘材料的介电常数。

按图 29.11 连接电路（图中电容是按图 29.8 中(a)的连接形式连接的）。测量频率为 1000Hz。锁放选用外参考信号，输入电压为 1.00$\tilde{v}$。用锁相放大器测出图 29.8 中三种不同连接情况下 C_n 的两端电压，然后由(29.9)式求出待测绝缘介质的介电常数 ε。

3.测量单位方波电压的傅立叶展开式中基波和三、五、七、九次谐波电压的有效值。

测量电路自拟。单位方波由信号源输入，其频率为 1000Hz，电压为 1.00$\tilde{v}$（可通过锁相放大器准确调出）。最后将测量结果与理论值比较。

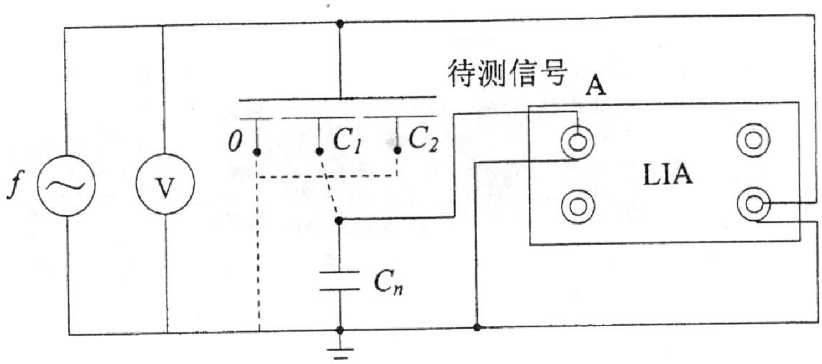

图 29.11

六、注意事项

1. 锁相放大器属贵重仪器，应细心按规程操作，不得无目的地随意调试。按键要轻且尽量减少按键次数。

2. 锁相放大器是测量微弱交流信号电压的仪器，应确保待测电压不超过 1$\tilde{\text{v}}$ 再行测量。如发现输入插座“A”或“B/I”旁的指示灯闪烁，表明信号过载，应将锁相放大器的满程灵敏度(SEN)调大。

七、考查题

1. 试说明锁相放大器能够测量淹没在噪声中的微弱交流电压信号的道理。

2. 简述绝缘材料介电常数的测量原理及步骤。

3. 简述单位方波傅立叶展开式中基波和谐波电压有效值的测量步骤。

八、思考题

1. 常见的晶体管毫伏表，它的输入短路电压为 0.1m$\tilde{\text{v}}$ 量级，频带宽度为 10Hz～1MHz。根据本实验所测的锁相放大器的输入短路电压和幅频特性曲线，与晶体管毫伏表做比较，简述锁相放大器的基本特性。

2. 在利用图 29.8 测量绝缘材料介电常数时，诸多导线间会形成分布电容。由于电容 C_n 值较大，并联给它的分布电容可以忽略。但并联给待测电容 C 的分布电容影响应设法消除。实验过程中若保持各仪器及元器件间连接导线位置不动，故可认为并联给待测电容 C 的分布电容 C' 不变，试推导测量公式(29.9)，并求出分布电容 C'。

3. 通过上述实验，试总结一下，利用 7265 型锁相放大器测量微弱交流电压信号时的使用步骤，并说明在使用该放大器测量时应注意哪些问题。

附录：7265 型锁相放大器的使用说明

一、7265 型锁相放大器的面板各部分名称及简要说明

7265 型锁相放大器的面板及主显示界面如图 29.12 所示。

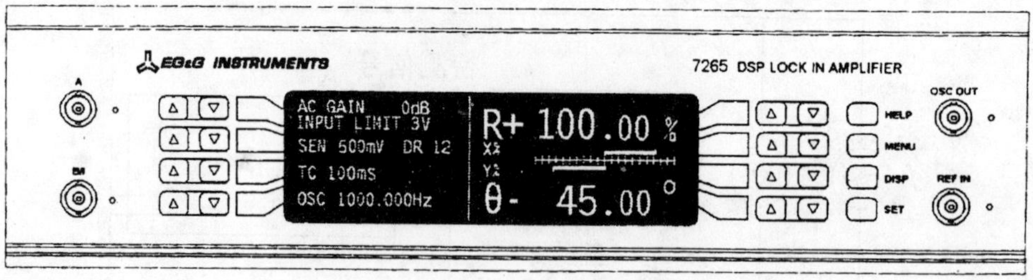

图 29.12

1. 插座

·A 或 B/I：信号输入插座。A 用于单端差分电压模式；B/I 用于差分电压模式(A－B 模式)或用于反向单端电压模式(－B 模式)。当电流输入模式被选中时，它也是电流信号输入插座。当某种输入模式被选中时，相应插座旁边的指示灯点亮，表示该选项被激活，有效；若指示灯闪烁，表明相应的输入电压或电流过载。

·OSC OUT：内置振荡器的输出插座。当内置振荡器的输出有效时，该插座旁边的指示灯被点亮。

·REF IN：外参考信号的输入插座。适用于外参考信号频率大于 300mHz 的情况。否则使用仪器后面板上的"REF TTL"输入插座。当外参考模式被选中时，该插座旁的指示灯被点亮。在非锁定状态下，指示灯闪烁。

2. LCD 显示屏

显示屏右半部分显示测量结果。其中 R 表示待测交流信号电压的有效值，用左半屏所示灵敏度(SEN)的百分数表示；X、Y 表示 R 的两个分量，X%、Y%用刻度线上、下两横线的相对长度表示；θ 表示待测信号与参考信号的相位差。

显示屏左半部分为需设置的控制项。

·AC GAIN：交流增益。即信号通道的交流增益，用 dB 表示。

·INPUT LIMIT：输入极限。即指没有引起输入过载时，加到输入端的最大瞬时电压或电流。

对于 7265 型锁相放大器，AC GAIN 和 INPUT LIMIT 之间有固定的对应关系。如下：

AC GAIN(dB)	INPUT LIMIT(mV)
0	3000
10	1000
20	300
30	100
40	30
50	10
60	3
70	1
80	0.3
90	0.1

·SEN：灵敏度(即指 Full—Scale Sensitivity，满程灵敏度)。

·DR(即 Dynamic Reserve)：动态储备。大小为：

$$DR = 20\lg \frac{0.7\times \text{Input Limit}}{\text{Full-Scale Sensitivity}} \quad (\text{dB}) \tag{29.11}$$

式中分子乘以系数 0.7 表示输入正弦极限电压的有效值。DR 的意义是表示超过满程灵敏度这么多倍(以 dB 为单位)时所允许的最大正弦干扰输入。它反映了仪器抑制噪声的最大能力。使用时一般当噪声大时,应增加 DR 值,噪声小时可相对压缩 DR 值。

AC GAIN、INPUT LIMIT、SEN 及 DR 这些量之间是相互关联的,其关系为:

$$DR = 20\lg \frac{2}{SEN} - \text{AC GAIN (用 dB)} \tag{29.12}$$

AC GAIN(或 INPUT LIMIT)及 SEN 等参数的设置可以通过其近旁的三角键来控制,也可以通过 AUTO AC GAIN(自动交流增益)来设置(见后面使用说明部分)。

· TC(即 Time Constant):时间常数。TC 值的大小和该仪器的通频带宽度有关。TC 值越大,仪器的通频带宽度越窄,抗干扰和噪声的能力越强。但显示 R、θ 等测量结果的稳定时间也相应变长。应根据具体情况设置 TC 值,做到既能使显示数据足够稳定,达到稳定的时间又不算太长。TC 值的设置可通过其近旁的三角键来控制,其调节范围在 5ms～10s 之间。

· OSC:内置振荡器的频率。常用于内参考信号的使用频率。频率的数值可通过其近旁的三角键来设置。但当设置的数值变化范围较大时,需按键次数非常多,麻烦而耗时。因此多采用另外的快速设置方法(见后面使用说明部分)。

3. 关于 HELP、MENU、DISP 及 SET 四键

· HELP(帮助键):7265 型锁相放大器提供了与上、下有关的屏显菜单帮助功能。在许多菜单中,按下“HELP”键后,再按下菜单选项近旁的三角键,屏上即可提供该选项的相关信息。

如需其他题目的信息,在仪器处于主显示界面时,按下“HELP”键两次,可进入主帮助菜单,再按下该菜单选项近旁的三角键,屏上即可显示所需内容。

要退出屏显帮助返回常规操作,可再次按下“HELP”键。

· MENU(菜单键):7265 型锁相放大器使用系列屏显菜单控制。在主显示界面上,菜单中的四个控制选项可通过其近旁的三角键加以调整设置并显示仪器的输出数据。若按下“MENU”键可进入主菜单 1,由此可进入其他下属菜单,对有关选项进行调节和设置。再次按下“MENU”键则返回到主显示界面。

· DISP(显示键):按下此键进入显示设置菜单。利用左边三个控制选项近旁的三角键,从 13 种控制选项中选择三项,如 SEN、TC 及 OSC。所选控制项参数设置可在主显示界面上加以调整。再次按下“DISP”键则返回到主显示界面。

· SET(设置键):该键有两个功能。按下“SET”键一次,再按某一控制选项近旁的三角键,屏上会出现该控制项的小键盘(Keypad),然后可输入该控制项的相关数据(输入方法见后面使用说明部分);如果按“SET”键两次,仪器内所有与频率有关的参数更新。当使用外参考模式时,如果外参考频率发生变化应执行此操作。

二、7265 型锁相放大器测量微弱交流信号电压的操作方法

根据本实验的目的与要求,可参考如下的测量步骤。

1. 测量信号通道等的选择及相关参数的设置。

打开仪器开关后稍许,按下“MENU”键,屏上显示如图 29.13 所示的主菜单 1 界面。再按下菜单选项中“SIGNAL CHANNEL”左边近旁的三角键可进入如图 29.14 所示的信号通道菜单界面。菜单左边的控制项利用其左边近旁的三角键进行选择,右边的控制项利用其右边近旁的三角键进行选择。同时要注意打开“AUTO AC GAIN”。

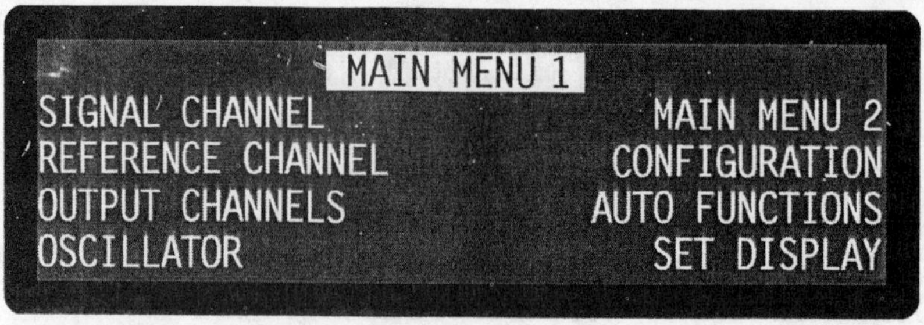

图 29.13

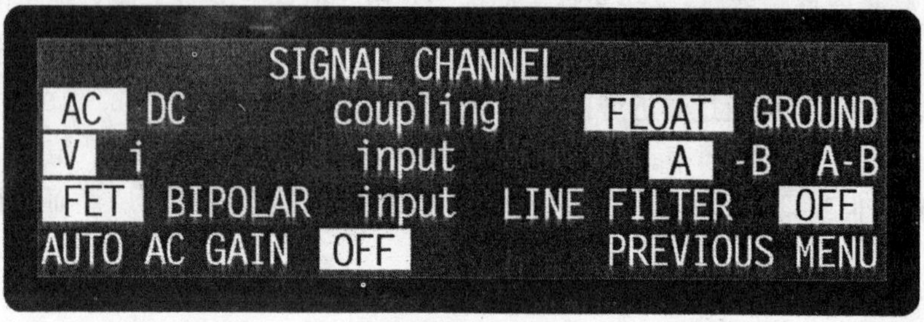

图 29.14

按下图 29.14 中“PREVIOUS MENU”右边近旁的三角键，返回到主菜单 1 界面；利用菜单中“AUTO FUNCTIONS”近旁的三角键进入如图 29.15 所示的自动功能菜单。再按下“AUTO DEFAULT”近旁的三角键，使仪器进入主显示界面。根据本实验的要求，设置合适的灵敏度(SEN)值后，仪器会自动给出 AC GAIN、INPUT LIMIT 及 DR 的最佳设置值。

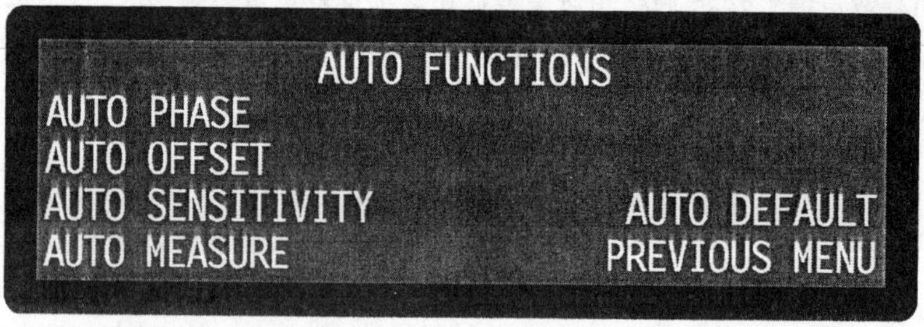

图 29.15

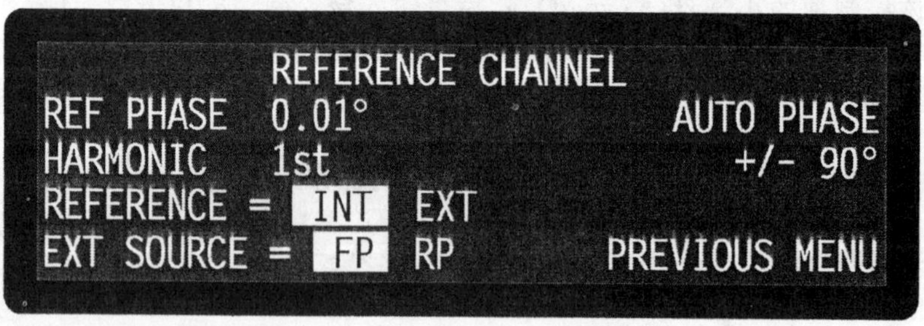

图 29.16

2. 参考信号的选择及相关参数的设置。

在主菜单 1 界面上，按下“REFERENCE CHANNEL”近旁的三角键，便进入如图 29.16 所示参考通道界面。利用“REFERENCE”近旁的三角键选择“INT”(内参考信号)或“EXT”(外参考信号)。若选择外参考信号，且当外参考信号频率大于 300mHz 时，利用“EXT

SOURCE”近旁的三角键选择“FP”，即用仪器前面板“REF IN”插座输入外参考信号，否则选择“RP”，用仪器后面板“REF TTL”插座输入外参考信号。外参考信号多选用测量信号。

若选用内参考信号，需设置其频率（即设置仪器内置振荡器的频率）和信号幅值（本实验设置电压幅值）。下面以内置振荡器频率为例说明如何快速设置。

在主菜单1的显示界面上，按下“OSCILLATOR”近旁的三角键，便进入“OSCILLATOR”的菜单界面，如图29.17所示。先后按下“SET”键及“FREQUENCY”近旁的三角键，屏面右侧可出现如图29.18所示的小键盘。小键盘的每一行都由右侧同行按键控制，从左至右一一对应。使用这些按键可直接录入所需频率的数值，同时屏右侧中间显示出OSC及所录入的频率数值。如果录入的数值发生错误，可按下 CE 键（清除录入键）重新录入。录入完毕后，按下 ↵ 键（输入键），数据被仪器接受，屏上小键盘消失，内置频率设置完毕。

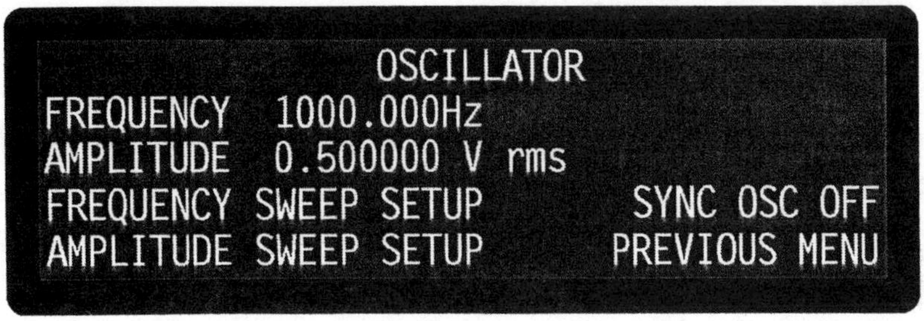

图 29.17

如果频率数值键入完毕后，没有按下 ↵ 键，而是按下“FREQUENCY”近旁的三角键，屏上的小键盘也将消失，但录入的数据是给内置频率设置的增量值。即内置频率被设置成设置前频率值和录入的增量值之和或之差。究竟是和还是差视按双三角键的哪一边而定。以后再按下该控制项近旁的三角键则会引起内置频率数值的增加或减小，其增减步距即为录入的增量值。

录入的频率数字有时为非整数，此时应注意到 CE 键和 · 键（小数点键）每隔一秒钟相互转换一次。需要录入小数点时，当 CE 键变成 · 键的瞬间，按下与小数点对应的键即可。

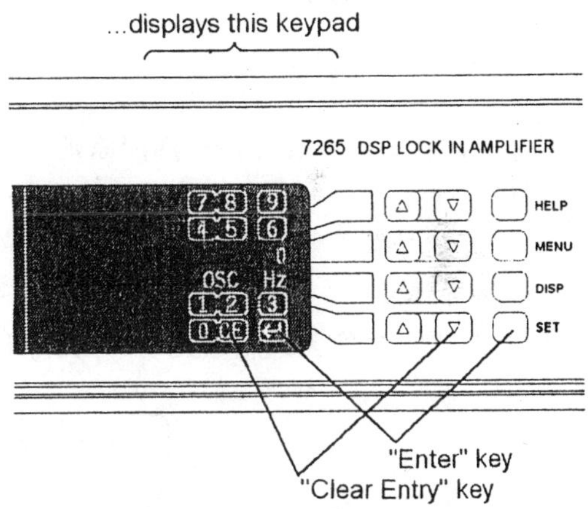

图 29.18

参考信号电压幅值的设置方法同内置频率的设置类似，不再赘述。电压幅值的设置范围在1μv～5v之间。

3. 测量。本实验测量信号均接至A输入插座，可以选用内或外参考信号。测量时应注意选取合适的时间常数TC。

* 7265型锁相放大器的功能较多，本实验限于教学的要求仅简单介绍这些，有进一步需要者请参阅“Model 7265 DSP Lock－in Amplifier”。

实验 30　音频信号光纤传输技术实验

一、目的要求

1. 熟悉音频信号光纤传输系统的基本结构和主要部件的选配原则。

2. 了解半导体电光/光电转换器件的基本性能及光纤传输信号的基本原理。

3. 学会音频信号光纤传输系统的调试技能。

二、引言

光纤，即光导纤维的简称，是 20 世纪 70 年代为光通信发展起来的一种新型材料。目前应用较广泛的是由高纯度的 SiO_2 经掺有适当的杂质而制成的纤维，其质地柔软，具有良好的传光性能。光纤通信是以光波为载体，以光纤为传输介质的一种通信方式。光纤通信具有频带宽、容量大、损耗低、不受电磁干扰等一系列优点，因而近几十年来得到迅速的发展。目前已广泛地应用于通信及其他科学领域，可以说光纤通信是未来信息社会中各种信息网的主要传输工具。

本实验所涉及的光纤传输技术是光纤通信的基础。通过学习让学生了解光纤传输的基本原理，为今后的进一步拓展打下基础。

三、原理

1. 系统的构成和主要部件的选配原则

如图 30.1 示出了一个音频信号直接光强调制光纤传输系统的结构原理图。它主要包括以下三部分：光信号发送器、用于传输光信号的光纤及光信号接收器。光信号发送器由电光转换器件——半导体发光二极管(LED)及其调制和驱动电路组成；光信号接收器由光电转换器件——光电二极管(本实验采用硅光电二极管 SPD)、I－V 变换电路及功放电路组成。

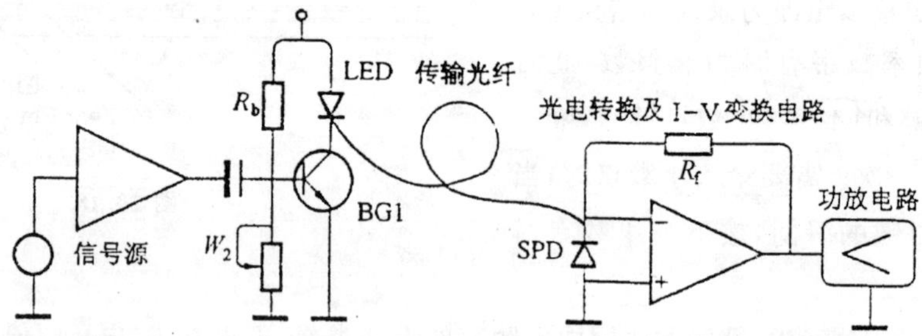

图 30.1

光纤传输系统中对光源器件在发光波长、电光效率、工作寿命、光谱宽度及调制性能等诸多方面均有特殊要求，不是随便哪一种光源器件都能胜任光纤通信任务。而且光源器件和传输光纤、光电检测器件也均有一定的匹配要求。即要求光源器件的发光中心波长必须使传输光纤呈低损耗窗口的波段，且与光电检测器件的峰值响应波段相匹配。本实验采用中心波长为 0.85μm 的 GaAs(砷化镓)半导体发光二极管作为光源，传输光纤采用在波长 0.85μm 有良好透过率的石英光纤，光电检测器件采用峰值响应波长为 0.8～0.9μm 的硅光电二极管。此外，为了避免或减少谐波失真，要求整个传输系统的频带宽度能够覆盖被传信号的频谱范围。

2. 音频信号的传输

(1)光信号发送器

①半导体发光二极管(LED)

半导体发光二极管和半导体二极管类似，核心均是 PN 结，但工作原理和用途完全不同。

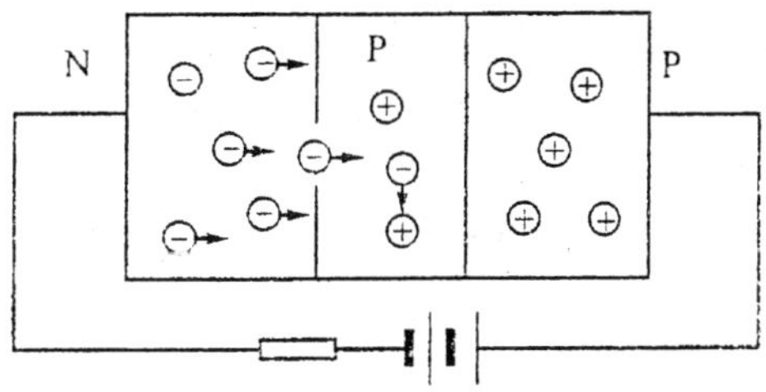

图 30.2

光纤传输系统中常用的 LED 是一个如图 30.2所示的 N－p－P 三层结构的半导体器件。中间层通常是由直接带隙的 GaAs P 型半导体材料组成，称为有源层，其带隙宽度较窄。两侧分别由 GaAlAs(砷铝化镓)的 N 型和 P 型半导体材料组成。与有源层相比，它们具有较宽的带隙。具有不同带隙宽度的两种半导体单晶之间的结构称为异质结。在图 30.2 中，有源层与其左侧的 N 层之间形成的是 N－p 异质结，而与右侧 P 层之间形成的是 p－P 异质结。这种结构又称为 N－p－P 双异质结构，简称 DH 结构。当给这种结构加上正向电压时，就能使 N 层向有源层注入导电电子。这些电子进入有源层后，受到 p－P 异质结的阻挡作用，不能再进入右侧的 P 层，只能被限制在有源层内与空穴复合。在复合过程中，导电电子把所具有的能量以光子的形式释放出来，并满足下面的关系：

$$h\upsilon = E_1 - E_2 = E_g$$

式中 h 是普朗克常数，υ 是光波的频率，E_1 为有源层内导电电子的能量，E_2 为导电电子与空穴复合后处于价键束缚状态时的能量。两者的差值 E_g 与 DH 结构中各层材料及其组份的选取等多种因素有关。因此制作 LED 时，只要这些材料的选取和组份控制适当，就可使 LED 的发光中心波长与传输光纤的低损耗波长一致。

光纤通信系统中使用的 LED 的光功率经光导纤维输出，输出的光功率与通过 LED 的驱动电流的关系称为 LED 的电光特性。为了保证 LED 始终处于正向工作状态及防止非线性失真，使用时应先给它一个适当的直流偏置电流。其值一般选取其电光特性曲线线性部分中点所对应的电流值，叠加在偏置电流上的调制电流的峰－峰值也应尽可能大地处于这一电光特性的线性范围内，这样可使 LED 获得无畸变而幅度最大的调制，从而有利于信号的远距离传送。

②光信号的发送

光信号发送端的电路如图 30.3 所示，信号调制采用光强度调制的方法。参看图 30.3，调节 LED 驱动电路中的可调电阻 W_2，给 LED 设置一适当的偏置电流。被传输的音频信号由以 IC1 为主构成的音频放大电路放大后，经电容器 C_4 耦合到 BG1 的基极，对 LED 的工作电流进行调制，从而使 LED 发送出光功率随音频信号变化的光信号，并经光导纤维把这一信号传至接收端。

(2)光纤

光纤，光信号的传输通道。其结构由纤芯和包层两部分组成。纤芯的直径在几 μm 到几十 μm 的范围内，包层的直径一般为 125μm 左右。按其折射率沿光纤截面的径向分布状况分成阶跃型和渐变型两种光纤。本实验采用阶跃型光纤作为信道。所谓阶跃型光纤是指纤芯和包层介质的折射率均为常数，但纤芯折射率 n_1 略大于包层介质的折射率 n_2，两者的界面处折射率发生突变。如图 30.4 为阶跃型光纤的结构示意图。

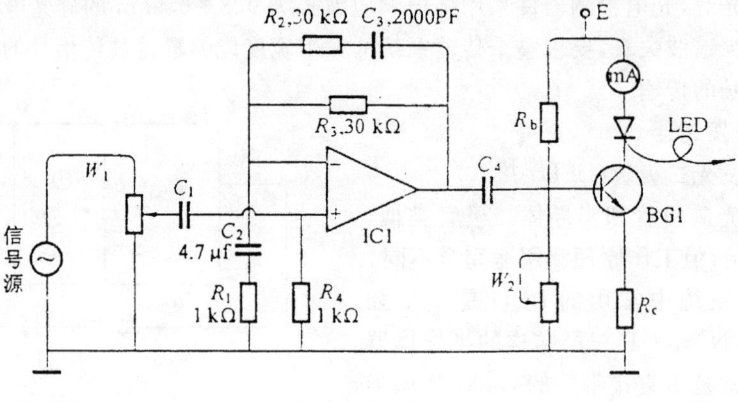

图 30.3

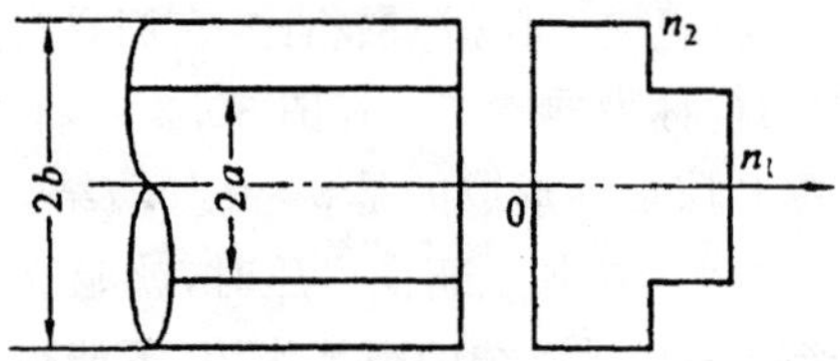

图 30.4

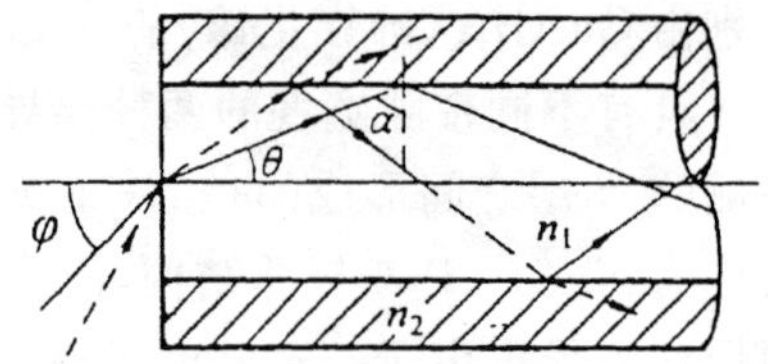

图 30.5

对于阶跃型光纤，可以用几何光学的全反射理论解释它的导光原理。

当一束光投射到光纤端面时，进入光纤内部的光射线在光纤端面处的入射面若包含光纤轴线的，则称为子午射线。这类射线在光纤内部的行径是一条与光纤轴线相交、呈“Z”字形前进的平面折线。若耦合到光纤内部的光射线在光纤入射端面处的入射面不包含光纤轴线，则称为偏射线。偏射线在光纤内部不与光纤轴线相交，其行径是一条空间折线。下面我们仅对子午射线的传播特性进行分析。

如图 30.5，假设光纤端面与其轴线垂直，一子午射线于光纤端面上以入射角 φ 耦合入射到光纤的纤芯中。根据 Snell 定律及图中几何关系有：

$$n_0\sin\varphi=n_1\sin\theta \tag{30.1}$$

$$\theta=\frac{\pi}{2}-\alpha$$

则
$$n_0\sin\varphi=n_1\cos\alpha \tag{30.2}$$

其中 n_0 是光纤入射端面左侧介质的折射率，通常光纤端面处于空气介质中，故 $n_0=1$。

由(30.2)式可知，如果所论光线在光纤端面的入射角 φ 较小，则它折射到光纤内部后投射到纤芯－包层界面处的入射角 α 有可能大于由纤芯－包层材料的折射率 n_1 和 n_2 按下式决定的全反射临界角 α_c，即

$$\alpha_c=\arcsin(n_2/n_1)\quad(n_2<n_1) \tag{30.3}$$

这样光射线在纤芯－包层界面处发生全内反射。由于光纤是均匀的圆柱形细丝，全反射的光线将以同样的角度射到对面的界面上，并发生第二次全反射。依此类推，光线就能够在光纤内连续不断的全反射，从光纤的一端传输到另一端，从而使光能量被束缚在纤芯内而不外溢并沿着纤芯传输。这种射线称为传导射线。

随着图 30.5 中入射角 φ 的增加，α 角就会逐渐减小，直到 $\alpha=\alpha_c$ 时，子午射线所携带的光能均被局限在纤芯内部。在此之后，若继续增加 φ，α 角就会变得小于 α_c，这时子午射线在纤芯

一包层界面的全内反射条件受到破坏，致使光射线在纤芯一包层界面的每次反射均有部分能量溢出纤芯外，于是光纤再也不能把全部光能有效地约束在纤芯内部，这类光射线称为漏射线。

设与 $\alpha=\alpha_c$ 对应的入射角 φ 为 φ_{max}，由上所述，以 φ_{max} 为张角的锥体内入射的子午射线，投射到光纤端面时，均能被光纤有效地接受并约束在纤芯内。由(30.2)式有：

$$\sin\varphi_{max}=n_1\cos\alpha_c=n_1(1-\sin^2\alpha_c)^{1/2}$$

代入(30.3)式有：

$$\sin\varphi_{max}=(n_1^2-n_2^2)^{1/2}$$

通常把 $\sin\varphi_{max}=(n_1^2-n_2^2)^{1/2}$ 定义为光纤的理论数值孔径，英文缩写为 NA，即

$$NA=\sin\varphi_{max}=(n_1^2-n_2^2)^{1/2} \tag{30.4}$$

这是一个表征光纤对子午射线捕获能力的参数，其值仅与纤芯和包层的折射率有关，而与光纤的半径无关。NA 愈大，表明光纤对子午射线捕获的能力愈强，亦即由光源发出的光功率更易耦合到光纤的纤芯内，这有利于光信号的传输。

(3)光信号的接收

①半导体光电二极管(SPD)

半导体光电二极管与普通的二极管一样，也具有一个 PN 结，但光电二极管有它自身的特点，这主要表现在光电二极管的管壳上有一个能让光射入其光敏区的窗口，此外，它还经常工作在反向偏置电压状态或无偏压状态，如图 30.6 所示。在反向偏压状态下，PN 结的空间电荷区的势垒增高、宽度加大、结电阻增加、结电容减小，这有利于提高光电二极管的高频性能。无光照时，反向偏置的 PN 结只有很小的反向漏电流，称为暗电流。当有光子能量大于 PN 结半导体材料的带隙宽度 E_g 的光波照射到光电二极管的管芯时，PN 结各区域中的价电子吸收光能后将挣脱价键的束缚而成为自由电子，同时也产生一个自由空穴，这种由光照产生的自由电子一空穴对统称为光生载流子。在远离空间电荷区(亦称耗尽区)的 P 区和 N 区，电场强度很弱，光生载流子只有扩散运动，它们在向空间电荷区扩散的途中因复合而基本消失掉，故产生的光电流主要靠空间电荷区的光生载流子。这是因为该区内电场很强，在此强电场作用下，光生自由电子一空穴对将以很高的速度分别向 N 区和 P 区运动，并很快越过这些区域到达电极，沿外电路闭合形成光电流，从而把光信号转换成电信号。光电流的方向是从二极管的负极流向它的正极，并且在无偏压短路的情况下与入射的光功率成正比。因此，在光电二极管的PN结中，增加空间电荷区的宽度对提高光电转换效率有着密切关系。为此，常在PN结的P

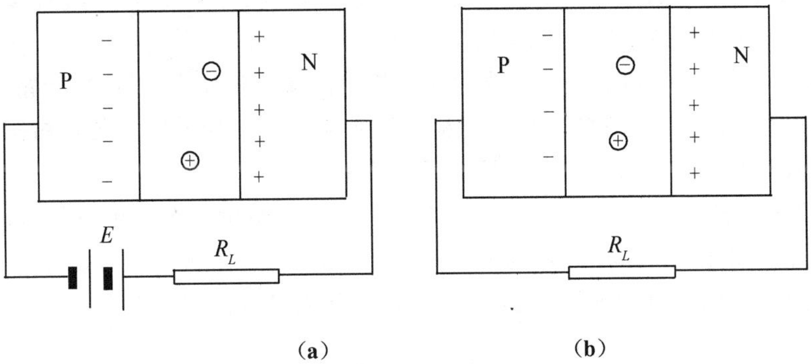

图 30.6

区和 N 区之间加一层杂质浓度很低以致可近似为本征半导体的 I 层，形成具有 P－I－N 结构的光电二极管(简称 PIN 光电二极管)。由于 I 层的引入，PIN 光电二极管的 PN 结具有较宽的空间电荷区、较大的结电阻及较小的结电容，这些特点使 PIN 管暗电流明显减小，光电转换效率和高频响应特性方面比普通光电二极管均得到了很大改善。

光电二极管的伏－安特性可用下式表示，即

$$I=I_0[1-\exp(qV/kT)]+I_L \tag{30.5}$$

式中，I_0 是无光照时的反向饱和电流，V 是二极管的端电压(正向电压为正，反向电压为负)，q 为电子电荷，k 为波耳兹曼常数，T 为结温(单位为 K)，I_L 为无偏压状态下光照时的短路电流(与光照时的光功率成正比)。(30.5)式中的 I_0 和 I_L 均为反向电流，即从光电二极管负极流向正极的电流。

根据(30.5)式，光电二极管的伏安特性曲线如图 30.7 所示。第三象限曲线对应光电二极管的反向偏压工作状态，第四象限曲线则对应光电二极管的无偏压状态。

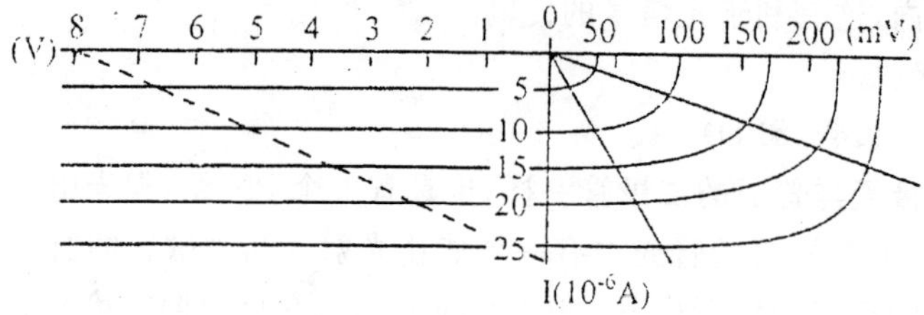

图 30.7

由图 30.7 可以看出：

a. 光电二极管即使在无偏压或反向偏压工作状态下，也有反向电流存在，认识和熟悉光电二极管的这一特点对于在光电转换技术中正确使用光电器件具有十分重要的意义。

b. 在反向偏压工作状态下，外加电压 E 和负载电阻 R_L 的很大变化范围内，光电流与入照光功率均具有很好的线性关系。在无偏压工作状态下，只有 R_L 较小时，光电流才与入照光功率成正比，R_L 增大时，光电流与光功率呈非线性关系。无偏压状态下，短路光电流与入照光功率的关系称为光电二极管的光电特性。这一特性在 $I-P$ 坐标系中的斜率为：

$$R_{响}=\Delta I/\Delta P(\mu A/\mu W) \tag{30.6}$$

定义为光电二极管的响应度，这是表征光电二极管光电转换效率的重要参数。本实验采用的硅光电二极管，峰值响应波长在 0.8μm～0.9μm 范围内，在峰值响应波长下的响应度 $R_{响}$ 的典型值在 0.25μA/μW～0.5μA/μW 的范围内。

c. 在光电二极管处于开路状态下，光照后二极管两端产生光生电压，即开路电压。不同光照情况下的开路电压就是伏安特性曲线与横坐标轴交点所对应的电压值。由图 30.7 可以看出，光电二极管开路电压与入照光功率呈非线性关系。

d. 反向偏压状态下的光电二极管，由于在很大的动态范围内其光电流与偏压和负载电阻几乎无关，故在入照光功率一定时可视为一恒流源；无偏压工作状态下的光电二极管的光电流随负载电阻变化很大，此时它不具有恒流源性质，只起光电池作用。

②光信号的接收

光信号接收端的电路原理如图 30.8 所示。传输光纤把从发送端发出的光信号通过光纤传输给光电转换器件－光电二极管，光电二极管把该光信号的光功率转变为与之成正比的光电

流 I，然后经 IC1 组成的 I/V 转换电路，再把光电流 I 转换成与之成正比的电压 V_0 输出。电压信号 V_0 中包含的音频信号经电容电阻耦合到以 IC2 为主构成的音频功放电路进行放大后驱动喇叭发声，从而完成被传信号的接受工作。

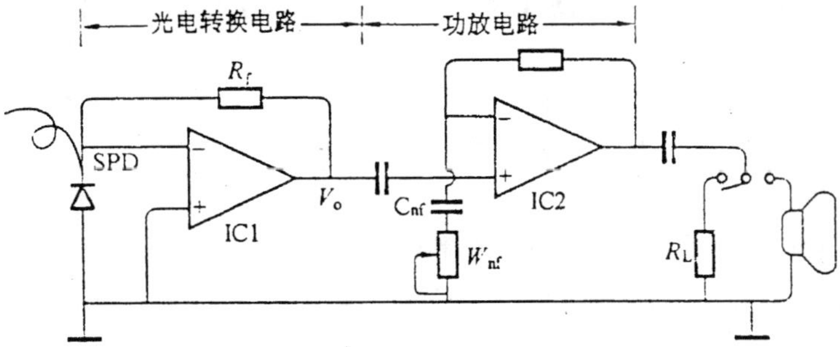

图 30.8

四、仪器用具

YOF－B 型音频信号光纤传输技术实验仪(其中包括发送器、接收器及光纤绕盘)，信号发生器，示波器，万用表，小型录放机、音箱及导线若干。

五、实验内容

1. LED－传输光纤组件电光特性的测定

测量电路参见光信号发送器前面板的线路图。通过 LED 的偏置电流由发送器左侧的毫安表读出，而光纤信道的出纤光功率则由右侧的光功率计读出。

先连接电路。首先将两端带电流插头的电缆线一头插入光纤绕线盘上的电流插孔，另一端插入发送器前面板上的“LED”插孔，并将光电探头插入光纤绕线盘上引出传输光纤输出端的同轴插孔中。SPD 的两条出线接至光功率计的相应插孔内。然后打开电源开关并按下面步骤进行调试和测量。

①调节 LED 驱动电路中的 W_2，使毫安表的示数为 20～50mA 的范围内任一值不变，然后将光电探头绕同轴插孔轴线方向适当旋转，直到光功率计指示器的示数为最大的数值为止。在以后的整个实验过程中注意保持光电探头的这一位置不变。

②调节 W_2，使毫安表指示为零，此时光功率计的读数应为零。若不为零，调节下面的调零装置进行调节。

③测量 LED－传输光纤组件的电光特性曲线。调节 W_2，使毫安表示值从零开始，每增加 5mA，读取一次光功率计示值，直到 50mA 为止。根据测量结果画出 LED－传输光纤组件的电光特性曲线，并确定出其线性较好的线段。

2. LED 偏置电流与无失真最大光信号调制幅度关系的测定

由于 LED 的伏安特性及其电光特性曲线存在着非线性区域，所以在图 30.3 所示的 LED 驱动和调制电路中，对于 LED 工作电流的不同偏置状态，能够获得无失真的最大光信号的幅值(即峰—峰值)也具有不同值。偏置电流过大或过小，有可能导致信号失真。即使是不失真，也会因为光信号幅值过小而无法远距离传输。所以在设计音频信号光纤传输系统时，一般选取 LED 电光特性曲线线性范围的中点所对应的电流值为其偏置电流，为的是能够获得无失真的最大光信号的幅值，有利于远距离传输。

LED 的偏置电流和无失真最大光信号幅值的关系可以通过实验测出。参看发送器前面板图。将信号发生器输出的 1KHz 正弦信号经电流插头引至“调制输入”插孔，用示波器观测晶体三极管发射极电阻 R_e 两端的电压波形。由于 R_e 两端电压 V_e 波形反映了 LED 驱动电流随时间的变化，所以在 LED 电光特性曲线线性范围内也即代表了传输光纤中传输的光功率的变化情况。

本实验要求观测 LED 的偏置电流为 5mA、10mA、15mA、20mA 及 25mA 时，调节信号源的输出幅度，用示波器观测无失真时最大调制信号的幅度，并记录下不同偏置状态下最大无失真调制信号的幅值。

3. 光电二极管(SPD)反向伏安特性曲线和响应度的测定

参看发送器、接收器的前面板图。将光电二极管带香蕉插头的两条引线插入接收器面板左侧标有“SPD”记号的相应颜色的插孔内；直流毫伏表接至接收器面板上 $I—V$ 变换电路输出端所对应的两个插孔内，用来测量 $I—V$ 变换电路的输出电压。注意接收器左侧的直流电压表是用来量度光电二极管 SPD 的反向偏压，其大小可通过接收器下面的 W_1 来调节。

(1)光电二极管(SPD)反向伏安特性曲线的测定

先了解一下光电流的测量原理。

参看图 30.8(或接收器面板图)。由发送器发出的光信号，经光纤传输给光电二极管，光电二极管受光照后产生光电流 I。由于 IC1 的反向输入端具有很大的输入阻抗，光电流 I 几乎全部流过 R_f。又由于 IC1 具有很高的开环电压增益，反向输入端与同相输入端具有几乎相同的地电位，所以光电流 I 和 $I—V$ 变换电路的输出电压 V_0 的关系为：

$$V_0=I\ R_f \tag{30.7}$$

由(30.7)式，若 R_f、V_0 已知，光电流即可求出。

测量步骤如下：

①参看接收器面板图，用 Ω 表测出 W_2 的阻值 $R_{w2}=R_f=10.0\text{k}\Omega$，注意测量时发送器和接收器的电源要断开。

②调节发生器中的 W_2，使 LED 的偏置电流为零。此时接收器中 $I—V$ 变换电路的输出电压即直流毫伏表的读数也应为零。若不为零，记下读数，并在以后的各次测量时以此为零扣除。

③在实验内容 1 所测 LED 的电光特性曲线上，从 LED 的偏置电流为 0～20mA 的变化范围内，选取输出光功率均分的 5 个工作点对应的驱动电流值，设其为 I_1、I_2、I_3、I_4 和 I_5。对于 LED 的偏置电流分别为 0、I_1、I_2、I_3、I_4 和 I_5 时，调节接收器中的 W_1，使 SPD 的反向电压分别为 0 和 1.0～9.0V 时，由毫伏表读出 $I—V$ 变换电路的输出电压 V_0，然后作出 SPD 的反向伏安特性曲线。

(2)光电二极管响应度的测定

根据上述实验数据，作出在零偏压下，SPD 的光电流 I 随入照光功率 P_0 的变化曲线，即 SPD 的光电特性曲线。由此可求出 SPD 的响应度。

4. 多种波形的光纤传输

将信号发生器的方波和三角波分别引入发送器前面板的“调制输入”插孔，改变输入信号的频率或改变 LED 的偏置电流，由示波器观测接收器输出端输出波形的变化情况。

5. 语音信号的传输

将录放机的信号输入给发送器的输入端，接收器的功放输出端接上小音箱，试验音频信号光纤传输系统的音响效果。试验时适当调节发送器 LED 的偏置电流或输入信号幅度，考查传输系统的听觉效果并用示波器监测系统的输入和输出波形的变化。

六、注意事项

1. 本实验系统的半导体发光二极管(LED)处于驱动电路中晶体三极管的集电极电路中，在实验过程中，应避免它的引脚与实验系统和测试仪器的地线相碰，否则会造成LED的永久性损坏。

2. 为了LED的安全使用，LED的偏置电流不要大于25mA，调制信号的幅度也不要过大，否则会使LED的发光性能迅速下降。

3. 要注意保护好传输光纤的输出端面和光电二极管的入照窗口，使它们不受异物损伤及灰尘遮盖。

七、考查题

1. 音频信号光纤传输系统由哪几部分组成?LED、光纤及SPD的选配原则是什么?它们在该系统中各起什么作用?

2. 什么是子午射线？子午射线在阶跃型光纤中是如何传播的?

3. 在LED偏置电流一定的情况下，当调制信号幅度较小时，指示LED偏置电流的毫安表的示数不变，而当调制信号幅度大到一定程度时，毫安表的示数会发生变化。试解释发生此现象的原因是什么?

八、思考题

1. LED偏置电流的大小对信号的传输有什么影响？本实验中LED的偏置电流是如何设置的?

2. 在音频信号光纤传输过程中，产生非线性失真的因素主要有哪些？如何进行判断?